高等学校教学用书

无机化学实验

张 霞 主编

李光禄 王 毅 副主编

北 京

冶金工业出版社

2009

内 容 简 介

本实验教材是结合近年来的无机化学实验教学实践经验，改革了原有的基础实验项目，加强了元素及其化合物的性质相关实验内容，增加了研究性、设计性及联系生活实际的实验内容，并在此基础上安排了系统的综合性实验。本实验教材主要内容包括化学实验基础知识、常用实验仪器工作原理及操作、基本操作与基本原理实验、元素及化合物的性质、无机化合物的合成与提纯、生活中的化学实验、综合性实验、附录。

本实验教材既可作为理工科院校、冶金工程、环境工程、应用化学等理工科专业的实验教科书，也可作为其他院校同类课程的实验教学参考书。

图书在版编目 (CIP) 数据

无机化学实验/张霞主编. —北京：冶金工业出版社，2009.2

高等学校教学用书

ISBN 978-7-5024-4788-5

Ⅰ. 无… Ⅱ. 张… Ⅲ. 无机化学—化学实验—高等学校—教材 Ⅳ. O61-33

中国版本图书馆 CIP 数据核字 (2009) 第 006920 号

出 版 人 曹胜利
地　　址 北京北河沿大街嵩祝院北巷 39 号，邮编 100009
电　　话 (010)64027926 电子信箱 postmaster@ cnmip. com. cn
责任编辑 王之光 美术编辑 李　心 版式设计 张　青
责任校对 卿文春 责任印制 牛晓波
ISBN 978-7-5024-4788-5
北京百善印刷厂印刷；冶金工业出版社发行；各地新华书店经销
2009 年 2 月第 1 版，2009 年 2 月第 1 次印刷
787mm×1092mm 1/16；13 印张；341 千字；196 页；1—2500 册
26.00 元

冶金工业出版社发行部　电话：(010)64044283　传真：(010)64027893
冶金书店　地址：北京东四西大街 46 号(100711)　电话：(010)65289081
(本书如有印装质量问题，本社发行部负责退换)

前　言

　　近年来，国家对于创新型、研究型的高素质人才的需求越来越高，实验课程在本科教育体系中的重要性也逐渐提高。众所周知，化学是一门以实验为基础的科学，许多化学的理论和规律都是从实验中总结出来的，同时对任何理论的应用和评价，也都要依据实验的探索和检验，所以化学教学离不开实验教学。无机化学实验是无机化学教学的重要组成部分，是学生动手能力、实践能力的重要培养环节。随着学科的发展，实验内容、实验技术和教学方式也在不断进行改革与创新。无机化学实验课的目的，是使学生通过亲自动手做实验，对实验现象的观察和实验数据、实验结果的处理和总结，进一步加深对无机化学基本概念和理论的理解，掌握化学实验的基本操作技能，培养学生独立工作和独立思考的能力，实事求是的科学态度，理论联系实际的科学方法以及准确、细致、整洁等良好的科学习惯，使学生具有较高的科学实验素质，为以后的专业学习和科学研究工作打下坚实的基础。

　　东北大学无机化学实验课程面向冶金工程、环境工程、应用化学等理工科专业，由于专业之间有一定差异，因此对化学实验课程的教学要求也各不相同。化学实验课程在建设过程中始终坚持"以学生为本，知识传授、能力培养、素质提高、协调发展"的教育理念，在重视基础实验技能传授的基础之上，采取灵活多变的教学方式，激发学生自主学习的兴趣，培养学生综合实验素质。在这种教育理念的指导下，确定了无机化学实验教学改革思路：在实验教学内容改革方面，合理设计实验教学内容；在完成基础实验技能传授前提下，增加研究性、设计性和综合性实验的比例，提高学生的创新能力；在设计性实验中，充分发挥学生自主学习能力，自主设计实验方案和解决实验中的问题；在实验方法和手段改革上，调动学生的实验积极性，提高学生主动获取知识、查阅资料、综合解决实验问题的能力，使科学教育与人文教育相结合；在实验指导方式上，以开放实验教学为主，发挥实验教学的灵活性。

　　本教材结合了我校近年来的无机化学实验教学改革实践经验，本着基础实验技能训练与综合实验素质提高并重的原则，在内容的编排上，力争涵盖学生实验能力培养的各个阶段，改革了原有的基础实验项目，加强了元素及其化合物的性质相关实验内容，增加了研究性、设计性及联系生活实际的实验内容，并在此基础上安排了系统的综合性实验。每个综合实验由 3~5 个小实验组成，要求学生查阅相关的文献资料，制订实验方案后才能完成相应实验内容，同时由于实验内容之间的关联性，要求学生必须具有严谨认真的学习态度。在综合性实验项目中，增加一些较先进的实验技术，如微波合成技术等。第 6 章生活中的化学实验可极大提高学生的学习兴趣和研究兴趣，可作为文科专业学生开放实验。

　　参加本书的编写和实验工作的有张霞、王林山、李光禄、王毅、徐君莉、王育红、张庆功、范有静等同志。各章的具体内容和作者分别为：第 1 章，化学实验基础知识（王毅）；第 2 章，常用实验仪器工作原理及操作（李光禄）；第 3 章，基本操作与基本原理实验（王毅）；第 4 章，元素及化合物的性质（徐君莉）；第 5 章，无机化合物的合成与提纯（王林山）；第 6 章，生活中的化学实验（李光禄）；第 7 章，综合性实验（张霞，徐君莉）。全书由张霞统稿。

　　本书可作为高等院校，特别是以工科为主的综合性大学无机化学基础课的实验用书。

　　由于作者的水平所限，书中难免有不妥之处，望读者批评指正。

作　者

2008 年 9 月

目　　录

1 化学实验基础知识

1.1 化学实验室安全守则

在进行化学实验时，经常使用水、电、煤气，并经常遇到一些有毒、有腐蚀性或者易燃、易爆的物质，不正确或不经心的操作，以及忽视操作中必须注意的事项，都能够造成火灾、爆炸和其他不幸的事故发生。发生事故不仅危害个人，还会危害周围的人或环境，使国家财产受到损失，影响工作的正常进行。因此，重视安全操作，熟悉一般的安全知识是非常必要的。为保证实验室安全，要求每个同学在思想上高度重视安全问题，实验前应充分了解有关安全方面的知识。实验时要有条有理，井然有序，严格遵守操作规程，以避免事故的发生。

（1）一切盛有药品的试剂瓶应有标签。剧毒药品布设专柜并加锁保管，必须制定保管和使用制度，并严格遵守。挥发性有机药品应放在通风良好的处所、冰箱或铁柜内。爆炸性药品，如高氯酸、高氯酸盐、过氧化氢以及高压气体等，应放在阴凉处保管，不得与其他易燃物放在一起，移动时不得剧烈震动。高压气瓶的减压阀严禁油脂污染。

（2）严禁将玻璃器皿当作餐具，严禁试剂入口（包括有毒的和无毒的），严禁在实验室内饮食、吸烟。有毒试剂不得接触皮肤和伤口，更不能进入口内。用移液管吸取有毒样品（如铬盐、钡盐、铅盐、砷化物、氰化物、汞及汞的化合物等）及腐蚀性药品（如强酸、强碱、浓氨水、浓过氧化氢、冰醋酸、氢氟酸和溴水等）时，应用吸球操作，不得用嘴。有毒废液不允许随便倒入下水管道，应回收后集中处理。

（3）产生有毒、有刺激性气体（如 H_2S、Cl_2、Br_2、NO_2、CO 等）的实验以及使用 HNO_3、HCl、$HClO_4$、H_2SO_4 等浓酸或使用汞、磷、砷化物等有毒物质时，应在通风橱内进行。当需要嗅闻气体的气味时，严禁用鼻子直接对着瓶口或试管口，而应当用手轻轻扇动瓶口或管口，并保持适当距离进行嗅闻。

（4）开启易挥发的试剂瓶时（尤其在夏季），不可使瓶口对着他人或自己的脸部，因为开启瓶口时会有大量气体冲出，如果不小心容易引起伤害事故。

（5）使用浓酸、浓碱等具有强腐蚀性试剂时，切勿溅在皮肤和衣服上，必要时应戴上防护眼镜和橡胶手套。稀释浓硫酸时，必须在耐热容器内进行，且应将浓硫酸慢慢倒入水中，而不能将水往浓硫酸里倒，以免迸溅。溶解 NaOH、KOH 等发热物时，也必须在耐热容器内进行。如需要将浓酸和浓碱中和时，必须先进行稀释。

（6）使用易燃的有机试剂（如乙醇、丙酮等）时，必须远离火源，用完立即盖紧瓶塞。钾、钠、白磷等在空气中易燃烧的物质，应隔绝空气存放（钾、钠保存在煤油中，白磷保存在水中），取用时必须用镊子夹取。

（7）加热和浓缩液体的操作应十分小心。不能俯视正在加热的液体，更不能将正在加热的试管口对着自己或别人，以免液体溅出伤人。浓缩溶液时，特别是有晶体出现之后，要不停地搅拌，避免液体迸溅，溅入眼睛、皮肤或衣服上。

（8）实验中如需加热易燃药品或用加热的方法排除易燃组分时，应在水浴或电热板上缓缓地进行，严禁用电炉或火焰直接加热。腐蚀性物品严禁在烘箱内烘烤。

（9）加热试管应使用试管夹，不允许手持试管加热。加热至红热的玻璃器件（玻璃棒、玻璃管、烧杯等）不能直接放在实验台上，必须放在石棉网上冷却。由于灼热的玻璃与冷玻璃在外表上没什么区别，因此特别注意不要错握热玻璃端，以免烫伤。

（10）对于性质不明的化学试剂，严禁任意混合。严禁氧化剂与可燃物一起研磨，严禁在纸上称量 Na_2O_2 或性质不明的试剂，以免发生意外事故。

（11）玻璃管（棒）的切割、玻璃仪器的安装或拆卸、塞子钻孔等操作，往往容易割破手指或弄伤手掌，应戴手套并按照安全使用玻璃仪器的有关操作规程去做。玻璃管或玻璃棒在切割后应立即烧圆。往玻璃管上安装橡皮管时，应先用水或甘油浸润玻璃管，再套橡皮管。玻璃碎片要及时清理。

（12）实验室所有药品不得携带出室外，用剩的有毒药品应交还给老师。

（13）实验完毕后，应关闭水、电、煤气，整理好实验用品，把手洗净，方可离开实验室。

1.2　化学意外事故紧急处理办法

实验室一旦发生意外事故，应积极采取以下措施进行救护：

（1）割伤。被玻璃割伤时，伤口内若有玻璃碎片，需先挑出，然后用消毒棉棒清洗伤口，或生理盐水或硼酸液擦洗，涂上紫药水或撒些消炎粉包扎，必要时送医院治疗。

（2）烫伤。若伤势较轻，可用 10% $KMnO_4$ 溶液擦洗烫伤处；若伤势较重，涂敷烫伤膏或万花油并用油纱绷带包扎，切勿用冷水冲洗。

（3）酸或碱腐蚀伤害皮肤或眼睛时，可用大量的水冲洗。冲洗时水流不要直射眼球，也不要揉搓眼睛。酸腐蚀致伤可用饱和碳酸氢铵、3% ~ 5% 碳酸氢钠或稀氨水冲洗，然后再用水冲洗并涂抹凡士林油膏。对于碱腐蚀致伤可用大量清水冲洗，直至无滑腻感，也可用食用醋、5% 醋酸或 3% 硼酸冲洗，最后用水冲洗。如果碱液溅入眼内，立即用大量水冲，再用 3% 硼酸溶液淋洗，最后用蒸馏水冲洗。严重时到医院救治。

（4）吸入刺激性或有毒气体（如氯、氯化氢）时，可吸入少量酒精和乙醚的混合蒸气解毒。因吸入硫化氢气体感到不适（头晕、胸闷、欲吐）时，立即到室外呼吸新鲜空气。

（5）溴腐伤。若遇溴腐伤，可用乙醇或 10% 硫代硫酸钠溶液洗涤伤口，再用水冲洗干净，并涂敷甘油。

（6）磷灼伤。用 5% 硫酸铜溶液洗涤伤口，并用浸过硫酸铜溶液的绷带包扎，或用 1:1000 的高锰酸钾溶液湿敷，外涂保护剂并包扎。

（7）误食毒物。误食毒物，必须催吐、洗胃，再服用解毒剂。催吐时可喝少量 1% 硫酸铜或硫酸锌溶液（一般 15 ~ 25mL，最多不超过 50mL），内服后，用手指伸入咽喉部，促使呕吐，吐出毒物，然后立即送医院治疗。

（8）汞中毒预防。汞的可溶性化合物如氯化汞、硝酸汞都是剧毒物品。实验中应特别注意金属汞（如使用温度计、压力计、汞电极等）。因金属汞易蒸发，蒸气有剧毒、又无气味，吸入人体具有积累性，容易引起慢性中毒，所以切不可麻痹大意。为减少室内的汞蒸气，贮汞容器应是紧密封闭，汞表面加水覆盖，以防蒸气逸出。若不慎将汞洒在地上，它会散成许多小珠溅落到各处，形成表面积很大的蒸发面，此时应立即用滴管或毛笔尽可能将它收起，然后用锌皮接触使其成合金而消除之，最后再撒上硫黄粉，使汞与硫反应产生不挥发的硫化汞，或用三氯化铁溶液处理。此外，废汞切不可倒入水槽冲入下水管道，因为它会积聚在水管套头处，长期蒸发，毒化空气，误洒入水槽的汞也应及时消除，使用和贮存汞的房间应保持通风。

（9）不慎触电或发现严重漏电时，立即切断电源，再采取必要的处理措施。

（10）火灾。有机物着火应立即用湿布或砂扑灭，火势太大则用泡沫灭火器扑灭。电器着火，应立即切断电源，再用四氯化碳或二氧化碳灭火器扑灭，不能用泡沫灭火器。当身上衣服着火时，应立即脱下衣服，或就地卧倒打滚、或用防火布覆盖着火处。因药品引起的化学火灾应根据化学药品的性质选择灭火器。不能贸然用水，因水能和某些化学药品（如金属钠）发生剧烈反应而引起更大的火灾。

1.3 常见玻璃仪器及使用

1.3.1 烧杯

烧杯以容积大小（mL）表示。一般规格为 50、100、200、400、1000、2000。主要用作反应容器、配制溶液、蒸发和浓缩溶液。加热时放在石棉网上（石棉网则放在铁三脚架上），一般不直接加热。使用时，反应液体体积不得超过烧杯容量的 2/3。

1.3.2 试管

试管分硬质试管、轻质试管、普通试管和离心试管。普通试管以管外径（mm）×长度（mm）表示，一般有 12×150、15×100 和 30×200 等规格。离心试管以容积（mL）表示，一般有 5、10 和 15 等规格。离心试管主要用于沉淀分离。试管可用于少量试剂的反应容器，使用时反应液体体积不超过试管容积的 1/2，加热时不超过 1/3。离心试管不可直接加热。

1.3.3 量筒

量筒以所能量取的最大容积（mL）表示。在准确度要求不是很高时，可用来量取液体。读数时，应使眼睛的视线和量筒内凹液面的最低点保持水平。不可加热，不能用作反应容器，不可量热的液体。量筒读数方法如图 1.1 所示。

1.3.4 蒸发皿

如图 1.2 所示，蒸发皿以口径（mm）或容积（mL）表示。材质有瓷质、石英或金属等制

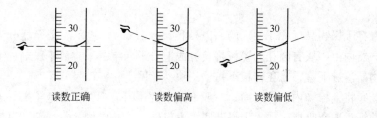

读数正确　　　　　　读数偏高　　　　　　读数偏低

图 1.1　量筒读数方法　　　　　　　　　　　图 1.2　蒸发皿

品，分有柄和无柄两种。随液体不同可选用不同质地的蒸发皿，可作反应容器、蒸发和浓缩溶液用。它对酸、碱的稳定性好，可耐高温，但不宜骤冷，可以直接加热。使用蒸发皿时，将蒸发皿放在泥三角上，先用小火预热，后加大火焰。要用预热过的坩埚钳取拿热的蒸发皿，并把它放在石棉网上，不能直接放在台面上，以免烧坏台面。高温时不能用冷水去洗涤或冷却，以免破裂。

1.3.5　坩埚和泥三角

坩埚如图 1.3 所示，以容积（mL）表示。材质有瓷、石英、铁、镍、铂等，灼烧固体用。一般忌骤冷、骤热，依试剂性质选用不同材质的坩埚。使用时注意事项与蒸发皿相同。

泥三角（图 1.4）有大小之分，泥三角用铁丝拧成，外套瓷管，加热坩埚和蒸发皿用。

图 1.3　坩埚　　　　　　　　　　　　　　图 1.4　泥三角

1.3.6　坩埚钳

如图 1.5 所示，坩埚钳用铁或铜合金制造，表面镀镍或铬，有大小、长短的不同。用来夹持热的蒸发皿、坩埚及坩埚盖。夹持铂坩埚的坩埚钳尖端应包有铂片，以防高温时钳子的金属材料与铂形成合金，使铂变脆。坩埚钳用后，应尖端向上平放在实验台上。如温度很高，则应放在石棉网上。实验完毕后，应将钳子擦干净，放入实验柜中，干燥放置。

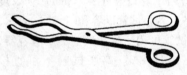

图 1.5　坩埚钳

1.3.7　称量瓶

称量瓶（图 1.6）以外径（mm）×高（mm）表示。称量瓶为带有磨口塞的小玻璃瓶，用来精确称量试样或基准物的容器。称量瓶的优点是质量轻，可以直接在天平上称量，并有磨口塞，可以防止瓶中的试样吸收空气中的水分，因此称量时应盖紧玻璃塞。

使用称量瓶时，不能直接用手拿取，因为手的温度高而且有汗，会使称量结果不准确。因此拿取称量瓶时，应该用洁净的纸条将其套住，再用手捏住纸条。

1.3.8　干燥器

干燥器是用来干燥或保存干燥物品（图 1.7）的，以外径尺寸（mm）表示。干燥器分为普通干燥器和真空干燥器。器内由一块有圆孔的瓷板将其分成上、下两室，下室放干燥剂，上室放待干燥物品。为防止物品落进下室，常在瓷板下衬垫一块铁丝网。

装干燥剂前，先用干抹布将瓷板和内壁抹干净，一般不用水洗，因为不能很快地干燥。装干燥剂时，可用一张稍大的纸折成喇叭形，插入干燥器底，大口向上，从中倒入干燥剂，可使干燥器壁免受沾污。干燥剂装到下室的一半即可，装得太多容易沾污干燥物品。干燥剂一般可用变色硅胶,当蓝色的硅胶变成红色(钴盐的水合物)时,即应将硅胶取出重新烘干。常用的干燥剂如表1.1所示。

图1.6 称量瓶

图1.7 干燥器

表1.1 常用的干燥剂

干 燥 剂	298K时,1L干燥后的空气中残留的水分/mg	再 生 方 法
CaCl$_2$(无水)	0.14 ~ 0.25	烘 干
CaO	3×10^{-3}	烘 干
NaOH(熔融)	0.16	熔 融
MgO	8×10^{-3}	再生困难
CaSO$_4$(无水)	5×10^{-3}	于503 ~ 523K加热
H$_2$SO$_4$(95% ~ 100%)	3×10^{-3} ~ 0.30	蒸发浓缩
Mg(ClO$_4$)$_2$(无水)	5×10^{-4}	减压下,于493K加热
P$_2$O$_5$	$<2.5 \times 10^{-5}$	不能再生
硅 胶	约1×10^{-3}	于383K烘干

干燥器的沿口和盖沿均为磨砂平面,用时涂敷一薄层凡士林以增加其密闭性。开启或关闭干燥器时,用左手向右抵住干燥器身,右手握盖的圆把手向左平推盖(图1.8),取下的盖子应盖里朝上、盖沿向外放在实验台上。灼热的物体放入干燥器前,应先在空气中冷却30 ~ 60s。放入干燥器后,为防止干燥器内空气膨胀将盖子顶落,反复将盖子推开一道细缝,让热空气逸出,直至不再有热空气排出时再盖严盖子。

搬移干燥器时,务必用双手拿着干燥器和盖子的沿口(图1.9),以防盖子滑落打碎。

图1.8 干燥器的开启和关闭

图1.9 干燥器搬移

应当注意,干燥器内并非绝对干燥,这是因为各种干燥剂均具有一定的蒸气压。灼烧后的坩埚或沉淀若在干燥器内放置过久,则由于吸收了干燥器内空气中的水分而使质量略有增加,应严格控制坩埚在干燥器内的冷却时间。此外,干燥器不能用来保存潮湿的器皿或沉淀。

1.3.9 移液管和吸量管

要准确移取一定体积的液体时,常使用吸管。吸管有无分度吸管(又称移液管)和有分度吸管（又称吸量管）两种。移液管是中间有一大肚（称为球部）的玻璃管，球部上和下是均匀细窄的管颈，上端管颈刻有一条标线。常用的移液管有 2mL、5mL、10mL、25mL、50mL 等规格。吸量管是具有分刻度的玻璃管，常用的吸量管有 1mL、2mL、5mL、10mL 等规格。

移取溶液前，首先用滤纸将吸管尖端内外的水吸去，然后用欲移取的溶液润洗 2～3 次，以确保所移取溶液的浓度不变。移取溶液时，用右手的拇指和中指拿住管颈上方，下端插入溶液中，左手拿吸耳球，先把球中空气压出，然后将球的尖端接在移液管口，慢慢松开左手使溶液吸入管内。当液面升高到刻度以上时，移去吸耳球，立即用右手的食指按住管口，将移液管下端提出液面，移动移液管时不可用力甩动。略微放松食指，用拇指和中指轻轻捻转管身，使液面平稳下降，直到溶液的弯月面与标线相切时，立即用食指压紧管口，使液体不再流出。取出移液管，以干净滤纸片擦去移液管末端外部的溶液，但不得接触下口，然后插入盛溶液的器皿中，管的末端仍靠在器皿内壁。此时移液管应垂直，承接的器皿倾斜，松开食指，让管内溶液自然地沿器壁流下，等待 10～15s 后，拿出移液管，残留在移液管末端的溶液，不可用外力使其流出，因移液管的容积不包括末端残留的溶液。移液管、吸量管及操作如图 1.10 所示。

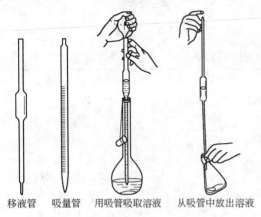

移液管　　吸量管　　用吸管吸取溶液　　从吸管中放出溶液

图 1.10　移液管、吸量管及操作

1.3.10　容量瓶

容量瓶是一种细颈梨形的平底瓶，带有磨口塞。瓶颈上刻有环形标线，表示在所指温度下（一般为 20℃）液体充满至标线时的容积。容量瓶主要用来把精确称量的物质配制成标准浓度的溶液，或是将准确容积及浓度的浓溶液稀释成准确浓度及容积的稀溶液。常用的容量瓶有 25mL、50mL、100mL、250mL、500mL、1000mL 等各种规格。

容量瓶使用前应检查是否漏水。检查的方法如下：注入自来水至标线附近，盖好瓶塞，右手托住瓶底，将其倒转，观察瓶塞周围是否有水渗出。如果不漏，再把塞子旋转 180° 塞紧、倒置，如仍不漏水，则可使用。使用前必须把容量瓶按容量器皿洗涤要求洗涤干净。容量瓶与塞要配套使用，瓶塞需用尼龙绳系在瓶颈上，以防掉下摔碎。系绳不要很长，约 2～3cm，以可启开塞子为限。

配制溶液时，将精确称量的试剂放在小烧杯中，加入少量水，搅拌使其溶解（若难溶，可盖上表面皿，微热使其溶解，但必须放冷后才能转移）。沿玻璃棒把溶液转移入容量瓶中，如图 1.11a 所示。然后用少量蒸馏水洗涤杯壁 3～4 次，每次的洗液按同样操作转移入容量瓶中。当溶液盛至容积的 2/3 时，应将容量瓶摇晃初步混匀（注意不能倒转容量瓶）。在接近标线时，用滴管或洗瓶逐滴加水至弯月面最低点恰好与标线相切。盖紧瓶塞，用食指压住瓶塞，另一只手托住容量瓶底部，倒转容量瓶，使瓶内气泡上升到顶部，边倒转边摇动，如此反复倒转摇动 2～3 次，使瓶内溶液充分混合均匀，如图 1.11b 和 c 所示。

注意：容量瓶是量器而不是容器，不宜长期存放溶液。如溶液需使用一段时间，应将溶液转移入试剂瓶中储存，试剂瓶先用该溶液润洗 2～3 次，以保证浓度不变。容量瓶不能受热，不能在其中溶解固体。

1.3.11 研钵

如图 1.12 所示，研钵由玻璃、瓷质、玛瑙或
金属制造，以内径大小表示，主要用于研碎固体或
固体物质的混合。可按固体的性质和硬度选用不同
的研钵。使用中应注意，大块物质只能压碎，不能
捣碎。放入研钵的物质的量不宜超过研钵容积的
1/3。易爆炸物质，如氯酸钾等，只能用药匙轻轻
压碎，不能研磨。

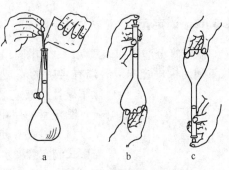

图 1.11 容量瓶的使用

1.3.12 滴瓶

如图 1.13 所示，滴瓶以容积（mL）表示。用于盛放试液或溶液。滴管不得互换，不能长
时间放浓碱。

图 1.12 研钵

图 1.13 滴瓶

1.3.13 细口瓶和广口瓶

如图 1.14 和图 1.15 所示，细口瓶和广口瓶以容积（mL）表示，分别用于盛放液体试剂
和固体试剂。

1.3.14 漏斗

如图 1.16 所示，漏斗分长颈漏斗和普通漏斗，以口径（mm）表示，用于过滤，不能
加热。

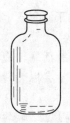

图1.14 细口瓶

图1.15 广口瓶

图1.16 漏斗

1.3.15　滴定管

滴定管分酸式和碱式两种，如图 1.17 所示。酸式滴定管下端有一玻璃活塞，碱式滴定管下端用橡皮管连接一端有尖嘴的小玻璃管，橡皮管内装一个玻璃珠，以代替玻璃活塞。

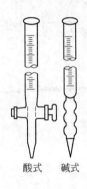

图 1.17　滴定管

除了碱性溶液应装在碱式滴定管内之外，其他溶液都使用酸式滴定管。滴定管的使用方法如下：

（1）检漏。使用滴定管前应检查它是否漏水，活塞转动是否灵活。若酸式滴定管漏水或活塞转动不灵，应给活塞重新涂凡士林。碱式滴定管漏水，需要更换橡皮管或换个稍大的玻璃珠。

活塞涂凡士林方法：将管平放，取出活塞，用滤纸条将活塞和塞格擦干净，在活塞粗的一端和塞槽小口那端，全圈均匀地涂上一薄层凡士林。为了避免凡士林堵住塞孔，油层要尽量薄。将活塞插入槽内时，活塞孔要与滴定管平行。转动活塞，直至活塞与塞槽接触的地方呈透明状态，即表明凡士林已均匀。

（2）洗涤。根据滴定管的沾污情况，采用相应的洗涤方法将它洗净后，为了使滴定管中溶液的浓度与原来相同，最后还应该用滴定溶液润洗 3 次（每次溶液用量约为滴定管容积的 1/5），润洗液由滴定管下端放出。

（3）装液及排气。将溶液加入滴定管时，要注意使下端出口管也充满溶液，特别是碱式滴定管，它下端的橡皮管内的气泡不易被察觉，这样，就会造成读数误差。如果是酸式滴定管，可迅速地旋转活塞，让溶液急骤流出以带走气泡，如果是碱式滴定管，向上弯曲橡皮管，使玻璃尖嘴斜向上方（图 1.18），向一侧挤动玻璃珠，使溶液从尖嘴喷出，气泡便随之除去。排除气泡后，继续加入溶液到刻度"0"以上，再放出多余的溶液，调整液面在"0.00"刻度处。

（4）读数。常用的滴定管的容量为 50mL，它的刻度分 50 大格，每一大格又分为 10 小格，所以每一大格为 1mL，每一小格为 0.1mL。读数应读到小数点后两位，即 0.01mL。

注入或放出溶液后应稍等片刻，待附着在内壁的溶液完全流下后再读数。读数时，滴定管必须保持垂直状态，视线必须与液面在同一水平。对于无色或浅色溶液，读弯月面实线最低点的刻度。为了便于观察和读数，可在滴定管后衬一"读数卡"，该读数卡是一张黑纸或中间涂有一黑长方形（约 3cm×1.5cm）的白纸。读数时，手持读数卡放在滴定管背后，使黑色部分在弯月面下约 1mm 处，则弯月面反射成黑色（图 1.19），读取此黑色弯月面最低点的刻度即可。若滴定管背后有一条蓝线（或蓝带），无色溶液就形成了两个弯月面，并且相交于蓝线的中线上（图 1.20），读数时就读此交点的刻度。对于深色溶液如高锰酸钾溶液、碘水等，弯月面不易看清，则读液面的最高点。

滴定时，最好每次都从 0.00mL 开始，这样读数方便，且可以消除由于滴定管上下粗细可能不均匀而带来的误差。

（5）滴定。使用酸式滴定管时，必须用左手的拇指、食指及中指控制活塞，旋转活塞的同时稍稍向内扣住，如图 1.21 所示。这样可避免把活塞顶松而漏液。要学会以旋转活塞来控制溶液的流速。

使用碱式滴定管时，应该用左手的拇指及食指在玻璃珠所在部位稍偏上处，轻轻地往一边挤压橡皮管，使橡皮管和玻璃珠之间形成一条缝隙，溶液即可流出（图 1.22）。要能掌握手指用力的轻重来控制缝隙的大小，从而控制溶液的流出速度。

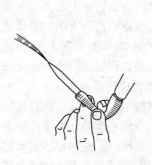 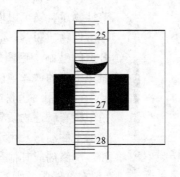 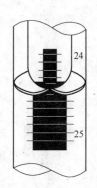

图 1.18 排除气泡 　　　图 1.19 读数卡的使用 　　　图 1.20 滴定管读数

滴定时，将滴定管垂直地夹在滴定管架上，下端伸入锥形瓶口约 1cm，左手按上述方法操纵滴定管，右手的拇指、食指和中指拿住锥形瓶的瓶颈，沿同一方向旋转锥形瓶，使溶液混合均匀，如图 1.23 所示。不要前后、左右摇动。开始滴定时，滴液流出的速度可以快一些，但必须成滴而不是一股液流。随后，滴落点周围出现暂时性的颜色变化，但随着旋转锥形瓶，颜色很快消失。当接近终点时，颜色消失较慢，这时就应逐滴加入溶液，每加一滴后都要摇匀，观察颜色变化情况，再决定是否还要滴加溶液。最后应控制液滴悬而不落，用锥形瓶内壁把液滴沾下来，这样加入的是半滴溶液。用洗瓶以少量蒸馏水冲洗锥形瓶的内壁，摇匀。如此重复操作，直到颜色变化符合要求为止。

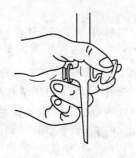 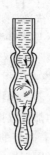 

图 1.21 左手旋转活塞手法 　　图 1.22 碱式滴定管下端结构 　　图 1.23 滴定方法

滴定完毕后，滴定管尖嘴外不应留有液滴，尖嘴内不应留有气泡。实验结束后应将剩余溶液弃去，依次用自来水、蒸馏水洗涤滴定管，滴定管中装满蒸馏水，罩上滴定管盖，以备下次使用或将滴定管收起。

1.4　无机化学实验基本操作

1.4.1　玻璃仪器的洗涤

洗涤玻璃仪器的方法很多，应当根据实验要求、污物的性质和仪器性能来选用。一般说来，附在仪器上的污物有可溶性物质，也有尘土和其他不溶性物质，还有油污和某些化学物质。针对具体情况，可分别采用下列方法洗涤：

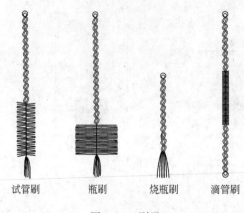

试管刷　　　　瓶刷　　　烧瓶刷　　　滴管刷

图 1.24　刷子

（1）刷洗。用毛刷刷洗仪器，既可以洗去可溶性物质，又可以使附着在器壁上的尘土和其他不溶性物质脱落。应根据仪器的大小和形状选用合适的毛刷。毛刷的种类如图 1.24 所示，注意避免毛刷的铁丝撞破或损伤仪器。

（2）用去污粉或合成洗涤剂刷洗。由于去污粉中含有碱性物质碳酸钠，它和洗涤剂都能除去仪器上的油污。用水刷洗不净的污物，可用去污粉、洗涤剂或其他药剂洗涤。先把仪器用水湿润（留在仪器中的水不能多），再用湿毛刷蘸少许去污粉或洗涤剂进行刷洗，最后用自来水冲洗，除去附在器壁上的去污粉或洗涤剂。

（3）用浓硫酸-重铬酸钾洗液洗。在进行精确的定量实验时，对仪器的洁净程度要求更高，所用仪器容积精确、形状特殊，不能用刷子刷洗，可用 3% 铬酸洗液清洗。这种洗液具有很强的氧化性和去污能力。

用洗液洗涤仪器时，往仪器内加入少量洗液（用量约为仪器总容量的 1/5）。将仪器倾斜并慢慢转动，使仪器内壁全部为洗液润湿。再转动仪器，使洗液在仪器内壁流动，洗液流动几圈后，把洗液倒回原瓶，最后用水把仪器冲洗干净。如果用洗液浸泡仪器一段时间，或者使用热的洗液，则洗涤效果更好。洗液有很强的腐蚀性，要注意安全，小心使用。洗液可反复使用，直到它变成绿色（重铬酸钾被还原成硫酸铬的颜色），就失去了去污能力，不能继续使用。洗液瓶的瓶塞要塞紧，以防洗液吸水而失效。

能用别的洗涤方法洗干净的仪器，就不要用铬酸洗液洗，因为它具有毒性。使用洗液后，先用少量水清洗残留在仪器上的洗液，洗涤水不要倒入下水道，应集中统一处理。

（4）特殊污物的去除。根据附着在器壁上污物的性质、附着情况，采用适当的方法或选用能与它作用的药品处理。例如，附着器壁上的污物是氧化剂（如二氧化锰），可用浓盐酸等还原性物质除去。大多数不溶于水的无机物都可以用浓盐酸洗去。如灼烧过沉淀物的瓷坩埚，可先用热盐酸（1∶1）洗涤，再用洗液洗。若附着的是银，可用硝酸处理。如要清除活塞内孔的凡士林，可用细铜丝将凡士林捅出后，再用少量有机溶剂（如 CCl_4）浸泡。

（5）用氢氧化钠-高锰酸钾洗液洗。可以洗去油污和有机物。洗后在器壁上留下的二氧化锰沉淀可再用盐酸洗（氢氧化钠-高锰酸钾洗液配制：将 4g 粗高锰酸钾溶于水中，再加入 100mL 10% 氢氧化钠溶液）。

（6）除以上洗涤方法外，还可以根据污物的性质选用适当试剂。如 AgCl 沉淀，可以选用氨水洗涤。硫化物沉淀可选用硝酸加盐酸洗涤。

用以上各种方法洗净的仪器，经自来水冲洗后，往往残留有自来水中的 Ca^{2+}、Mg^{2+}、Cl^- 等离子，如果实验不允许这些杂质存在，则应该再用蒸馏水（或去离子水）冲洗仪器 2～3 次。少量（每次用蒸馏水量要少）、多次（进行多次洗涤）是洗涤时应该遵守的原则。可用洗瓶使蒸馏水成一股细小的水流，均匀地喷射到器壁上，然后将水倒掉，如此重复几次。这样，既提高洗涤效率又节约蒸馏水。

洗净的器壁上不应附着不溶物、油污，水能顺着器壁流下，器壁上只留一层均匀的水膜，无水珠附着上面，表明仪器已经洗净。已经洗净的仪器，不能用布或纸去擦拭内壁，以免布或纸的纤维留在器壁上沾污仪器。

1.4.2 玻璃仪器的干燥

洗净的玻璃仪器如需干燥,可选用以下方法:

(1) 晾干。干燥程度要求不高又不急等用的仪器,可倒放在干净的仪器架或实验柜内,任其自然晾干。倒放还可以避免灰尘落入,但必须注意放稳仪器。

(2) 吹干。急需干燥的仪器,可采用吹风机或"玻璃仪器气流烘干器"等吹干。使用时,一般先用热风吹玻璃仪器的内壁,干燥后,吹冷风使仪器冷却。

(3) 烤干。有些构造简单、厚度均匀的小件硬质玻璃器皿,可以用小火烤干,以供急用。

烧杯和蒸发皿可以放在石棉网上用小火烤干。试管可以直接用小火烤干,用试管夹夹住靠近试管口一端,试管口略向下倾斜,以防水蒸气凝聚后倒流使灼热的试管炸裂。烘烤时,先从试管底端开始,逐渐移向管口,来回移动试管,防止局部过热。烤到不见水珠后,再将试管口朝上,以便把水汽烘赶干净。烤热了的试管放在石棉网上放冷后才能使用。

(4) 烘干。能经受较高温度烘烤的仪器可以放在电热或红外干燥箱(简称烘箱)内烘干。如果要求干燥程度较高或需干燥的仪器数量较多,使用烘箱就很方便。

烘箱附有自动控温装置,烘干仪器上的水分时,应将温度控制在 $105 \sim 110℃$ 之间。先将洗净的仪器尽量沥干,放在托盘里,然后将托盘放在烘箱的隔板上。一般烘 1h 左右,就可达到干燥目的。等温度降到 $50℃$ 以下时,取出仪器。

(5) 有机溶剂干燥。一般只在实验中临时使用。将仪器洗净后倒置、稍控干,注入少量 $(3 \sim 5mL)$ 能与水互溶且挥发性较大的有机溶剂(常用无水乙醇、丙酮或乙醚),转动仪器,使内壁完全润湿,倾出溶剂(回收),擦干外壁,并用电吹风机将内壁残留的易挥发物赶出,使仪器迅速干燥。

仪器干燥时应注意:(1) 带有刻度的计量仪器不能用加热的方法进行干燥,因为热胀冷缩会影响它们的精密度;(2) 对于厚壁瓷质或玻璃仪器不能烤干,但可烘干。

1.4.3 加热用的器具和装置

加热是化学实验中常用的实验手段。实验室中常用的气体燃料是煤气,液体燃料是酒精。相应的加热器具有各种型号的煤气灯、酒精喷灯和酒精灯。另外还有各种电加热设备,如电炉、管式炉和马弗炉等。

1.4.3.1 煤气灯

煤气灯是化学实验室常用的加热器具,它的式样虽多,但构造原理基本相同。最常用的煤气灯的构造如图 1.25 所示,它由灯管和灯座两部分组成。灯管下部内壁有螺纹,可与上端有螺纹的灯座相连。灯管的下端有几个圆孔,为空气入口。旋转灯管,即可关闭或不同程度地开启圆孔,以调节空气的进入量。灯座的侧面有煤气入口,用橡皮管把它和煤气龙头相连。灯座另一侧面(或下方)有一螺旋针阀,用来调节煤气的进入量。煤气灯的使用方法如下:

(1) 旋转灯管,关小空气入口。先点燃火柴,再稍打开煤气灯开关,将点燃的火柴在灯管口稍上方将煤气灯点燃。调节煤气开关或灯座的螺旋针阀,使火焰保持适当高度。

(2) 旋转灯管,逐渐加大空气进入量,使成正常火焰。

(3) 使用后直接将煤气开关关闭。

当煤气和空气的比例合适时,煤气燃烧完全,这时火焰分为 3 层,称为正常火焰,如图 1.26 所示。正常火焰的最高温度区在还原焰顶端的氧化焰中,温度可达 $800 \sim 900℃$。实验时一般都用氧化焰加热，根据需要调节火焰的大小。如果空气或煤气的进入量调节得不合适，会产生不正常的火焰（图1.27）。当空气的进入量过大或煤气和空气的进入量都很大时，火焰会脱离管口而临空燃烧，这种火焰称"临空火焰"；当煤气进入量很小（或中途煤气供应量突然减小）而空气的进入量大时，煤气会在灯管内燃烧，这时往往会听到特殊的噗噗声和看到一根细长的火焰，这种火焰称为"侵入火焰"。它将烧热灯管，此时切勿用手触摸灯管，以免烫伤。当遇到临空火焰或侵入火焰时，均应关闭煤气开关，重新调节和点燃。当灯管空气入口完全关闭时，煤气燃烧不完全，部分分解产生炭粒，火焰呈黄色，不分层，温度不高，这种火焰称为"不分层火焰"。

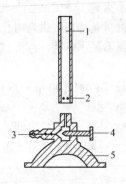

图1.25 煤气灯的构造

1—灯管；2—空气入口；3—煤气入口；

4—螺旋针阀；5—底座

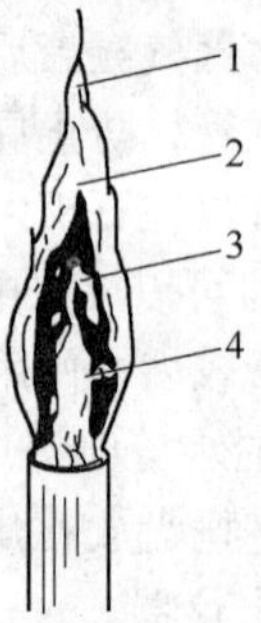

图1.26 正常火焰

1—氧化焰；2—最高温区；

3—还原焰；4—焰心

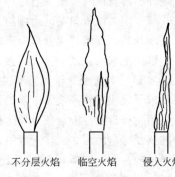

不分层火焰   临空火焰   侵入火焰

图1.27 不正常火焰

1.4.3.2 酒精喷灯

常用的酒精喷灯有挂式（图1.28）和座式（图1.29）两种，温度可达700~900℃。

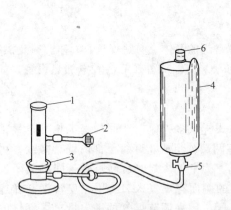

图1.28 挂式酒精喷灯

1—灯管；2—空气调节开关；3—预热盘；

4—酒精储罐；5—开关；6—盖子

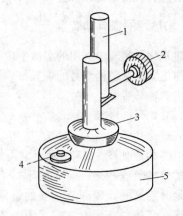

图1.29 座式酒精喷灯

1—灯管；2—空气调节器；3—预热盘；

4—铜帽；5—酒精壶

挂式喷灯的灯管下部有一个预热盘，盘的下方有一支管，经过橡皮管与酒精储罐相通。使用时先将储罐挂在高处，将预热盘装满酒精并点燃。待盘内酒精近干时，灯管已被灼热，开启空气调节器和储罐下部开关，从储罐流进热灯管的酒精立即气化，并与由气孔进来的空气混合，在管口点燃。调节灯管旁的开关，可以控制火焰的大小。用毕，关闭开关使火焰熄灭。

座式酒精喷灯的酒精储罐在预热盆下面，当盆内酒精燃烧近干时，储罐中的酒精也因受热气化，与气孔进来的空气混合后在管口点燃。加热完毕后，用石棉板将管口盖上即可。

1.4.3.3　电加热装置

常用的电加热装置有电炉（图1.30）、管式炉（图1.31）和马弗炉（图1.32）等。

图1.30　电炉　　　　　　　　图1.31　管式炉　　　　　　　　图1.32　马弗炉

电炉可以代替煤气灯或酒精灯加热。容器和电炉之间要隔一块石棉网，以使溶液受热均匀，还能保护电热丝。

管式炉是高温电炉的一种，它的式样有多种。利用电热丝或硅炭棒来加热，最高使用温度前者是950℃，后者可达1300℃。在管式炉中灼烧的样品，可装在耐高温的管状或舟状器皿中。如果被灼烧物在高温需某种气氛保护，可将穿过炉腔的瓷管或石英管的两头用带导管的塞子塞住，然后抽真空或通入某种气体，这是管式炉的优点。

马弗炉也是一种用电热丝或硅炭棒加热的高温电炉，炉膛是长方体，打开炉门就可容易地放入要加热的坩埚或其他耐高温器皿。

测量管式炉和马弗炉的温度不能用一般的水银温度计，而要用热电偶和测温毫伏计配套组成的热电偶温度计。

1.4.3.4　微波辐射加热

微波辐射加热常用的装置是微波炉。微波炉主要由磁控管、波导、微波腔、搅拌器、循环器和转盘等六部分组成。微波炉加热原理是利用磁控管将电能转换成高频电磁波，经波导入微波腔，进入微波腔内的微波经搅拌器作用，可均匀分散在各个方向。在微波辐射作用下，微波能量对反应物质的耗散通过偶极分子旋转和离子传导两种机理来实现。极性分子接受微波辐射能量后，通过分子偶极以每秒数十亿次的高速旋转产生热效应，此瞬间变化是在反应物质内部进行的，因此微波炉加热称作内加热（传统靠热传导和热对流过程的加热称作外加热）。内加热具有加热速度快、反应灵敏、受热体系均匀以及高效节能等特点。

不同类型的材料对微波加热反应各不相同。金属因反射微波能量而不被加热。许多绝缘材料如玻璃、塑料等能被微波透过，故不被加热。一些介质如水、甲醇等，吸收微波并被加热。因此，反应物质常装在瓷坩埚、玻璃器皿或聚四氟乙烯制作的容器中，放入微波炉内加热。微波炉加热物质的温度不能用一般的水银温度计或热电偶温度计来测量。

微波炉使用注意事项：

（1）当微波炉操作时，请勿于门缝放置任何物品，特别是金属物体。

（2）不要在炉内烘干布类、纸制品类，因其含有容易引起电弧和着火的杂质。

（3）微波炉工作时，切勿贴近炉门或从门缝观看，以防止微波辐射损坏眼睛。

（4）切勿使用密封的容器于微波炉内，以防容器爆炸。

（5）如果炉内着火，请紧闭炉门，并按停止键，然后拔下电源。

（6）经常清洁炉内，使用温和洗涤液清理炉门及绝缘孔网，切勿使用腐蚀性清洁剂。

1.4.3.5 水浴、油浴和沙浴

当被加热的物质要求受热均匀，而温度又不超过100℃时，可用水浴加热。图1.33所示为一个水浴锅，锅上面有配套的同心圆形盖子。放置水浴中时，应尽可能增大器皿受热面积。例如蒸发浓缩溶液，可将蒸发皿放在水浴锅的圆形盖子上，把锅中的水煮沸，利用蒸汽加热。有些实验，反应时间长，温度又不宜太高，希望溶液的蒸发速度慢一些，这时可选用锥形瓶在水浴中进行加热。锥形瓶的口小，蒸发速度慢。如果所用的加热容器是锥形瓶、小烧杯等，可直接浸入水浴中，但不能触及水浴锅的底部，以免受热不均，使容器破裂。无机化学实验中常使用烧杯代替水浴锅。

实验室中还有一种带有温度控制器的电热恒温水浴锅（图1.34）。电热丝安装在槽底的金属盘管内，槽身中间有一块多孔隔板，槽的盖板上开有双孔、4孔、6孔、8孔等，每个孔上均有几个可以移动的同心圆形盖子。做完实验后，槽内的水可从槽身的水龙头放出。使用之前，加入水浴锅容量2/3的水，使用过程中一定要注意补充水分，否则会烧坏水浴锅。

当被加热的物质要求受热均匀，而温度又高于100℃时，可使用沙浴（图1.35）。它是一个装有均匀细沙的铁制器皿。沙浴可以放在电炉或煤气灯上加热，为了增大受热面积，可将受热器皿埋得深一点。沙浴的温度可达300～400℃，很适宜用来做熔矿的实验，缺点是上下层沙子有些温差。若要测量沙浴温度，可把触头式温度计插入沙中。

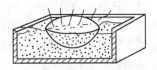

图 1.33　水浴锅　　　　图 1.34　电热恒温水浴锅　　　　图 1.35　沙浴加热

当需要加热的温度超过100℃时，也可使用油浴，加热温度因油浴油的不同而不同。油浴锅一般由生铁铸成，有时也可用大烧杯代替。常用的油浴油有：

（1）甘油。可以加热到140～150℃，温度过高分解。

（2）植物油。如菜油、蓖麻油和花生油，可以加热到220℃。常加入1%的对苯二酚等抗氧化剂，便于久用。温度过高时会分解，达到闪点可能燃烧，所以，使用时要十分小心。

（3）石蜡。能加热到200℃左右，冷到室温则成为固体，保存方便。

（4）液体石蜡。可加热到200℃左右，温度稍高并不分解，但较易燃烧。

（5）硅油。硅油250℃时仍较稳定，透明度好，只是价格昂贵。

使用油浴应特别小心防止着火。当油受热冒烟时，应立即停止加热；油量应适量，不可过多，以免油受热膨胀而溢出；浴锅外不能沾油，如若外面有油，应立即擦去；如遇油浴着火，应立即切断热源，并覆石棉网等盖灭火焰，切勿用水浇。

1.4.3.6 空气浴

沸点在80℃以上的液体原则上均可采用空气浴加热。最简单的空气浴可用下法制作：取空的铁罐一只，罐口边缘剪光后，在罐的底层打数行小孔。另将圆形石棉布（直径略小于罐的直径约2～3mm）放入罐中，使其盖在小孔上，罐的四周用石棉布包裹。另取直径略大于罐

口的石棉板（厚约 2 ~ 4mm）一块，在其中挖一个洞（洞的直径略大于被加热容器的颈部直径），然后对切为二，加热时用以盖住罐口。使用时将此装置放在铁三脚架或铁支台的铁环上，用灯焰加热即可。注意蒸馏瓶或其他受热器在罐中切勿触及罐底，其正确的位置如图1.36 所示。

1.4.3.7 电热套

电热套是一种较好的热源，它是由玻璃纤维包裹着电热丝织成的碗状半圆形的加热器，有控温装置可调节温度。由于它不是明火加热，因此，可以加热和蒸馏易燃有机物，也可加热沸点较高的化合物，适应加热温度范围较广。

1.4.4 常用的加热操作方法

化学实验中使用的玻璃器皿，不能直接受热的有吸滤瓶、比色管、离心管、表面皿及一些量具（如量筒、容量瓶等）。加热时要隔以石棉网的有烧杯、锥形瓶等。试管是可以直接置火焰上加热的。有时也用陶瓷器皿（如蒸发皿、瓷坩埚）和金属器皿（如铁坩埚）加热，它们可耐受较高的温度。无论玻璃器皿或陶瓷器皿，受热前均应将其外壁的水擦干，它们都不能骤冷和骤热，否则会使器皿破裂。如果加热有沉淀的溶液，应不断搅拌（搅棒不应碰撞器壁），防止沉淀受热不均而溅出。

1.4.4.1 液体加热

（1）在试管中加热液体。在试管中加热液体时，液体量不应超过试管容积的1/3。用试管夹夹持试管，管口稍向上倾斜（图1.37），注意管口不能对着别人和自己，以免被沸腾的溶液喷出烫伤。加热时，应先加热液体的中上部，再加热底部，并上下移动，使各部分液体均匀受热。

（2）加热烧杯、烧瓶中的液体。加热时必须在仪器下面垫上石棉网（图1.38），使仪器受热均匀。加热烧瓶时还应该用铁夹将其固定。加热的液体量不应超过烧杯容积的1/2 和烧瓶容积的1/3。烧杯加热时还要适当加以搅拌以免爆沸，烧瓶加热时也要视情况放入1 ~ 2 粒沸石。

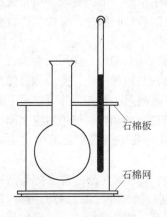

图 1.36　空气浴

图 1.37　加热试管中的液体

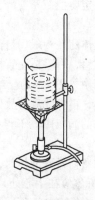

图 1.38　加热烧杯中的液体

1.4.4.2 固体的加热

（1）在试管中加热固体。在试管中加热固体，应该用铁架台和铁夹固定试管或用试管夹夹持试管，管口略向下倾斜（图1.39），以防止凝结在管口处的水珠倒流到灼热的管底使试管破裂。

（2）灼烧固体。把固体物质加热到高温以达到脱水、分解、除去挥发性杂质等目的的操作称为灼烧。灼烧时可将固体放在坩埚、瓷舟等耐高温的容器中，用高温电炉或高温灯进行加热。如果在煤气灯上灼烧固体，可将坩埚放在泥三角上，用氧化焰加热（图 1.40），不要使用还原焰以免坩埚外部结上炭黑。开始时，先用小火烘烧，使坩埚受热均匀，然后逐渐加大火焰灼烧。灼烧到符合要求后，停止加热。先在泥三角上稍冷，再用坩埚钳夹持坩埚置于保干器内放冷。

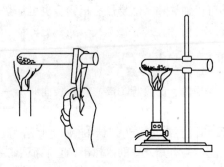
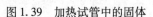
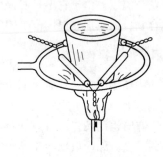

图 1.39　加热试管中的固体　　　　　图 1.40　灼烧坩埚中样品

要夹取高温下的坩埚，必须使用干净的坩埚钳，而且应把坩埚钳放在火焰上预热一下。坩埚钳有两种用法。一种是用坩埚钳夹住坩埚身；另一种是用坩埚钳的尖端夹持坩埚。坩埚钳用后，应平放在石棉网上，钳尖向上，以保证坩埚钳尖端洁净。

1.4.5　化学试剂的取用

取用药品前，应看清标签。取用时，注意勿使瓶塞污染。如果瓶塞的顶是扁平的，取出后可倒置桌上；如果不是扁平的，可将瓶塞放在清洁的表面皿上，绝不可将瓶塞横置台面上。

取用固体药品需用清洁、干燥的药匙，不能直接用手接触化学试剂。药匙的两端为大小两个匙（取用的固体要放入小试管时，可用小匙）。应根据需要取用试剂，不必多取。用完试剂后，一定要把瓶塞盖严，但绝不许将瓶塞"张冠李戴"。然后把试剂放回原处，保持实验台整齐干净。

液体药品一般用量筒量取，或用滴管吸取。用滴管将液体滴入试管中时，应用左手垂直地拿持试管，右手持滴管橡皮将滴管放在试管口的正中上方，然后挤捏橡皮头，使液体恰好滴入试管中（图 1.41）。绝不可将滴管伸入试管中，否则，滴管口易碰上试管壁，并可能沾上其他液体，再将此滴管放回药品瓶中则会沾污药品。若所用的是滴瓶上的滴管，使用后应立即插回原来的滴瓶中。不得把沾有液体药品的滴管横放或倒置，以免液体流入滴管的橡皮头而污染。

用量筒量取液体时，应左手持量筒，并以大拇指指示所需体积的刻度处；右手持药品瓶（药品标签应在手心处），瓶口紧靠量筒口边缘，慢慢注入液体到所指刻度（图 1.42）。读取刻度时，视线应与液面在同一水平面上。如果不慎倾出了过多的液体，只能把它弃去或供给他人使用，不得倒回试剂瓶。

药品取用后，必须立即将瓶塞盖好。实验室中药品瓶的安放，一般有一定的次序和位置，不要任意更动。若需移动药品瓶，使用后应立即放回原处。

取用浓酸、浓碱等腐蚀性药品时，务必注意安全。如果酸、碱等洒在桌上，应立即用湿布擦去。如果沾到眼睛或皮肤上要立即用大量清水冲洗。

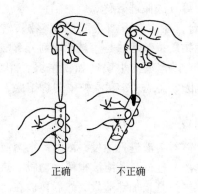

正确　　　　不正确

图 1.41　用滴管加液体　　　　　　图 1.42　用量筒量取液体

1.4.6　试纸和滤纸的使用

1.4.6.1　试纸

（1）检验溶液的酸碱性。常用 pH 试纸检验溶液的酸碱性。将小块试纸放在干燥清洁的点滴板上，再用玻璃棒蘸取待测的溶液，滴在试纸上，不能将试纸投入溶液中检验。观察试纸的颜色变化，将试纸呈现的颜色与标准色板颜色对比，可以判断溶液的 pH 值。

pH 试纸分为两类：一类是广泛 pH 试纸，其变色范围为 1~14，用来粗略地检验溶液的 pH 值；另一类是精密 pH 试纸，用于比较精确地检验溶液的 pH 值。广泛 pH 试纸的变化为 1 个 pH 单位，精密 pH 试纸变化小于 1 个 pH 单位。精密试纸的种类很多，根据不同的需求进行选用。

（2）检验气体。用蒸馏水润湿试纸并贴附在干净玻璃棒的尖端，将试纸放在试管口的上方（不能接触试管），通过观察试纸颜色的变化检验气体的性质。常用 pH 试纸或石蕊试纸检验反应所产生气体的酸碱性。用 KI 淀粉试纸来检验 Cl_2，Cl_2 可将试纸上的 I^- 氧化为 I_2，I_2 与试纸上的淀粉作用，使试纸变蓝。用 $Pb(OAc)_2$ 试纸来检验 H_2S 气体，H_2S 气体遇到试纸上的 Pb^{2+}，生成黑色 PbS 沉淀而使试纸呈黑褐色。用 $KMnO_4$ 试纸来检验 SO_2 气体。

1.4.6.2　滤纸

化学实验室中常用的有定量分析滤纸和定性分析滤纸两种。按过滤速度和分离性能的不同。又分为快速、中速和慢速三种。我国国家标准《化学分析滤纸》（GB/1914—1993）对定量滤纸和定性滤纸产品的分类、型号和技术指标以及试验方法等都有规定。滤纸产品按质量分为 A 等、B 等、C 等。滤纸外形有圆形和方形两种。常用的圆形滤纸有 φ7cm、φ9cm、φ11cm 等规格，滤纸盒上贴有滤速标签。方形滤纸都是定性滤纸，有 30cm×60cm、30cm×30cm 等规格。在实验过程中，应当根据沉淀的性质，合理地选用滤纸。

定量滤纸又称为无灰滤纸。以直径 12.5cm 定量滤纸为例，每张滤纸的质量约为 1g，在灼烧后其灰分的质量不超过 0.1mg（小于或等于常量分析天平的感量），在重量分析中可以忽略不计。

1.4.7　溶解、蒸发与结晶

1.4.7.1　溶解与熔融

将固体物质转化为液体，通常采用溶解与熔融两种方法。

（1）溶解。溶解就是把固体物质溶于水、酸、碱等溶剂中制备成溶液。溶解固体时，应依据固体物质的性质选择适当的溶剂，并用加热、搅拌等方法促进溶解。

（2）熔融。熔融是将固体物质与某种固体熔剂混合，在高温下加热，使固体物质转化为可溶于水或酸的化合物。酸熔法是用酸性熔剂分解碱性物质，碱熔法是用碱性熔剂分解酸性物质。熔融一般在高温下进行，根据熔剂的性质和温度选择合适的坩埚（如铁坩埚、镍坩埚、白金坩埚、刚玉坩埚等）。将固体物质与熔剂在坩埚中混匀后，送入高温炉中灼烧熔融，冷却后用水或酸浸取溶解。

1.4.7.2　蒸发与浓缩

为了能从溶液中析出某物质的晶体或增大其浓度，需对溶液进行蒸发、浓缩。水溶液的蒸发一般用蒸发皿。在无机制备中，蒸发、浓缩一般在水浴上进行。若溶液很稀，物质对热的稳定性又较好时，可先放在低温电炉上或在石棉网上用煤气灯直接加热蒸发，然后再放在水浴上加热蒸发。蒸发皿内所盛放的液体不应超过其容积的 2/3。当水分不断蒸发，溶液就不断浓缩。蒸发到一定程度后冷却，就可析出晶体。

1.4.7.3　结晶与重结晶

当溶液蒸发到一定浓度后冷却，即有晶体析出。物质在溶液中的饱和程度与物质的溶解度和温度有关。晶体的大小与溶质的溶解度、溶液浓度、冷却速度等因素有关。如果希望得到较大颗粒状的晶体，则不宜蒸发至太浓，此时溶液的饱和程度较低，结晶的晶核少，晶体易长大。反之，溶液饱和程度较高、结晶的晶核多，晶体快速形成，得到的是细小晶体。从纯度来看，缓慢生长的大晶体纯度较低，而快速生成的细小晶体，纯度较高。因为大晶体的间隙易包裹母液或杂质，因而影响纯度。但晶体太小且大小不均匀时，易形成糊状物，夹带母液较多，不易洗净，也影响纯度。因此晶体颗粒大小适中且均匀，才有利于得到纯度较高的晶体。

如果第一次结晶所得物质的纯度不符合要求时，可进行重结晶。其方法是在加热的情况下使被纯化的物质溶于尽可能少的水中，形成饱和溶液，并趁热过滤，除去不溶性杂质。然后使滤液冷却，被纯化物质即结晶析出，而杂质则留在母液中，从而得到较纯净的物质。若一次重结晶还达不到要求，可以再次重结晶。重结晶是提纯固体物质常用的重要方法之一，它适用于溶解度随温度有显著变化的化合物的提纯。

1.4.8　固液分离

化学实验中经常会遇到沉淀和溶液分离或晶体与母液分离等情况，分离方法主要有倾析法、过滤法和离心分离等方法。

1.4.8.1　倾析法

如沉淀的相对密度较大或晶体颗粒较大，沉淀很快沉降到容器底部，可用倾析法进行固-液分离。操作方法是待沉淀完全沉降后，小心地将沉淀上层清液慢慢地倾入另一容器中，倾倒时用一洁净的玻棒引流（图 1.43）。如果沉淀需要洗涤，则另加适量洗涤剂（如蒸馏水）搅拌均匀，静置沉降后再倾析，反复几次，直至符合要求为止。

1.4.8.2　过滤法

过滤法是最常用的一种固-液分离方法。过滤法利用沉淀和溶液在过滤器上穿透能力的不同，使沉淀留在滤器上而溶液透过滤器进入接收器中，使沉淀和溶液分离。因沉淀的形状、大小的不同，可选用不同型号的滤纸或砂芯漏斗等过滤器，采用常压、减压、热过滤等过滤方法。

图 1.43　倾析法

A 常压过滤

常压过滤是用滤纸紧贴在60°角的圆锥玻璃漏斗上作为过滤器。当沉淀物为胶状或微细晶体时，常压过滤效果较好。过滤的步骤如下：

（1）准备过滤器。首先选一张半径比漏斗圆锥高度稍低的圆形滤纸（若为方形滤纸则要剪圆），然后把滤纸对折两次，将滤纸展开为60°角的圆锥，从三层滤纸一边下面两层撕去一小角（图1.44），平整地放入干燥、洁净的漏斗中，使滤纸的圆锥面与漏斗相吻合。叠好的滤纸放入漏斗后用去离子水润湿，再以干净的玻棒（或手指）轻压滤纸，使之紧贴漏斗壁。其间不应有空气泡，以保证溶液能快速通过滤纸。一般滤纸边应低于漏斗边5mm。

（2）过滤。将准备好的漏斗放在漏斗架上，下边用烧杯或其他容器盛接滤液，漏斗颈末端紧贴在接器的内壁，以加快滤液的流速。将玻璃棒指向滤纸三层的一边，用玻璃棒引流让上层清液慢慢倾入过滤器（图1.45）。倾入液体的高度要注意比滤纸边缘低约0.5cm，待漏斗中的液体流尽时再逐次将液体倾入漏斗。溶液倾倒完后，用洗瓶挤少量水淋洗盛放沉淀的容器及玻璃棒，并将洗涤水全部滤入盛接器中（图1.46）。若需洗涤沉淀，则用洗瓶挤出洗涤液在滤纸的三层部分离边缘稍下的地方，自上而下洗涤。并借此将沉淀集中在滤纸圆锥体的下部（图1.47），如此洗涤多次。

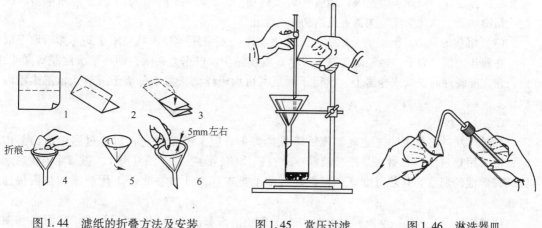

图1.44 滤纸的折叠方法及安装　　　图1.45 常压过滤　　　图1.46 淋洗器皿

B 减压过滤（抽滤或吸滤）

减压过滤是采用水泵或真空泵抽气使滤器两边产生压差而快速过滤并抽干沉淀上溶液的过滤方法。它不适宜于过滤细小颗粒的晶体沉淀和胶状沉淀，前者会堵塞滤纸孔而难于过滤，后者会透过滤纸且堵塞滤纸孔。减压过滤装置如图1.48所示，它由吸滤瓶、布氏漏斗、安全瓶和玻璃抽气管组成。玻璃抽气管是一个简单的减压水泵，其内有一窄口，当水急速流经窄口时，把装置内的空气带出而形成一定的真空度，使吸滤瓶内的压力减小，瓶内与布氏漏斗液面间产生压差而使过滤速度大大加快。减压过滤的操作步骤如下：

（1）剪贴滤纸。将滤纸剪成比布氏漏斗略小但又能盖住瓷板上所有小孔的圆，平铺在瓷板上，以少量去离子水将滤纸润湿，微开水阀，轻轻抽吸，使滤纸紧贴在瓷板上。

（2）过滤。将滤液用玻璃棒引流倒入布氏漏斗中，开大水阀，抽滤至干，沉淀平铺在瓷板的滤纸上。注意：吸滤瓶内液面不能达到支管的水平位置，否则滤液会被水泵抽出。因此滤液过多时，中途应拔掉吸滤瓶上的橡皮管，取下漏斗，把吸滤瓶的支管口向上，从瓶口倒出滤液，再装好继续过滤。

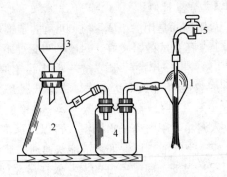

图 1.48　减压过滤装置

1—抽气管；2—吸滤瓶；3—布氏漏斗；
4—安全瓶；5—水龙头

图 1.47　沉淀在漏斗
中的洗涤

（3）关闭水阀。在抽滤过程中不能突然关闭水阀。停止抽滤时应先拔掉吸滤瓶支管上的橡皮管，使吸滤瓶与安全瓶脱离，然后再关闭水阀，否则水会倒吸。

当需要洗涤沉淀时，首先应停止抽滤，然后加入少量洗涤液，让它缓缓通过沉淀，再接上吸滤瓶的橡皮管，微开水阀抽吸，最后开大水阀抽干。此时可用一个干净的平顶瓶塞挤压沉淀，帮助抽干。如此反复数次，直至达到要求为止。

（4）沉淀的取出。沉淀抽干以后，先将吸滤瓶与安全瓶拆开，再关闭水阀。然后取下漏斗，将漏斗的颈口向上，轻轻敲打漏斗边缘，或在漏斗颈口用力一吹，即可使沉淀脱离漏斗，倾入预先准备好的滤纸或容器上。欲得干燥沉淀可用干燥滤纸将水分吸干或放入恒温烘箱内烘干。

C　热过滤

如果溶质的溶解度明显地随温度的降低而降低，但又不希望它在过滤过程中析出晶体时，可采用热过滤。其做法是把玻璃漏斗放在铜质的热漏斗内（图 1.49），热漏斗内装热水以维持溶液的温度，趁热过滤。也可以在过滤前把玻璃漏斗放在水浴上用蒸汽加热后快速过滤。

如过滤的溶液有强酸性或强氧化性，为了避免溶液和滤纸作用，应采用玻璃砂漏斗（图 1.50）。由于碱易与玻璃作用，所以玻璃砂芯漏斗不宜过滤强碱性溶液。过滤时，不能引入杂质，不能用瓶盖挤压沉淀，其他操作要求基本如上述步骤。

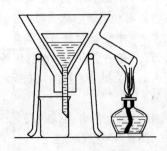

图 1.49　热过滤

图 1.50　玻璃砂芯漏斗

1.4.8.3　离心分离

离心分离是用离心机将少量沉淀和溶液分离的简便快速方法。实验中常用的电动离心机如

图 1.51 所示。

　　离心分离时，选用大小相同、所盛混合物的量大致相等的离心试管，对称地放在离心机套筒内。如果只有一支要离心分离的试管，则可用另一支大小相同、盛有同量水的离心试管与之相配，保持离心机平衡，然后盖上盖子。启动离心机时先调到变速器的最低挡，转动后再逐渐加速，2～5min 后，断开电源，让其自然停止，切不可加以外力强迫它停止转动。离心分离操作完毕后，轻轻取出试管，不要摇动，将一支干净的滴管排气后伸入离心管的液面下，慢慢吸取清液。在吸取过程中吸管口始终不离开液面而又不接触沉淀（图1.52）。欲得较纯净的沉淀，还需将洗涤液加入沉淀中，用玻璃棒搅拌均匀后再离心分离，反复数次直至达到要求。

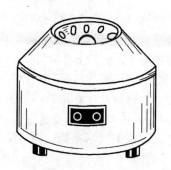

图 1.51　电动离心机　　　　　　图 1.52　吸取上层溶液

1.4.9　气体的发生、净化和收集

1.4.9.1　气体的发生

　　制备不同的气体，应根据反应物的状态和反应条件，采用不同的方法和装置。在实验室制取少量无机气体，常采用图 1.53、图 1.54 和图 1.55 等装置。如果是不溶于水的块状（或粗粒状）固体与液体间不需加热的反应，例如制备 CO_2、H_2S 和 H_2 等气体，可使用启普发生器；如果反应需要加热，或颗粒很小的固体与液体，或液体之间的反应，例如制备 Cl_2、SO_2、N_2 等气体，可采用如图 1.54 所示的装置；如果是加热固体制取气体，可采用如图 1.55 所示的装置。

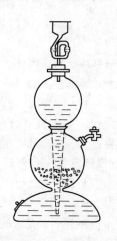
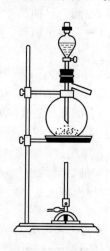
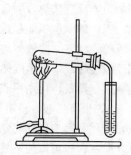

图 1.53　启普发生器　　　图 1.54　等压制气装置　　　图 1.55　固体加热制气装置

　　启普发生器由球形漏斗和葫芦状的玻璃容器组成。葫芦体的球形部分上侧有气体出口，出口处配有装上玻璃活塞的橡皮塞，利用活塞来控制气体流量。葫芦体的底座上有排除废液的出口。如果用发生器制取有毒的气体（H_2S），应在球形漏斗口装个安全漏斗，在它的弯管中加进少量水，水的液封作用可防止毒气逸出。固体药品放在葫芦体的圆球部分，固体下面垫一块有很多小孔的橡皮圈（或玻璃棉），以免固体掉入葫芦体底座内。液体从球形漏斗加入。使用时，只要打开活塞，液体下降至底座再进入中间球体内，液体与固体接触反应而产生气体。要停止使用时，关闭活塞，由于出口被堵住，产生的气体使发生器内压力增加，液体被压入底座再进入球形漏斗而与固体脱离接触，反应即停止。下次再用时，只要重新打开活塞，又会产生气体。气体可以随时发生或中断，使用起来十分方便。这是启普发生器的最大优点。

　　启普发生器的使用方法为：

　　（1）装配。将一块有很多小孔的橡皮圈垫在葫芦体的细颈处（或在球形漏斗下端相应位置缠些玻璃棉，但不要缠得太多、过紧，以免影响液体流动的通畅）。将球形漏斗与葫芦体的磨口接触处擦干，均匀地涂一薄层凡士林，然后转动球形漏斗，使凡士林均匀。

　　（2）检漏。检查启普发生器是否漏气的方法是：先关闭活塞，从球形漏斗中加入水，静置一会。如果漏斗中的液面下降，说明漏气。检查可能漏气的地方，采取相应措施。

　　（3）装入固体和酸液。固体由气体出口处加入。所加固体的量，不要超过葫芦体球形部分容积的1/3。固体的颗粒不能太小，否则易掉进底座，造成关闭活塞后，仍继续产生气体。注意轻轻摇动发生器，使固体分布均匀。

　　加酸时，先打开导气管活塞，再把酸从球形漏斗加入，在酸将要接触固体时，关闭活塞，继续加入酸液，直至充满球形漏斗颈部。酸量以打开活塞后，刚好浸没固体为宜。

　　（4）如何添加固体和更换酸液。如果在使用启普发生器过程中，想增加些固体，或使用时间长了，发生的气体变得很少，说明酸液已经很稀，需更换新的酸液，该如何操作呢？可关上活塞，使酸和固体脱离接触，用橡皮塞将球形漏斗上口塞住，取下带导气管的橡皮塞（这时球形漏斗的液面不会下降），然后将固体从这个出气口加入。如果想更换酸液，可将发生器稍倾斜，使废液出口稍向上，使下口附近无液体，再拔去橡皮塞倒出废液。这样，废液便不会冲出伤人，也不会流到手上。根据实际情况，更换部分或全部酸液。

　　（5）启普发生器使用完后，可按更换酸液的操作倒出酸液。固体可从葫芦体上口倒出。先将发生器倾斜，使固体全集中在球部的一侧，再抽出球形漏斗（这样可避免固体掉进底座），倒出固体。也可根据具体情况，由出气口倒出固体。如果固体还可以再用，倒出之前，用水在启普发生器中将它们冲洗净。

　　启普发生器虽然使用方便，但它不能受热，装入的固体反应物必须是块状的。因此，当反应需要加热或反应放热较明显、固体颗粒很小时，就要采用图1.54的仪器装置。固体装在蒸馏瓶内，固体的体积不能超过瓶容积的1/3，酸或其他液体加到分液漏斗中。使用时，打开分液漏斗下部的活塞，使液体均匀地滴加在固体上（注意不宜滴加得太快、太多），以产生气体。当反应缓慢或不发生气体时，可以微微加热。必要时，可加回流装置。装进药品之前，应检查装置是否漏气。可用手或小火温热蒸馏瓶，观看洗气瓶中是否有气泡发生（空气受热膨胀逸出）。如果有气泡，说明装置漏气，应找出原因。如果需要制备的气体量很少，可以用带导管的试管代替蒸馏瓶（图1.55）。

　　在实验室，也可以使用气体钢瓶直接获得各种气体。钢瓶中的气体是在工厂中充入的。使用时，通过减压阀放出气体。为了避免混淆钢瓶用错气体，除了钢瓶上写明瓶内气体成分外，通常还在钢瓶外面涂以特定的颜色，以便区别。我国钢瓶的颜色标志如表1.2所示。

表 1.2 我国气体钢瓶的颜色标记

气体名称	O$_2$	N$_2$	H$_2$	Cl$_2$	NH$_3$	其他气体
瓶身颜色	天蓝	黑	深绿	草绿	黄	红

1.4.9.2 气体的净化和干燥

由以上方法得到的气体往往带有酸雾和水汽等杂质，有时需要进行净化和干燥，这个过程通常在洗气瓶（图 1.56）和干燥塔（图 1.57）中进行。

图 1.56 洗气瓶   图 1.57 干燥塔

液体（如水、浓硫酸）装在洗气瓶内，固体（如无水氯化钙、硅胶）装在干燥塔内。连接洗气瓶时，必须注意使气体由长管进入，经过洗涤剂，由短管逸出。否则，气体会将洗液由长管压出。

根据气体和要除去的杂质的性质，选用不同的物质对气体进行净化，要求既能除去杂质又不损失所需的气体。例如，用水可除去可溶性杂质和酸雾，用氧化性洗液除去还原性杂质，碱性气体不能用酸性干燥剂等。常用的干燥剂有浓硫酸、无水氯化钙、硅胶、固体氢氧化钠等。

1.4.9.3 气体的收集

收集气体的方法，通常有排水集气法和排气集气法。

（1）在水中溶解度很小，又不与水发生化学反应的气体，如 H$_2$、O$_2$、NO 等，可用排水集气法收集。

用排水集气法收集气体时，当集气瓶充满后，要先将导气管从水中抽出，才能停止加热反应器，以免水倒吸。

（2）易溶于水、与空气不反应，密度与空气差别大的气体可用排气集气法收集。

采用排气集气法收集气体时，应设法检查气体是否充满集气瓶。注意，最初排出的气体，混杂有系统中的空气，不应该收集。不宜用排气集气法收集大量易爆的气体，因为易爆气体中混合的空气达爆炸极限时，遇火即爆。

1.5 误差与有效数字处理

化学实验过程中经常使用仪器对一些物理量进行测量，从而对体系中的一些化学性质和物理性质作出定量描述，揭示事物的客观规律。但事实上，任何测量的结果（数据）只能是相对准确，或者说是存在某种程度上的不确定（不可靠）性，这种不确定（不可靠）被称为实验误差。产生这种误差的原因，是因为测量仪器、方法、实验条件以及实验工作者本人不可避免地存在一定局限性。对于不可避免的实验误差，实验者需了解其产生的原因、性质及有关规律，从而在实验中设法控制和减少误差，并对测量的结果进行适当处理，以达到可信的程度。

1.5.1　绝对误差与相对误差

测量中的误差，主要有两种表示方法：绝对误差与相对误差。

1.5.1.1　绝对误差

测量值与真实值之差称为绝对误差。若以 X 代表测量值，以 μ 代表真实值，则绝对误差 $\delta = X - \mu$。

绝对误垄是以测量值的单位为单位，可以是正值，也可以是负值。即测量值可能大于或小于其真实值，测量值越接近真实值，绝对误差值越小；反之，越大。

1.5.1.2　相对误差

绝对误差与真实值的比值称为相对误差。

$$\frac{\delta}{\mu} = \frac{X - \mu}{\mu}$$

相对误差反映测量误差在测量结果中所占的比例，它没有单位，通常以% 、‰表示。

例如，某物质的真实质量为58.6156g，测量值为58.6157g，则

$$绝对误差 = 58.6157g - 58.6156g = 0.0001g$$

$$相对误差 = \frac{58.6157g - 58.6156g}{58.6156g} \times 100\% = 10^{-4}\%$$

而对于0.1000g物体称量得0.1001g，其绝对误差也是0.0001g，但其相对误差：

$$相对误差 = \frac{0.1001g - 0.1000g}{0.1000g} \times 100\% = 0.1\%$$

可见，对于上述两种物质称量，求得的绝对误差虽然相同，但被称物质的质量不同，相对误差在被测物质质量中所占份额并不相同。显然，绝对误差相同时，被测量的值越大，相对误差越小，测量的准确度越高。

1.5.2　精密度与偏差

精密度表示同一条件下，对同一样品平行测量的各测量值之间相互接近的程度。各测量值间越接近，精密度就越高；反之，精密度越低。精密度可用各类偏差来表示。

（1）绝对偏差与相对偏差。测量值 x_i 与平均值 $\bar{x}$ 之差称为绝对偏差 d_i，它的量纲与测量值相同。绝对偏差与平均值之比称为相对偏差。绝对偏差和相对偏差都是用来衡量某个测量值与平均值的偏离程度。

$$绝对偏差 = d_i = x_i - \bar{x}$$

$$相对偏差 = \frac{d_i}{\bar{x}} \times 100\%$$

（2）平均偏差与相对平均偏差。平均偏差是各个偏差绝对值的平均值。相对平均偏差是平均偏差与平均值的比值。

$$平均偏差 = \bar{d} = \frac{|d_1| + |d_2| + \cdots + |d_n|}{n} = \frac{1}{n} \sum_{i=1}^{n} |x_i - \bar{x}|$$

$$相对平均偏差 = \frac{\bar{d}}{\bar{x}} \times 100\%$$

（3）标准偏差和相对标准偏差。用数理统计方法处理数据时，常用标准偏差 S 和相对标准偏差 S_r 来衡量精密度。

$$S = \sqrt{\frac{\sum (x_i - \bar{x})^2}{n - 1}} = \sqrt{\frac{\sum d_i^2}{n - 1}}$$

实际使用时常采用其简便的等效式：

$$S = \sqrt{\frac{\sum x_i^2 - (\sum x_i)^2/n}{n - 1}} = \sqrt{\frac{\sum x_i^2 - n(\bar{x})^2}{n - 1}}$$

$$S_r = \frac{S}{\bar{x}} \times 100\%$$

例如，四次测定某溶液的浓度，结果为 0.2041mol/L、0.2049mol/L、0.2039mol/L 和 0.2043mol/L。则平均值（$\bar{x}$），平均偏差（$\bar{d}$）、相对平均偏差 $\left(\frac{\bar{d}}{\bar{x}}\right)$、标准偏差（$S$）及相对标准偏差（$S_r$）为：

平均值（$\bar{x}$）$= (0.2041 + 0.2049 + 0.2039 + 0.2043)/4 = 0.2043\text{mol/L}$

平均偏差（$\bar{d}$）$= (0.0002 + 0.0006 + 0.0004 + 0.0000)/4 = 0.0003\text{mol/L}$

相对平均偏差 $\left(\frac{\bar{d}}{\bar{x}}\right) = \frac{0.0003}{0.2043} \times 100\% = 0.15\%$

标准偏差（S）$= \sqrt{\frac{0.0002^2 + 0.0006^2 + 0.0004^2 + 0.0000^2}{4 - 1}} = 0.0004\text{mol/L}$

相对标准偏差（S_r）$= \frac{0.0004}{0.2043} \times 100\% = 0.2\%$

精密度是保证准确度的前提条件，没有好的精密度就不可能有好的准确度。因为事实上，准确度是在一定的精密度下，多次测量的平均值与真实值相等的程度。测量值的准确度表示测量结果的正确性，测量值的精密度表示测量结果的重复性或再现性。

1.5.3 系统误差和随机误差

依据误差产生的原因及性质，误差可分为系统误差与随机误差。

1.5.3.1 系统误差

系统误差是由某些固定的原因造成的，使得测量结果总是偏高或偏低。实验方法不够完善、仪器不够精确、试剂不够纯以及测量者本人的习惯、仪器使用的理想环境达不到要求等因素都有可能产生系统误差。系统误差的特征：一是单向性，即误差的符号及大小恒定或按一定规律变化；另一是系统性，即在相同条件下重复测量时，误差会再现。因此系统误差可用校正等方法予以消除。常见的系统误差大致分为：

（1）仪器误差。所有的测量仪器都可能产生系统误差。例如天平失于校准（如不等臂性或灵敏度欠佳）；磨损或腐蚀的砝码；移液管、滴定管和容量瓶等玻璃仪器的实际容积和标示容积不符；电池电压下降、接触不良造成电路电阻增加等影响都会造成系统误差。

（2）方法误差。这是由于测试方法不完善造成的，其中有化学和物理方面的原因，常常难以发现。因此，这是一种影响最为严重的系统误差。例如某些反应速率很慢或未定量地完成，干扰离子的影响，沉淀的溶解，共沉淀和后沉淀等都会系统地导致测定结果偏高或偏低。

（3）个人误差。个人误差是一种由操作者本身的一些主观因素造成的误差。例如在读取刻度值时，总是偏高或总是偏低。

1.5.3.2　随机误差

随机误差又称偶然误差，它指同一操作者在同一条件下对同一量进行多次测定，而结果不尽相同，以一种不可预测的方式变化着的误差。它产生的直接原因往往难以发现和控制。随机误差有时正、有时负，数值有时大、有时小，因而具有一定的不确定性。在各种测量中，随机误差总是不可避免地存在，并且不可能加以消除，它构成了测量的最终限制。随机误差对测定结果的影响通常服从统一规律，因而，可以采用在相同条件下多次测定同一量，再求其算术平均值的方法来克服。

1.5.3.3　过失误差

出于操作者的疏忽大意，没有完全按照操作规程实验等原因造成的误差称为过失误差。这种误差使测量结果与事实明显不合，有较大的偏离且无规律可循。含有过失误差的测量值，不能作为一次实验值引入数据处理。这种过失误差，需要通过加强责任心，仔细操作来避免。判断是否发生过失误差必须慎重，应有充分的依据，最好重复这个实验来检查。如果经过细致实验后仍然出现这个数，要依据已有的科学知识判断是否有新的问题，甚至有新的发现。

1.5.4　有效数字及运算法则

1.5.4.1　有效数字定义

在科学研究过程中，各种物理量的测量值（观测值）的记录必须与测试仪器的精度相一致。通常情况下，任何一种仪器标尺读数的最低一位应该用内插法估计到两条刻度线间距的1/10，因而，任何一个测量值的最后一位数字应是有一定误差的。这种误差来自于估计的不可靠性，有时称为不确定度，一般为±0.1分度。这种在不丧失测量准确度的情况下，表示某个测量值所需要的最小位数的数目字称为有效数字。也就是说，有效数字就是实际能够测量到的数字，它总是和测量或测定联系在一起，有效数字的构成包括若干位确定的数字和一位不确定的数字。例253.8这个数有4位有效数字，用科学表示法写成2.538×10^2。若写成2.5380×10^2，就意味着它有5位有效数字。"0"是一个特殊的数字，当它出现在两个非零数字之间或小数点右方的非零数字之后时都是有效的。如10.0500g，其中每个0都是有效的，它有6位有效数字。而0.0280中，2之前的两个0是无效的，因这两个0只是用来决定小数点的位置，取决于所用的单位，当用毫克计量时，可写成28.0mg，最后一个0仍是有效的。

但是，像83600这类数字的有效数字却含混不清，可能意味着下列情况之一：8.36×10^4，3位有效数字；8.360×10^4，4位有效数字；8.3600×10^4，5位有效数字。因此，像83600这类数值最好用上述科学表示法书写，以便准确地表示出它究竟有几位有效数字。

1.5.4.2　有效数字的运算规则

当计算涉及几个测量值，而它们的有效数字的位数不相同时，按有效数字运算规则进行计算，既节省计算时间、减少错误，又保证了数据的准确度。

A　加减运算

加减运算结果的有效数字的位数，应以运算数字中小数点后有效数字位数最小者决定。计算时可先不管有效数字，直接进行加减运算，运算结果再按数字中小数点后有效数字位数最小的作四舍五入处理。例如，2.25，3.4375，4.27502 三个数相加，则：

$$2.25 + 3.4375 + 4.27502 = 9.96252 \longrightarrow 9.96$$

也可以先按四舍五入的原则，以小数点后位数最少的为标准处理各数值，使小数点后位数相同，然后再计算，上例可以计算为：

$$2.25 + 3.44 + 4.28 = 9.97$$

B　乘除运算

几个数相除或相乘时的结果的有效数字位数应与各数中有效数字位数最少者相同，跟小数点的位置或小数点后的位数无关。例如 1.262 与 4.77 相乘：

$$
\begin{array}{r}
1.26\underline{2} \\
\times \quad 4.7\underline{7} \\
\hline
8\,8\,\underline{3\,4} \\
8\,8\,3\,4 \\
5\,0\,4\,8 \\
\hline
6.0\,\underline{1\,9\,7\,4}
\end{array}
$$

下划"—"的数字是不准确的，故得数应为 6.02。计算时也可以先四舍五入后计算，但在几个数连乘或连除运算中，在取舍时应保留比最小位数多一位数字运算。例如：0.98，1.644，46.4 三个数字连乘应为：

$$0.98 \times 1.64 \times 46.4 = 74.57 \rightarrow 75$$

先算后取舍为：

$$0.98 \times 1.644 \times 46.4 = 74.76 \rightarrow 75$$

二者的结果一致，若只取最小位数的数相乘为：

$$0.98 \times 1.6 \times 46 = 72.13 \rightarrow 72$$

这样计算结果的误差扩大了。但是，如果连乘或连除的数中被取舍的数字离"5"较远，也可取最小位数的有效数字同化后再运算。

C　对数与反对数

对数尾数的有效位数应与真数的有效位数相同。例如：

$$\lg \underset{\text{真数}}{345} = \underset{\text{首数}}{2} \cdot \underset{\text{尾数}}{538}$$

因此，345 可写成 3.45×10^2，它的对数的首数相应于 3.45×10^2 中 10 的幂，起决定小数点位置的作用。又如，$c(H^+) = 6.6 \times 10^{-10}$ mol/L 的溶液，pH 值应为 9.18，不是 9 或 9.2。

将对数转换成反对数时，有效数字位数则应与尾数的位数相同，例如 $\lg 10^{-3.42}$ 的反对数为 $10^{-3.42} = 3.8 \times 10^{-4}$。

1.6　实验报告参考格式

能书写出一份合格的实验报告是大学生应具备的基本能力。实验报告没有固定的模式，但一份合格的实验报告必须有下列几方面的内容：完整的实验步骤，正确无误的原始记录，实验结果和结果讨论。

1.6.1　元素及化合物性质实验报告格式

<table>
<tr><td colspan="2" style="text-align:center">无机化学实验报告</td></tr>
<tr><td>报告人：————————</td><td>同作者：————————</td></tr>
<tr><td>班级：————————</td><td>学号：————————</td></tr>
<tr><td colspan="2">实验项目名称：</td></tr>
<tr><td colspan="2">实验目的：</td></tr>
<tr><td colspan="2">实验原理：</td></tr>
<tr><td>实验步骤：</td><td>现象解释：（包括涉及的反应方程式）</td></tr>
<tr><td></td><td></td></tr>
<tr><td colspan="2">思考题或习题：</td></tr>
<tr><td colspan="2">实验中遇到的问题、感想及建议：</td></tr>
</table>

1.6.2　测定实验报告格式

<table>
<tr><td colspan="2" style="text-align:center">无机化学实验报告</td></tr>
<tr><td>报告人：————————</td><td>同作者：————————</td></tr>
<tr><td>班级：————————</td><td>学号：————————</td></tr>
<tr><td colspan="2">实验项目名称：</td></tr>
<tr><td colspan="2">实验目的：</td></tr>
<tr><td colspan="2">实验原理：</td></tr>
<tr><td colspan="2">实验步骤：</td></tr>
<tr><td colspan="2">数据处理：</td></tr>
<tr><td colspan="2">实验结果：</td></tr>
<tr><td colspan="2">思考题或习题：</td></tr>
<tr><td colspan="2">实验中遇到的问题、感想及建议：</td></tr>
</table>

1.6.3 综合实验报告格式

无机化学实验报告
报告人：————————　　同作者：————————
班级：————————————　　学号：————————
实验项目名称：
实验目的：
实验原理：
实验步骤：
数据处理：
结果与讨论：
思考题或习题：
实验中遇到的问题、感想及建议：

2 常用实验仪器工作原理及操作

2.1 电子天平

电子天平是精度高、可靠性强、操作简便的称量仪器。一般分为顶部承载式(吊挂单盘)和底部承载式(上皿式)两种结构,其中底部承载式的上皿天平较为常用。通常这种天平都装有小电脑,具有数字显示、自动调零、自动校准、扣除皮重、输出打印等功能。图 2.1 为北京赛多利斯天平有限公司生产的 Sartorius 系列上皿式电子天平的外形结构及操作面板。

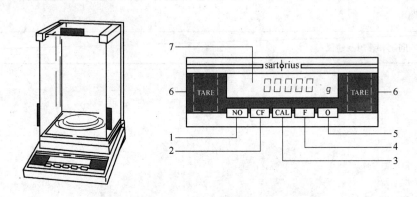

图 2.1　电子天平外形结构及操作面板示意图

1—开/关键;2—清除键(CF);3—校准/调整键(CAL);4—功能键(F);
5—打印键;6—除皮/调零键(TARE);7—质量显示屏

2.1.1　操作步骤

电子天平的操作步骤:

(1)开启、预热。调整好天平的水平,轻按一下开/关键,显示器表示接通电源,仪器开始预热,预热通常需要 30min。

(2)校准。轻按"CAL 键",进入校准状态,用标准砝码(如100g)进行校准。

(3)称量。取下标准砝码,零点显示稳定后即可进行称量。如用小烧杯称取样品时,可将洁净干燥的小烧杯放在秤盘中央,显示数字稳定后按清零去皮"TARE"键,显示即恢复为零,再缓缓加样品至显示出所需样品的质量时,停止加样,直接记录样品的质量。

(4)称量完毕,取下被称物,如果不久还要继续使用天平,应暂不按"开/关键",天平将自动保持零位,或者按一下"开/关键"(但不可拔下电源插头),让天平处于待命状态,即显示屏上数字消失,再来称量时按一下"开/关"键即可使用。如果不再用天平,应拔下电源插头,盖上防尘罩。

2.1.2　称量方法

2.1.2.1　直接称量法

将表面皿或称量纸放在秤盘上，待其读数稳定后，按下去皮键"TARE"，待显示恢复为零后，打开天平侧门，缓缓往表面皿或称量纸上加入样品，当达到所需样品的质量时，停止加样，关闭天平侧门。待读数稳定后得到所称量样品的净质量，记录数据。

2.1.2.2　差减称量法

差减称量法不必固定某一质量，只需确定称量范围，常用于称量易吸水、易氧化或易与二氧化碳起反应的物质。一般将这种试剂装在称量瓶里，并将装有样品的称量瓶存放在干燥器中，使用时才从干燥器中取出。称取样品时，先将盛有样品的称量瓶置于秤盘上准确称量，记录数据。然后，用左手以纸条套住称量瓶，如图2.2a

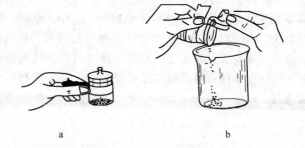

图2.2　称量瓶的拿法和样品倾倒及敲击的方法

所示，将其取下举在盛放样品的容器(烧杯或锥形瓶)上方；右手用小纸片夹住瓶盖柄，打开瓶盖，将称量瓶一边慢慢地向下倾斜，一边用瓶盖轻轻敲击瓶口，使样品落入容器内，注意不要撒落在容器外，如图2.2b所示。当倾出的样品接近所要称量的质量时，将称量瓶慢慢竖起，再用瓶盖轻轻敲一下瓶口侧面，使黏附在瓶口上的样品落入瓶内，盖好瓶盖。然后将称量瓶放回天平上称量，两次称得的质量之差即为样品的质量。

如果所倒样品不够要求的质量，可以再如上述方式倾倒，直至倒出样品满足所要求的质量。如果倒出的样品太多，超出实验要求的范围很多，只能弃掉，再重新称一份，切忌不要把多倒出的样品倒回称量瓶，以免污染称量瓶内的样品。

2.1.3　称量注意事项

称量时应注意以下几点：

(1) 称量前检查天平是否处于水平，天平内外是否洁净等。

(2) 天平的上门不得随意打开。

(3) 开关天平动作要轻、缓。

(4) 称量物体的温度必须与天平温度相同，有腐蚀性或吸湿性物质必须放在密闭容器内称量。

(5) 不能超出天平最大载重(一般天平最大载重标在天平面板上)。

(6) 读数时必须关好侧门。

(7) 称量完毕后，应清洁天平，并关闭好天平及电源，盖上天平罩。

2.2　酸　度　计

酸度计(又称pH计)是一种通过测量电势差来测定溶液pH值的仪器。除可以测量溶液的pH值外，还可以测量氧化还原电对的电极电势(mV)及配合电磁搅拌进行电位滴定等。实验室常用的酸度计有25型、pHS-2型、pHS-2C型、pHS-2F型和pHS-3型等，图2.3所示为上海精密科学仪器有限公司生产的 pHS-2F 型数字 pH 计外观结构。

　　各种型号的酸度计结构虽有不同，但基本原理和组成相同，都是由测量电极、参比电极和精密电位计三部分组成。两个电极插入待测溶液组成电池，参比电极作为标准电极提供标准电极电势，测量电极（指示电极）的电极电势随着溶液中 H⁺ 浓度的改变而变化。图 2.4 为测量电极和参比电极构成的复合电极。测量电极的球泡是由具有 H⁺ 选择性的锂玻璃熔融吹制而成，膜厚 0.1mm 左右。内参比电极为 Ag-AgCl 电极，内参比溶液是零电位等于 7 的中性磷酸盐和氯化钾的混合溶液。外参比电极为 Ag-AgCl 电极，外参比溶液为 3.3mol/L 的氯化钾溶液，经氯化银饱和，加适量琼脂使溶液呈凝胶状而固定之。液接界是沟通外参比溶液和被测溶液的连接部件，内芯与参比电极连接，屏蔽层与外参比电极连接。

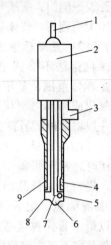

图 2.4　复合电极的结构
1—引出线；2—电极引出头；3—内部液补充口；4—温度补偿电阻；5—O形环气体门；6—电极膜；7—玻璃电极内部电极；8—电极膜保护筒；9—参比电极内部电极

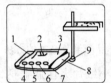 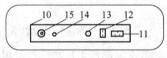

图 2.3　pHS-2F 型数字 pH 计外形结构
1—机箱盖；2—显示屏；3—面板；4—选择开关旋钮（pH、mV）；5—温度补偿调节旋钮；6—斜率补偿调节旋钮；7—定位调节旋钮；8—机箱底；9—电极架插座；10—仪器后面板；11—电源插座；12—电源开关；13—保险丝；14—参比电极接口；15—测量电极插座

2.2.1　pH 值测定的基本原理

　　复合电极在溶液中组成电池如下：
　　（−）内参比电极｜内参比溶液｜电极球泡‖被测溶液｜外参比溶液｜外参比电极（+）
电池的电动势为各电极电势之和：

$$E = \varphi_{内参} + \varphi_{内玻} + \varphi_{外玻} + \varphi_{液接} + \varphi_{外参}$$

式中　$\varphi_{内参}$——内参比电极与内参比溶液的电势差；

　　　$\varphi_{内玻}$——内参比溶液与玻璃球泡内壁之间的电势差；

　　　$\varphi_{外玻}$——玻璃球泡外壁与被测溶液之间的电势差；

　　　$\varphi_{液接}$——被测溶液与外参比溶液之间的电势差；

　　　$\varphi_{外参}$——外参比电极与外参比溶液的电势差。

$$\varphi_{外玻} = \varphi_{玻}^{\ominus} - \frac{2.303RT}{F}pH$$

式中　$\varphi_{玻}^{\ominus}$——标准电极电势，V；

　　　R——理想气体常数，数值为 8.314J/(mol·K)；

　　　T——绝对温度，K；

　　　F——法拉第常数，数值为 96485C。

又设：$A = \varphi_{内参} + \varphi_{内玻} + \varphi_{外玻} + \varphi_{液接} + \varphi_{外参} + \varphi_{玻}^{\ominus}$

当条件不变时，A 为常数，从而：

$$E = A - \frac{2.303RT}{F}pH$$

可见，电池的电动势与被测溶液的 pH 值成线性关系，其斜率为 $\frac{2.303RT}{F}$。

因为上式中常数项 A 的值随着电极和测量条件的不同而异，需要用已知 pH 值的标准缓冲溶液来校正。通过 pH 计中的定位调节器来消除式中的常数项 A，以便保持相同的测量条件，进而测定被测溶液的 pH 值。酸度计把测得的电动势转换成 pH 值显示出来，因此，在酸度计上可直接读出溶液的 pH 值。

2.2.2 pHS-2F 型数字 pH 计使用方法

2.2.2.1 准备工作

（1）按下电源开关 12，预热 30min。

（2）电极架旋入电极架插座 9，调节电极架到适当位置。

（3）复合电极夹在电极架上。

（4）取下复合电极下端的橡皮套，露出复合电极的接界头，用蒸馏水清洗电极。

2.2.2.2 标定

仪器使用前先要进行标定。一般情况下，如果仪器连续使用时，每天要标定一次。

（1）把选择开关 4 调到 pH 挡。

（2）调节温度补偿旋钮 5，使其与溶液温度一致（先用温度计测量溶液的温度）。

（3）调节斜率旋钮 6 顺时针旋到底（即调到 100%）。

（4）将清洗过的电极插入 pH = 6.86 的标准缓冲溶液中，调节定位旋钮 7 使仪器显示的读数与该缓冲溶液的 pH 值相一致。

（5）取出电极，用蒸馏水清洗电极，擦干，再插入 pH = 4.00 的标准缓冲溶液中，调节斜率旋钮使仪器显示的读数与该缓冲溶液的 pH 值相一致。

（6）重复（4）~（5）步骤，直至读数稳定不变。

在使用过程中需要注意的是：经标定后的仪器在使用过程中，其定位旋钮和斜率旋钮不能再变动。如果被测溶液为碱性时，应选 pH = 9.18 的标准缓冲溶液替代 pH = 4.00 缓冲溶液。

2.2.2.3 测量 pH 值

经标定过的仪器即可用来测量被测溶液。首先将电极用蒸馏水清洗，再用被测溶液清洗一遍。将电极浸入被测溶液用玻棒搅拌溶液使其均匀，待数字不变化时，从显示屏读出溶液的 pH 值。

2.2.3 复合电极的使用注意事项

（1）取下电极套后，应避免电极的敏感玻璃泡与硬物接触，以防电极破损或起毛而失效。

（2）测量结束后，及时套上电极套，电极套内应放少量外参比补充液（3mol/L 氯化钾溶液）以保持电极球泡湿润。

（3）电极经长期使用后，如出现斜率略有降低，则可将电极浸泡在 4% HF 中 3~5s，用蒸馏水洗净，再用 0.1mol/L HCl 溶液浸泡数秒钟，使电极复新。

2.3 电 导 率 仪

电导率仪是用来测量液体或溶液电导率的仪器。电解质溶液的电导(G)除与电解质种类、溶液浓度以及温度等因素有关外，还与所使用的电极的面积(A)、两电极间的距离(l)有关。其关系式为：

$$G = \kappa \frac{A}{l}$$

式中　κ——比电导或电导率，S/m。

电导率测量时，常用的电导电极有铂黑电极和光亮电极。对于每一个给定的电极，l/A 的比值为常数，称为电极常数(或电导池常数)，具体数值由制造商提供。各种水样的电导率见表2.1。

表2.1　各种水样的电导率

水 样	电 导 率/S·m^{-1}	使 用 电 极
高纯水	$10^{-1} \sim 10^{-2}$	光亮铂电极
阳离子交换柱出水	$0.1 \sim 1.0$	光亮铂电极
阴离子交换柱出水	10^2	铂黑电极
自来水	10^3	铂黑电极

DDS-11A 型电导率仪和电导电极的结构如图2.5 和图2.6 所示。

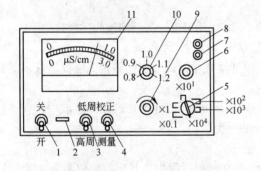

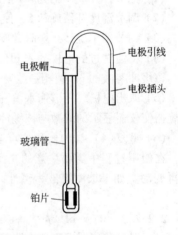

图 2.5　DDS-11A 型电导率仪

1—电源开关；2—指示灯；3—高周/低周开关；4—校正/测量开关；5—量程选择；6—电容补偿调节器；7—电极插口；8—10mV 输出端口；9—校正调节器；10—电极常数调节器；11—表头

图 2.6　电导电极示意图

DDS-11A 型电导率仪使用方法如下：

(1) 通电前，应先调整表头上的螺丝使表针指零。

(2) 将校正/测量开关4 扳在"校正"位置。

(3) 接通电源，打开电源开关，预热数分钟(待指针完全稳定下来为止)，调节校正调节器9 使电表指示满刻度。

(4) 当测量电导率低于 300 S/m 的液体时，选用"低周"，这时将高周/低周开关3 扳至低周即可。当测量电导率在 $300 \sim 10^4$ S/m 的液体时，选用"高周"，将3 扳至高周。

(5) 将量程选择开关5 扳到所需要的测量范围，如果预先不知道被测溶液电导率大小，应先将其扳到最大电导率测量挡，然后逐挡降低，以防指针打弯。

（6）使用电极时，应用电极夹夹紧电极胶木帽，并固定在电极杆上。将电极插头插入电极插口内，旋紧插口上的紧固螺丝，再使电极浸入待测溶液中。

（7）使用时注意事项：

1）电极的引线不能潮湿，否则测量数据不准确。

2）高纯水被盛入容器后迅速测量，不然由于空气中的 CO_2 溶入水中变成碳酸根离子使溶液电导增加。

3）盛被测溶液的容器必须清洁，无离子沾污。

2.4 高速台式离心机

试管中少量溶液与沉淀的分离常用离心分离法，其操作方便快速。离心分离使用的设备是离心机，离心机分为低速和高速离心机两种类型。但不论是低速还是高速离心机，其工作原理和使用方法基本相同。将盛有沉淀的小试管（或离心试管）放入离心机的试管套内，在与之相对称的另一试管套内也要装入一支盛有相等体积液体的试管，这样可使离心机的重心保持平衡。然后缓慢启动离心机，再逐渐加速。一定时间后旋转按钮至停止位置，使离心机自然停下。切忌在任何情况下，都不要用力停止转动，否则离心机很容易损坏，或者发生危险。同时，骤然停止，也可能使分离后的沉淀变为浑浊而失去离心分离的目的。

2.4.1 GT10-1 型高速离心机的结构与使用方法

GT10-1 型高速离心机的外形及面板如图 2.7 所示。

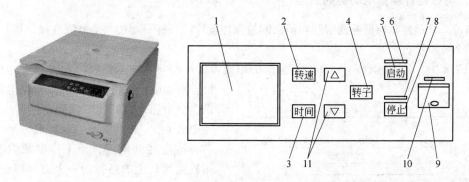

图 2.7 高速离心机的外形及面板示意图

1—运转参数显示窗；2—转速键；3—时间键；4—转子键；5—启动键；6—停止键；7—电源开关；
8—电源指示灯；9—增（▲）减（▼）键；10—电源指示灯；11—增减键

（1）按住机器右侧手钮，打开离心机上盖，对称装上试样，两个试样的最大重量差小于等于 3g，盖好机器上盖，并锁住。

（2）接通电源：将电源线接入单相（220V，10A）三线插座，接通电源。

（3）离心机通电：向上按电源开关，机器通电，电源指示灯亮，转速显示窗显示数字"000"，时间显示窗显示数字"000"。

（4）设置转速：按住或点动加速器或减速器，根据需要设置相应转速。速度显示窗闪烁显示预置转速，3s 后自动显示实际转速，未按启动键时显示"000"。

（5）设置定时：按住或点动加时键或减时键，按要求设置定时时间。

（6）启动：按启动键启动，机器开始运转，启动灯亮，停止灯熄，经短时间后自动平稳地达到预置转速。当在运转中更改转速时，可按第（4）步重复操作。

（7）停机：时间显示窗倒计时显示"000"，自动停机，停止灯亮、启动灯熄。当转速显示窗显示"000"时，机器发出鸣叫声，以示提醒。运转中需停机时则按停止键停止，停机，停止灯亮，启动灯熄。

（8）运行完毕，向下按电源开关，机器断电，拔下电源线，擦拭机器。

2.4.2　GT10-1 型高速离心机操作注意事项

（1）为确保人身安全，离心机必须由专业人员操作，操作前应详细阅读使用说明书。

（2）当转速显示窗显示"000"，同时机器发出鸣叫声后，方可开盖，取出试样。如下次继续分离同类样品，所需转速，定时相同时，重复使用方法中（5）、（6）的操作。

（3）运行完毕：向下按电源开关使机器处于断电状态，拔下电源线，擦拭机器。

（4）GT10-1 型高速离心机具有超速和失速保护及报警装置。当因错误设置转速或故障造成机器超速（大于等于 13000r/min）或失速运转时，本机将自动停机并发出连续报警声，须按电源开关，使机器断电后再通电，方可重新设置，运行。如出现故障，停止使用。

2.5　电 位 差 计

在实验中，用于测量电动势和校正各种电表的电学测量仪器称为电位差计。电位差计的种类繁多，有学生型、701 型、UJ 系列型、pH 计系列型及 SDC 数字电位差综合测试仪等。

2.5.1　电位差计测量电动势的原理

电位差计通常是根据补偿法和对消法测量原理设计的一种平衡式电动势测量仪，其工作原理如图 2.8 所示。

图 2.8 中，标准电池 E_N 与未知电池 E_x 的电流方向恰好与直流工作电源 E_w 的电流方向相反。滑动触头 C 将标准电池的补偿电阻 R_N 调至一个固定值，此时标准电池产生一固定电流 I 值。将转换开关 K 接通标准电池，若标准电池的电流大于工作电源的电流，则检流计 G 上的指针向一个方向移动；若工作电源电流大于标准电池电流，则检流计 G 的指针向相反方向移动。调节电阻 R_N 使检流计指零，此时，工作电源电流与标准电池电流相等：

$$E_{标} = IR_N$$

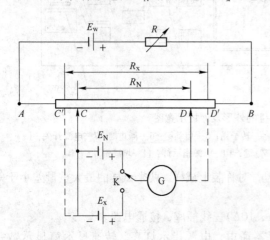

图 2.8　对消法测量原理示意图
E_w—工作电源；E_N—标准电池；E_x—待测电池；R—调节电阻；
R_x—待测电池电动势补偿电阻；K—转换电键；
R_N—标准电池电动势补偿电阻；G—检流计

因为 R_N 和标准电池的电动势 E 均为已知值，所以就可计算出标准电池的电流 I，也就是工作电池的电流。工作电流调好后，将 K 与未知电池相接，滑动触头 C 使检流计指零，这时未知电池的电流和工作电源电流相等。

由于 R_x 值已知，可计算出未知电池的电动势：

$$E_{未知} = IR_x$$

2.5.2 SDC 数字电位差综合测试仪的使用方法

SDC 数字电位差综合测试仪的操作面板如图 2.9 所示。

使用方法如下：

（1）将标准电池、未知电池按"＋"、"－"极性与测量端子相应符号连接。

（2）接通电源，打开开关，预热 5～10min。

（3）内标检验。将"测量选择"扳至"内标"挡。将 10^0 位旋钮旋至 1，其余旋钮和补偿旋钮逆时针旋到底，此时"电位指示"屏显示"1.00000V"。待"检零指示"屏显示数值稳定后，按下"采零"键，此时"检零指示"屏应显示"0000"。

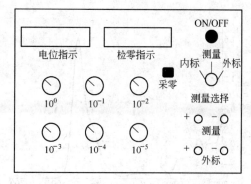

图 2.9 SDC 数字电位差综合测试仪

（4）外标检验。将"测量选择"扳至"外标"挡。将 $10^0 \sim 10^{-4}$ 位旋钮的值设置成与外标准电池的电动势相同（20℃时，其值为 1.01866V），此时"检零指示"屏显示负值。调节补偿旋钮，使"电位指示"屏显示的值与外标准电池的电动势最接近。按下"采零"键，此时"检零指示"屏应显示"0000"。

（5）未知电动势测量。将"测量选择"扳至"测量"挡，将 $10^0 \sim 10^{-4}$ 位旋钮和补偿旋钮逆时针旋转到底。调节 $10^0 \sim 10^{-4}$ 位旋钮，使"检零指示"屏显示负值，且绝对值最小。然后调节补偿旋钮，使"检零指示"屏显示"0000"。这时，"电位指示"屏显示的值即为被测电池的电动势。

2.6 紫外-可见分光光度计

分光光度计按其工作条件分为紫外分光光度计、可见分光光度计，其型号较多，如 TU1900、UV1100/1200、72 型、721/722 型、752 型等。

2.6.1 紫外-可见分光光度计工作原理

光通过有色溶液后有一部分被有色物质的质点吸收，有色物质浓度越大或液层越厚，即有色质点越多，则对光的吸收也越多，透过的光就越弱。如果 I_0 为入射光的强度，I_t 为透过光的强度，则 I_t/I_0 是透光率，$\lg(I_0/I_t)$ 定义为吸光度 A。吸光度越大，溶液对光的吸收越多。实验证明，当一束具有一定波长的单色光通过一定厚度 l 的有色溶液时，有色溶液对光的吸收程度与溶液中有色物质的浓度 c 成正比：

$$A = \varepsilon l c$$

式中，ε 为比例常数，它与入射光的波长以及溶液的性质、温度等因素有关。当光束的波长一定时，ε 为溶液中有色物质的一个特征常数。

有色物质对光的吸收有选择性，通常用光的吸收曲线来描述有色溶液对光的吸收情况。将不同波长的单色光依次通过一定浓度的有色溶液，分别测定吸光度，以波长为横坐标，吸光度为纵坐标作图，所得曲线称为光的吸收曲线（图 2.10）。当单色光的波长为最大吸收峰处的波长时，称为最大吸收波长（λ_{max}）。选用 λ_{max} 的光进行测量，光的吸收程度最大，测定的灵敏度和准确度都高。

在测定样品前，首先要做工作曲线，即在与试样相同的测定条件下，测量一系列已知准确浓度的标准溶液的吸光度，作出吸光度 – 浓度曲线（图 2.11）。测出样品的吸光度后，就可从工作曲线求出其浓度。

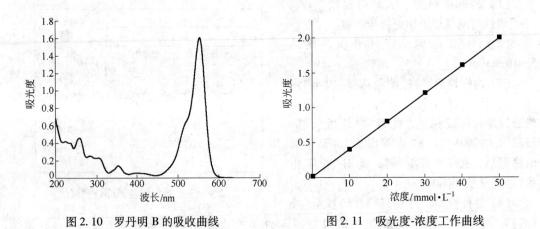

图 2.10　罗丹明 B 的吸收曲线　　　　图 2.11　吸光度-浓度工作曲线

2.6.2　722 型光栅分光光度计使用方法

722 型分光光度计是采用衍射光栅取得单色光，以光电管为光电转换元件，用数字显示器直接显示测定数据。它的波长范围比较宽，灵敏度高，使用方便。

722 型光栅分光光度计由光源室、单色器、试样室、光电管暗盒、电子系统及数字显示器等部件组成。光源室部件由钨灯灯架、聚光镜架、滤光片组架等部件组成。钨灯灯架上装有钨灯，作为可见光区域的能量辐射源。单色器部件是仪器的心脏部分，位于光源与试样室之间，由狭缝部件、反光镜组件、准直镜部件、光栅部件及波长线性传动机构等组成，在这里使光源室来的白光变成单色光。试样室部件由比色皿座架部件及光门部件组成。光电管暗盒部件由光电管及微电流放大器电路板等部件组成，由试样室来的光经光电转换并放大后，在数字显示器上直接显示出测定液的 A（或 T）值、c 值。

722 型光栅分光光度计外形如图 2.12 所示，其使用方法如下：

（1）在接通电源前，应先检查仪器的安全性，电源线接线应牢固，接地要良好，各个调节旋钮的位置应该正确，然后接通电源，并打开预热 20min。

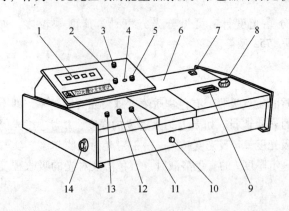

图 2.12　722 型分光光度计外形

1—数字显示器；2—吸光度调零旋钮；3—选择开关；4—吸光度调斜率电位器；5—尝试旋钮；6—光源室；7—电源开关；8—波长手轮；9—波长刻度窗；10—试样架拉手；11—100% T 旋钮；12—0% T 旋钮；13—灵敏度调节旋钮；14—干燥器

(2) 将灵敏度调节旋钮 13 调至放大倍率最小的"1"挡。

(3) 开启电源,指示灯亮,选择开关 3 置于"T",波长调至测试用波长。

(4) 打开试样室盖,光门即自动关闭。调节"0"旋钮,使数字显示"00.0"。盖上试样室盖,光门自动打开。将比色皿架处于蒸馏水校正位置,使光电管受光,调节透过率"100%",使数字显示为"100.0"。连续几次调整"0"和"100%",直至稳定,仪器即可进行测定使用。

(5) 如果显示不到"100.0",则可适当增加微电流放大器的倍率挡数,但倍率尽可能置于低挡使用,使仪器有更高的稳定性。倍率改变后必须按(4)重新校正"0"和"100%"。

(6) 吸光度 A 的测量。将选择开关 3 置于"A",调节吸光度调零旋钮 2,使得数字显示为"00.0",然后将被测试样移入光路,显示值即为被测试样的吸光度值。

(7) 浓度 c 的测量。选择开关由"A"旋至"c",将已知准确浓度(或标定后)的试样放入光路,调节浓度旋钮,使得数字显示值为标定值。将被测试样放入光路,即可读出被测样品的浓度值。

(8) 如果大幅度改变测试波长时,在调整"0"和"100%"后,稍等片刻(因光能量变化急剧,光电管受光后响应缓慢,需有光响应平衡时间)。当稳定后,重新调整"0"和"100%"即可工作。

722 型光栅分光光度计在使用过程中需要注意的问题如下:

(1) 如果电压波动较大,为确保仪器稳定工作,则应将 220V 电源预先稳压。

(2) 当仪器工作不正常时,如数字表无亮光、光源灯不亮、开关指示灯无反应,应检查仪器后盖保险丝是否损坏,然后查电源线是否接通,再查电路。

(3) 仪器要接地良好。

(4) 仪器左侧下角有一只干燥剂筒,试样室内也有硅胶,应保持其干燥性。如果干燥剂变色应立即加以烘干或更新再用。当仪器停止使用后,也应该定期烘干、更新。

(5) 为了避免仪器积灰和沾污,在停止工作时,用仪器罩罩住仪器,在仪器罩内应放数袋防潮硅胶,以免灯室受潮,使反射镜镜面有霉点或沾污,从而影响仪器性能。

(6) 仪器工作数月或搬动后,要检查波长精度和吸光度精度等,确保仪器测定精度。

(7) 每台仪器所配套的比色皿,不可与其他仪器上的比色皿单个调换。

2.6.3 TU-1900 紫外-可见分光光度计的使用方法

TU-1900 紫外-可见分光光度计外形如图 2.13 所示,其使用方法如下:

(1) 开机。打开计算机的电源开关,进入 Windows 操作环境。确认样品室中无挡光物,打开主机电源开关。单击"开始"选择"程序"→紫外窗口"TU-1900"进入控制程序,出现初始化工作界面,计算机将对仪器进行自检并初始化。自检后,在相应的项目后显示 OK,整个过程需要 4min。通常仪器还需 15~30min 的预热,稳定后才能开始测量。

(2) 为保证仪器在整个波段范围内基线的平直度及测光准确性,每次测量前需进行基线校正或自动校零。

(3) 当样品侧插入黑挡块时,透过率应为 0。如有误差需进行暗电流校正。选择扫描参数的波长范围为所选用波长(通常可取 190~900nm),插入黑挡块后进行暗

图 2.13 TU-1900 紫外-可见分光光度计外形

电流校正并存储数据。

（4）测量工作结束后，保存实验数据，选择"文件"菜单的"退出"或单击紫外窗口右上角[×]按钮退出系统。关电源时，应先关闭仪器主机的电源，然后正确退出 Windows 并关闭计算机电源，最后关闭其他设备的电源。

2.7　高压反应釜

2.7.1　高压反应釜的结构

高压反应釜由反应容器、搅拌器及传动系统、冷却装置、安全装置、加热炉及控制系统组成（图 2.14）。

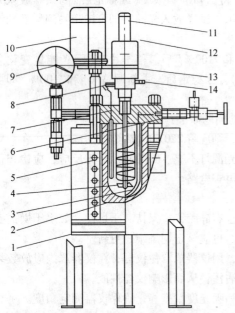

图 2.14　高压反应釜结构示意图

1—加热炉；2—容器；3—吸料管；4—搅拌桨；5—测温管；6—气液相阀；7—釜内测温元件；8—冷却水套进口；9—压力表；10—电机；11—磁力搅拌器；12—霍尔传感器；13—皮带；14—冷却水套出口

2.7.1.1　釜体结构

（1）釜体、釜盖采用不锈钢加工制成，釜体通过螺纹与法兰连接，釜盖为整体平板盖，二者通过周向均布的螺栓、螺母紧固连接。

（2）高压反应釜主密封口，采用 Λ 形的双线密封，其余密封点均依靠接触面的高精度和粗糙度，达到良好的密封效果。

（3）釜体外装有桶形碳化硅炉芯，电炉丝穿于炉芯中，其端头与控制器相连。

（4）釜盖上装有压力表、爆破膜安全装置、气液相阀、霍尔传感器等，便于随时了解釜内的反应情况，调节釜内的介质比例，并确保安全运行。

（5）联轴器主要由具有强磁力的一对内、外磁环组成，中间有承压的隔套。搅拌器由直流电机通过联轴器驱动，控制直流电机的转速，即可达到控制搅拌转速的目的。

（6）隔套上部装有霍尔传感器。连成一体的搅拌器与内磁环旋转时，霍尔传感器即产生与电机转速成正比例的脉冲信号，该脉冲信号送至转速数显表上，即显示出搅拌转速数值。

（7）磁联轴器与釜盖间装有冷却水套，当操作温度较高时，应通水进行冷却，以防磁钢温度太高而退磁。

2.7.1.2　控制器

（1）控制器外壳采用标准铝合金机箱，面板装有智能温度数显表、电压表、转速数显表以及控制开关和调节旋钮等（图 2.15），供操作者使用。

（2）搅拌控制电路和电子元件均组装在一块线路板上，采用双闭环控制系统，具有调速精度高、转速稳定、抗干扰能力强等特点，并且还具备灵敏的过流保护功能。调节"调速"旋钮即可改变直流电机的直流电压，达到控制搅拌速度的目的。

（3）加热主电路中采用双向可控硅作调压元件，且控温精度极高。用户可以根据工艺要求设定加热温度，从而使加热功率得到调节。

（4）所有外接的引线均从后面的接插件引出（图2.16）。

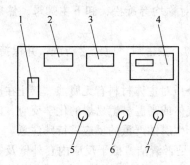 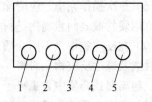

图2.15 控制器前面板示意图
1—空气开关1P（5-10L为3P）；2—转速数显表；
3—加热电压表（5-10L为3块）；4—智能温度数显
表；5—调速旋钮；6—搅拌控制开关、指示灯；
7—加热控制开关、指示灯

图2.16 控制器后面板示意图
1—电源引出线插孔3孔（5-10L为4
孔）；2—电炉引出线插孔3孔（5-10L
为4孔）；3—电机引出线插孔（4孔）；
4—霍尔传感器引出线插孔（3孔）；
5—温度传感器引出插孔（2孔）

2.7.2　高压反应釜安装和使用

2.7.2.1　高压反应釜安装

（1）高压反应釜应放置在操作室内，操作室内应有直接通向室外或通道的出口。保证通风良好。

（2）在装釜盖时，应防止釜体与釜盖之间密封面相互磕碰。拧紧主螺母时，必须按对角、对称地分多次逐步拧紧。用力要均匀，不允许釜盖向一边倾斜，以达到良好的密封效果。

（3）只准旋动正反螺母，两圆弧密封面不得相对旋动，所有螺纹连接件在装配时，应涂润滑油。

（4）用手扳动釜上的回转体，检查运转是否灵活。

（5）控制器平放于操作台上，其工作环境温度10～40℃，相对湿度小于85%，周围介质中不含有电尘埃及腐蚀性气体。控制器应安全接地。

（6）检查面板和后面板上的可动部件和接插件是否正常，抽开上盖，检查线路板接插件及其他元器件是否松动，是否有因运输和保管不善而造成的损坏或锈蚀。

（7）将板后所有导线对应插好，包括电源线、电炉线、电机线、霍尔传感器线、温度传感器线。

2.7.2.2　操作步骤

（1）将前面板上"电源"空气总开关合上。

（2）在温度数显表上设定好各种参数（如上限报警温度、工作温度等）。然后按下"加热"开关，电炉接通，电压表应有指示，同时"加热"开关上的指示灯亮。电压表上的指示应随温度数显表上显示的温度变化而变化。

（3）按下"搅拌"开关，搅拌电机通电，"搅拌"开关上的指示灯亮，缓慢旋动"调速"旋钮，使电机缓慢转动，观察电机是否为正转（从上向下看，为顺时针），无误时，停机挂上皮带，再重新启动。

（4）反应完毕后，应将"调速"旋钮都调回到零位，然后关闭"搅拌"、"加热"开关，最后扳下"电源"空气总开关。

（5）操作结束后，可自然冷却、通水冷却或置于支架上冷却。待降温后，再放出釜内带压气体，使压力降至常压（压力表显示零），再将主螺母对称均等旋松，卸下主螺母，然后小心取下釜盖，置于支架上。

（6）每次操作完毕，应清除釜体、釜盖上之残留物。主密封口应经常清洗，并保持干净，不允许用硬物或表面粗糙物进行擦拭。

（7）在反应釜中做不同介质的反应，应首先查清介质对主体材料有无腐蚀。禁止在反应中使用强酸及碱性反应物。对瞬间反应剧烈、产生大量气体或高温易燃易爆的化学反应，以及超高压、超高温或介质中含氯离子、氟离子等对不锈钢产生腐蚀严重的反应需特殊注意。

（8）反应介质体积应不超过釜体2/3。检查密封面是否清洁，擦干反应内套外壁及釜体内的水迹，盖好上盖，对称拧紧封闭螺丝。检查放气阀、放液阀是否旋紧（向右为关）。打开霍尔感应器冷却水。

（9）连接电机-霍尔感应器皮带，将电偶从顶盖小孔中插入反应釜内，调节电机转速到预计搅拌速度。按下"搅拌"按钮开始搅拌。

（10）调节控制器上"▲"及"▼"控制钮至预定温度。按下"加热"按钮开始加热。

2.7.2.3　操作注意事项

（1）操作前，应仔细检查有无异状。在正常运行中，不得打开控制器上盖，以免触电。

（2）应定期对测量仪表进行校准，以保证准确可靠地工作。

（3）设定低温工作时，升温速度不宜太快，应将温度数显表中的参数代号 oPH 值调出，调整此项值，限制调节最大值输出（由 100 下调为 50 或更低进行尝试）。

（4）开机搅拌前，应检查霍尔传感器与联轴器的间距是否正确（应在 0.8~2mm 之间），"调速"旋钮是否在零位后，再按下"搅拌"按钮，只允许缓慢进行升速调整。

（5）由"调速"旋钮不在零位的误操作、物料过稠或电机发生短路而引起电机电流过大，控制器内调速板会发生蜂鸣声进行提示。此时，应查明原因或将旋钮回零，将"搅拌"开关断开后，再重新按下试之。

（6）维护或更换电机时，不得将电枢线和励磁线接反。正确接法是导线 1、2 端头对应接电机的 S_1、S_2 端头上，导线 3、4 端头应接电机的 T_1、T_2 端头上。缓慢旋动"调速"旋钮，使电机缓慢转动，观察电机是否为正转，若电机反转时，将导线的 1、2 端头对调或导线的 3、4 端头对调即可。

（7）不得速冷，以防过大的温差应力造成损坏。

（8）工作温度大于150℃时，联轴器与釜盖之间的水套必须通冷却水，控制磁钢的温度，以免退磁。

（9）爆破膜在使用一段时间后，会老化疲劳，降低爆破压力，也可能会有介质附着，影响其灵敏度，应定期更换，一般一年更换一次，以防失效。

（10）反应中如有任何异常（声响、气味等），应停止搅拌和加热，断电，等待压力消失，再开釜检查。

2.8　微波合成系统

自 1975 年 Abu-samra 等首次用微波炉湿法消解了一些生物样品，开始将微波加热技术应用到分析化学中。随后，迅速应用于其他研究领域，如微波萃取、微波灰化、微波有机合成等。20世纪末,世界发达国家已经普遍采用微波加热技术,取代沿用已久的电热板技术,推出一系列的微波加热设备。

2.8.1 Apex 微波化学工作站

Apex 微波化学工作站是采用工业级微波谐振腔、高频光纤温度传感器并配合高频闭环反馈人工智能控制的常压式微波化学实验仪器,它主要用来对敞开式玻璃容器和反应釜内的样品加热,在短时间内升温到所需温度值,并保持一段时间,直到得到所需的萃取物或合成产物。

2.8.1.1 Apex 微波化学工作站系统组成和工作原理

Apex 微波化学工作站系统由以下几个部分组成:微波功率产生电路、微波炉腔、测温控温系统、敞开式反应装置、炉腔排气系统、安全防护门等,如图2.17所示。

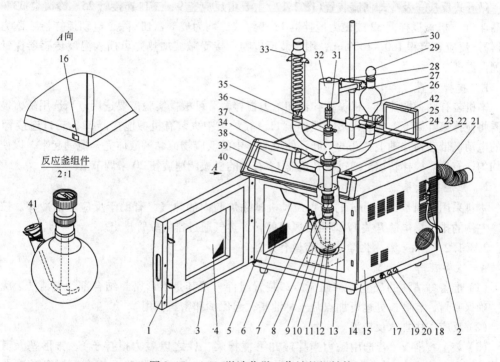

图2.17 Apex 微波化学工作站整机结构

1—安全防护炉门;2—充气阀门;3—炉门密封条;4—安全视窗;5—炉腔;6—温度传感器;7—玻璃测温密封塞;8—连接螺母;9—反应釜;10—底垫;11—磁力搅拌子;12—机械搅拌桨;13—磁力搅拌器;14—机座;15—侧板;16—总电源开关;17—排风扇电源开关;18—保险丝;19—磁力调速旋钮;20—机械调速旋钮;21—排风管;22—安全门按钮;23、37—支座;24—压盖;25—三口连接管;26—分液漏斗;27—限位套;28—锁紧把手;29—盖;30—立柱;31—锁紧夹头;32—机械搅拌器;33—冷凝器;34—顶盖;35—定位套;36—锥形塞轴承;38—液晶屏;39—控制面板;40—滑套;41—硅橡胶圈;42—液晶监视器

A 微波功率产生电路及加热原理

Apex 微波化学工作站是利用微波炉内磁控管,将电能转变成微波能,以每秒2450MHz的振荡频率穿透炉腔内反应釜中的样品,当微波被样品吸收时,样品内的极性分子(如水、脂肪、蛋白质、矿物和生物组织等)即以每秒24亿5千万次的速度快速振荡,使得分子间互相碰

撞摩擦而产生大量热和气体，造成反应釜内的温度迅速升高。

B　微波炉腔

微波炉腔除了与磁控管耦合的波导口之外，其四壁和炉门构成一个微波密闭的空间。炉腔正面的炉门用来取放物品和观察炉内工作情况。当炉门完全关闭以后，微波才可以启动，如果炉门开着或者未关到位，则微波不能启动。

C　测温控温装置

从图2.17可以看出，测温控温装置由玻璃测温密封塞7、温度传感器6、温控电路和LCD液晶显示组成。温度传感器、探针外套和输出线具有可靠的电气屏蔽和抗腐蚀能力，玻璃测温密封塞使温度探针与反应釜中反应物有效隔离，实现温度传感器插入反应釜中直接测温，感温后转换成电信号，由控制面板中部显示窗实时数显反应釜中温度。

D　敞开式反应釜及冷却回流装置

敞开式反应釜及冷却回流装置(图2.17)主要由反应釜9、三口连接管25、冷凝器33、分液漏斗26、机械搅拌器32或磁力搅拌器13等组成，均为玻璃器皿(除了电动搅拌器或磁力搅拌器)。反应釜容积100~1000mL，用于装反应物、接受微波加热并可插入温度传感器探针直接测量温度。

E　搅拌装置

本机装有两种搅拌器，机械搅拌器和磁力搅拌器。可根据实验需要选用。当选用磁力搅拌时需将搅拌桨叶卸下，并放入磁力搅拌子11。在炉腔中央装有机械搅拌器32，三口连接管25上的电动机带动搅拌轴上打开的桨叶，使反应釜中的反应物或黏稠液体完全搅动起来，以使反应均匀、充分。搅拌转速可通过设在机座14右侧的机械调速旋钮20来调节。

F　炉腔排气系统

本机采用排风量5m³/min的离心式风机排除炉腔内的热气，有助于反应釜的冷却。按动机座左侧的排风扇电源开关17即可使风机停转，热气通过排气软管排出。

2.8.1.2　Apex微波化学工作站操作方法

A　准备工作

(1)准备好清洁的反应釜和回流冷却装置组件，尤其是锥形密封结合部，要清洁、无杂物、确保密封，各磨口处也可加点凡士林油脂，起保护和密封作用。

(2)反应釜中加入反应液。

(3)装上搅拌桨(若选用磁力搅拌应卸下搅拌桨，代之以磁力搅拌子)、锥形塞及其组件。注意要将桨杆插到反应釜底使桨叶分开，分开后，再适当将桨叶提高，避免桨叶与瓶底接触。

(4)将插温度传感器探针的玻璃测温密封塞插入反应釜(不必经常取下)。注意旋接要紧密，以不漏气为准，但旋接力不要过大，以免损坏反应釜。为防止测温密封塞被反应釜内的气体冲开，可用硅橡胶圈缚住。

(5)安装搅拌器。两种搅拌器不同的安装方法如下。机械搅拌：先将三口连接管中心轴及其两端锥形塞轴承装上，用定位套收紧定位，使三口连接管上下磨口处密封，再将三口连接管从机器顶部中央的孔中插入炉腔，使三口连接管下端与炉腔底面距离约240mm，然后旋转压盖，使三口连接管垂直紧固在机器顶面的支座上。从反应釜上口装入搅拌轴、锥形塞、滑套、连接螺母及温度传感器，然后把底垫放入反应釜底，再将连接螺母旋接在三口连接管的下口锥形塞上。注意：上下连接轴端的槽口要对准，要旋紧防止漏气。将三口连接管上口伸出的中心轴头插入电机的夹头内并夹紧。注意：装配时电机锁紧夹头与搅拌轴上端要对中，装好后，用手慢慢转动搅拌轴，转动要灵活，不能卡阻，不能碰任何物体。否则，应予调整，以确保电机转动时搅拌轴转动顺利。磁力搅拌：取下搅拌桨叶并放入搅拌子，其他步骤同上。

（6）在三口连接管右边放上分液漏斗，关闭滴液阀门。左边放上冷凝器，各锥面要紧密，以防漏气造成样品损失。

（7）将冷凝器上的冷却水进出口接上水管，水管另一端接水槽或下水道，冷却水的流量大于 $40 \sim 60$ L/min。

　　B　加电开机

（1）将主机电源插头插入电源插座，打开机座上总电源开关。

（2）根据实验要求，分别设置容积、时间、温度、步骤。对于未做过的样品，最好先从较低的温度做起。不要一下子把参数设置得太高以免发生意外。

（3）若选择机械搅拌器，注意磁力调速旋钮要关闭，从慢速渐渐地至快速，调节旋钮到适合工作介质的转速，速度不能太快（太快会加剧轴承以及密封圈磨损，引起搅拌桨晃动和漏气）。若选用磁力搅拌器，则卸下搅拌轴的桨叶，放入磁搅拌子，从慢至快，调节到合适的速度。本机允许控温范围：$0 \sim 300℃$。启动微波加热前，冷凝器要先通冷却水，否则，微波加热后反应釜和回流装置中气压会上升很快，易发生危险。

　　C　微波加热

（1）在启动微波加热前，关好炉门。

（2）按下"启动"按钮，便启动微波加热。这时，液晶面板上的标记开始运动，温度开始上升，说明微波已经加热。通过炉门的视窗，可观察到炉腔内反应釜工作情况。如果发生意外，应先停机再开门处理。

（3）在加热过程中，要随时观察炉内有无异常。观察温度显示，应稳步上升，无回跳现象。待温度升到特定值时，进入自动控温状态，即保温状态，液晶面板上显示"控温"。注意：如果温度上升缓慢，或出现回跳现象，应停机，寻找原因。允许在微波加热过程中改变温度、时间的设定，但是应先停机，再重新设定。

（4）在完成加热程序后，停机进入冷却阶段，此时排风系统自动启动，按下风机开关即可关闭排风扇。

　　D　开釜取样

一般温度显示降至 40℃ 以下可开釜取样，注意戴好手套。先松开连接螺母，然后使搅拌桨向下（若比较紧可待温度降低）滑动，使上下连接轴端槽口分离，握住反应釜，并抽出炉腔，同时抽出温度传感器探针，便可取出反应釜。

　　E　清洗

每天工作结束后，都应坚持清理炉腔和玻璃器皿，特别是出现溢漏时更应及时清洗，烘干，待复用。

2.8.2　Excel 微波化学工作平台

Excel 微波化学工作平台是一台具有温度、压力、时间、功率显示和控制的微波加热设备，用来对密闭罐内的样品加热，在短期内升温、升压到所需值，并保持一定的时间。

2.8.2.1　Excel 微波化学工作平台系统组成及简要工作原理

Excel 微波系统由以下各部分组成：以微处理器为核心的计时控时、测压控压、测温控温系统，微波产生电路，微波炉腔，密闭罐，框架，套筒，转盘架及正反转驱动装置，炉腔排气扇及排气软管，安全炉门，如图 2.18 所示。

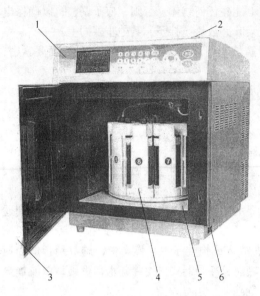

图 2.18　Excel 微波化学工作平台整机结构
1—控制面板；2—炉门按钮；3—炉门；4—温压控制
消解罐；5—炉腔；6—电源开关

A　微波功率产生电路及加热原理

Excel 微波化学工作平台是利用微波炉内磁控管，将电能转变成微波能，以每秒 2450MHz 的振荡频率穿透炉腔内密闭消解罐中的被消解样品，当微波被吸收时，样品内的极性分子（如水、脂肪、蛋白质、矿物和生物组织等）即以每秒 24 亿 5 千万次的速度快速振荡，使得分子间互相碰撞摩擦而产生大量热和气体，造成密闭消解罐内的温度和气压迅速升高。

B　微波炉腔

微波炉腔除了与磁控管耦合的波导口之外，其四壁和炉门构成一个微波密闭空间。炉腔正面的炉门用来存取物品和观察炉内工作情况。炉门右侧开关带动三只电气接点。一只常开接点与温压继电器接点和时间继电器接点串联接入 220V 交流供电电路内；另一只常闭接点与微波功率产生电路入口并联；第三只常开接点作为机内电脑控制板的电源开关。当炉门关闭以后，第一只接点闭合，第二只接点断开，第三只接点闭合，220V 交流电源才能加到微波产生电路上去。否则，如果炉门开着或者未关到位，则微波不能启动。这就不会产生在使用过程中因炉门不闭合造成的微波泄漏。

C　测压控压系统

测压控压系统的压力和温度测控由同一个密闭控制罐（代表罐）测控。压力测控系统由密闭控制罐、气密接头、导气管、压力传感器感压头、气密接头、压力传感器及压力控制、显示电路等组成。温压控制密闭罐内样品吸收微波而被加热产生气体，罐内压力升高。该气体的压力经压力传感系统的作用后，由控制面板上的显示窗显示出罐内压力的大气压数值（记作 atm），同时传感器输出的电信号输给控制电路。依据预先所设定的压力值，可以确定压力受控的运行范围。最高工作温度不超过 230℃，工作压力不超过 5.5MPa。

D　测温控温系统

测温控温系统由密闭控制罐、温度传感器、温度控制电路和数码管等组成。温度传感器具有严格的电气屏蔽和强抗腐蚀能力，它的探针直接插入具有隔套的温压控制罐内，感受罐内温度后转换成电信号，由控制面板中部的显示窗显示出罐内温度的数值。通过控制面板上的触摸按钮可预先设定控温的数值。

E　转盘架及正反转驱动装置

炉腔内的微波火力分布不是很均匀，为使各罐受热均匀，将各罐圆周对称分布装在转盘架上（图 2.19），并在转动状态下加热。转盘架装满可放置 10 只罐子。转盘架上印有 0 字样，表示温压控制罐的位置，安装时应对号安放。框架罐子在转盘上应均匀设置，以保证转盘上重量均衡，转动平稳，同时消解的罐数，用户可以任意选择，但都必须有一个温压控制罐。

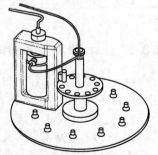

图 2.19　转盘架

F 炉腔排气扇及排气软管

本机采用排风量 5m³/min 的离心式风机排除炉腔内的酸气，同时有助于工作结束后密闭罐的冷却。按动触摸面板上的风机开关即可使风机转或停。酸气通过排气软管排出机外。

2.8.2.2 Excel 微波化学工作平台操作方法

A 准备工作

（1）准备好框架反应罐。逐个检查，都应干燥、清洁，无细微裂纹，反应杯盖裙边圆整，放气螺丝不倒牙，放气通道畅通。

（2）粉碎或切碎样品，称样，将样品放于反应杯底。

（3）吸取溶剂，将其注入反应杯，并冲去杯壁上黏附的样品。

注意：同一次反应，每罐装入的样品和溶剂应种类相同，重量、容积分别相等，起始温度相同。温压控制罐因有导气管，可多加 2mL 溶剂。

（4）装温压控制罐：

1）给杯盖裙边扩口。

2）检查或调换新安全膜。用取膜针垂直扎进安全膜中心鼓包或穿孔处，可取出不能复用的安全膜。

3）先将装好样品的反应杯套上套筒再盖上密封盖和顶垫，放入有底垫的框架内。注意底垫凸缘开口应与框架口一致。装套桶罐子时一定要紧贴住底垫凸缘，并紧靠框架立柱竖直凸缘，使其定位，再将底垫旋转 90°锁住，最后用手或限矩扳手旋紧顶丝，保证反应杯杯口进入密封盖的槽口。注意：一定要保证反应杯杯口进入密封盖的槽口，并将顶丝旋紧。

4）将装好的温压控制罐放入炉腔转盘架的 0 位上。

5）将导气管下部管接头旋到密封盖上。旋接之前最好定期用直径 1mm 钢针或回形针对着导气管下口穿进约 20mm 再抽出，以保证气路畅通。注意：不要刺伤导气管内壁。导气管两端接头一般不拆开以保证其高度气密性。

（5）装标准罐。同样需要扩口、换安全膜、放底垫。随后盖上反应杯盖，其上再放一块顶垫，放进框架，再用手或限矩扳手拧紧顶丝。各罐在转盘架上应圆周对称均匀排列，"对号入座"。各罐安装到位后，将卡盘套在立柱上，再对准各框架耳轴压下，以卡住各框架。然后再将套在导气管上的螺母旋在转盘立柱上。

B 加电预热

（1）将主机电源插头插入电源插座，打开机座上的控制电源开关，此时控制面板上的液晶显示屏点亮。

（2）设定温度、压力、时间和微波功率。

（3）控制电路进入预热阶段，预热时间 10min。参数设定，压力显示的是传感器的零点，通常在 ±0.4 范围内是正常的，与环境温度有一定关系。天冷，起始负值增大；天热，起始负值减小。随预热时间加长，该零点向正值漂移，成为测压底数误差。只要不影响控压，漂移稍微偏出正常范围，问题不大。该阶段温度显示的是室温。

（4）温、压、时和火力四个参数设置好并确认后，打开炉门，按下"转盘"按钮，转盘开始 360°往返转动，注意导气管与温度探针引线在转动过程中应不缠绕，相互无阻碍。否则，要调整各罐位置。观察 2~3 转，无不正常情况后，使转盘停转，关上炉门，再用手拉一下，确认炉门锁住。

C 微波加热

（1）按下"启动"按钮，启动微波加热。这时，时间显示进入倒计时，控制面板液晶显示屏上"微波加热"指示标转动。通过炉门的视窗可观察到炉腔内转盘转动情况。若转盘不转，应立即停机检查，待其能转动再开机。不许在转盘不转的情况下进行微波加热。

（2）观察压力显示数应缓缓上升，温度显示数则应较快上升。在水为溶剂的情况下，升温到100℃以上，压力数值才开始较快上升。微波加热功率和炉腔中罐子数影响升温、升压速度。功率小或消解罐多，升温、升压慢。如果温度或压力上升很缓慢，或出现异常现象，应停止加热，寻找原因。

（3）当温度或压力任一值到达设定值后，即进入自动控温或控压状态。仪器自动调节微波加热功率，同时相应显示"控温"或"控压"。机器自动保持在温度和压力设定值上，直至到达设定保持时间。

（4）反应过程严格按程序进行并认真做好数据记录。

（5）对于某些反应激烈的样品，有可能出现"临界"现象，即化学反应太快，系统来不及控制，造成"火控"。此时应改用"阶梯式"加热方法，逐级升温或升压，即可避免上述现象的发生。另外，可依据设计的加热程序，分步升高压力和温度，并规定保压或保温时间。

在加热过程中，要随时观察炉内转盘转动是否正常。还要观察各罐子、各接头处有无气体泄漏。观察控压或控温是否正常。升压、升温速度是否正常，有无冒烟、打火现象。一旦出现不正常情况，应立即停机，等待片刻（2~3min）后，方可打开炉门，

（6）在完成了加热程序后，仪器停止微波加热，进入冷却阶段。炉门可打开，但排风机仍转动，有助冷却炉内罐子。也可将框架罐子取出，用电风扇强迫风冷。

D　开罐

一般待温度显示降至100℃以下和压力显示降至 $5 \times 10^4 Pa$ 以下，即可将标准框架罐从炉内拿出。首先在通风橱内将放气螺丝松开，待罐内气体释放完毕后，再用扳手松开框架上的顶丝，即可将罐子从框架上取下，开罐取样测试。如果温度降至100℃以下，罐内压力仍高于 $5 \times 10^4 Pa$ 的情况下开罐，操作人员则应特别小心，防止被压力气体喷伤。

开罐的注意事项如下：

（1）在开启标准框架罐前必须先在通风橱内将放气螺丝松开，待罐内气体释放完毕后方可松开顶丝取出消解罐，以防带压操作导致罐内液体喷溅到实验人员。

（2）温压控制罐要待温度降至50℃以下方可慢慢松掉压力接头，并转移至炉腔背部，以便所释放的气体迅速被背部的抽风系统抽至通风橱内，待气体释放完毕后取下导气管，再用扳手松开框架上的顶丝，即可将罐子从框架上取下，开罐，不然压力较高会从接头处喷气体。

（3）开罐前，请戴好防酸手套、防护眼镜，戴上口罩，穿上工作服，要注意防止烫伤。

（4）100℃以上，不许强行开罐。为了加快冷却速度、尽早取样，一方面利用炉内风机抽风冷却；另一方面，亦可用风机对着炉门吹风或干脆把框架罐子拿到炉外强制冷却。

（5）装有压力接头的温压控制罐可先放气卸压，再松开压力接头，从框架上取下。

（6）各框架罐子的零件必须清洗，烘干，才能复用。

E　清洗

（1）拔掉电源插头，取出转盘架、炉底垫板，用热水、洗涤剂沾湿抹布揩擦炉腔内壁，再用不含棉绒的毛巾擦干。不要把水弄到炉底转盘轴孔内，以免损坏电机。

（2）用热水冲洗转盘架及炉底垫板并揩干。

（3）反应杯及盖、放气螺钉、气密接头中的Teflon制件和温压控制罐盖上的探针套，这些部件与酸溶剂接触，用10%的稀硝酸浸泡，有沉积物处用软刷清除，取出晾干。使用前再用

干布擦干或烘干。特别是温压控制罐盖上的传感器探针套,在清洗时要保护其表面不被搞破。否则,整个密封盖会因泄漏而报废。

(4)框架零件特别是顶丝不能与酸溶剂接触。把它们放在热水和洗涤剂中浸泡,再用自来水冲洗所有表面,晾干或用干布擦干。

(5)导气管在每天工作结束后,可在使用过的罐子内加15mL水,放进炉腔,在$5 \times 10^5 Pa$压力,温度120℃下,加热5min,进行蒸汽洗涤。

2.9 热重分析仪

2.9.1 差热分析法(DTA)基本原理

差热分析是在程序控制温度下,测量物质与参比物之间的温度差与温度关系的一种技术。

差热分析曲线描述了样品与参比物之间的温差(ΔT)随温度或时间的变化关系。在 DTA 试验中,样品温度的变化是由于相转变、反应的吸热或放热效应引起的。一般说来,相转变、脱氢还原和一些分解反应产生吸热效应,而结晶、氧化和一些分解反应产生放热效应。

典型 DTA 装置的结构如图 2.20 所示。

将试样和参比物分别放入坩埚,置于炉中以一定速率 $v = \dfrac{\mathrm{d}T}{\mathrm{d}t}$ 进行程序升温,以 T_s、T_r 表示各自的温度。设试样和参比物(包括

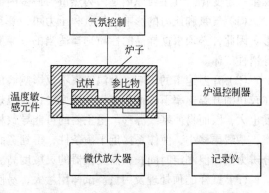

图 2.20 典型 DTA 装置结构的框架图

容器、温差电偶等)的热容量 C_s、C_r 不随温度而变,则它们的升温曲线如图 2.21 所示。若以 $\Delta T = T_s - T_r$ 对 t 作图,所得 DTA 曲线如图 2.22 所示。在 $0 \sim a$ 区间,ΔT 大体上是一致的,形成 DTA 曲线的基线。随着温度的增加,试样产生了热效应(例如相转变),则与参比物间的温差变大,在 DTA 曲线中表现为峰。显然,温差越大,峰也越大,试样发生变化的次数多,峰的数目也多。各种吸热或放热峰的个数、形状和位置与相应的温度可用来定性地鉴定所研究的物质。

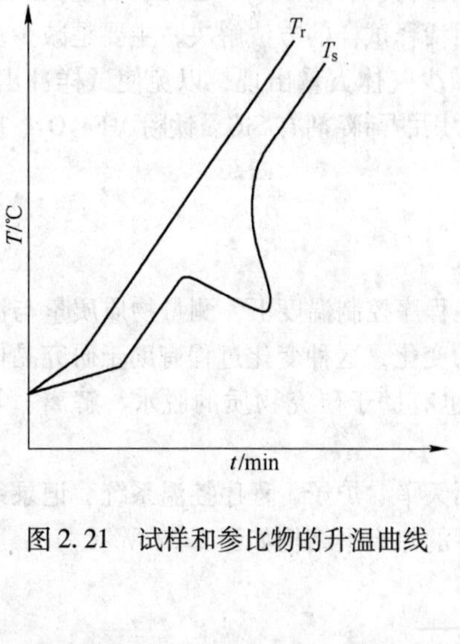

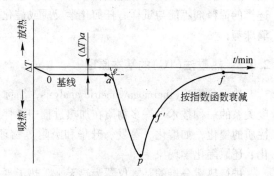

图 2.21 试样和参比物的升温曲线

图 2.22 DTA 吸热转变曲线

2.9.1.1　DTA 曲线起止点温度的确定

如图 2.22 所示，DTA 曲线的起始温度可取下列任一点温度：曲线偏离基线之点 T_a，曲线的峰值温度 T_p，曲线陡峭部分切线和基线延长线这两条线交点 T_e（外推始点）。其中 T_a 与仪器的灵敏度有关，灵敏度越高则出现得越早，即 T_a 值越低，故一般重复性较差。T_p 和 T_e 的重复性较好，其中 T_e 最为接近热力学的平衡温度。

从外观上看，曲线回复到基线的温度是 T_f（终止温度）。而反应的真正终点温度是 T_f'，由于整个体系的热惰性，即使反应终了，热量仍有一个散失过程，使曲线不能立即回到基线。T_f' 可以通过作图的方法来确定。T_f' 之后，ΔT 即以指数函数降低，因而如以 $\Delta T - (\Delta T)_a$ 的对数对时间作图，可得一直线。当从峰的高温侧的底沿逆查这张图时，则偏离直线的那点，即表示终点 T_f'。

2.9.1.2　影响差热分析误差的主要因素

差热分析操作简单，但在实际工作中往往发现同一试样在不同仪器上测量，或不同的人在同一仪器上测量，所得到的差热曲线结果有差异。峰的最高温度、形状、面积和峰值大小都会发生一定变化。其主要原因是因为热量与许多因素有关，传热情况比较复杂所造成的。

（1）气氛和压力的影响。气氛和压力可以影响样品化学反应和物理变化的平衡温度、峰形。因此，必须根据样品的性质选择适当的气氛和压力，有的样品易氧化，可以通入 N_2、Ne 等惰性气体。

（2）升温速率的影响。升温速率不仅影响峰的位置，而且影响峰面积的大小。一般来说，在较快的升温速率下峰面积变大，峰变尖锐。但是快的升温速率使试样分解偏离平衡条件的程度也大，因而易使基线漂移。更主要的可能导致相邻两个峰重叠，分辨力下降。较慢的升温速率，基线漂移小，使体系接近平衡条件，得到宽而浅的峰，也能使相邻两峰更好地分离，因而分辨力高。但测定时间长，需要仪器的灵敏度高。一般情况下选择 8～12 K/min 为宜。

（3）试样的预处理及用量。试样用量大，易使相邻两峰重叠，降低了分辨力。一般尽可能减少用量，最多大至毫克。样品的颗粒度在 0.147～0.074mm（100～200 目）左右，颗粒小可以改善导热条件，但太细可能会破坏样品的结晶度。对易分解产生气体的样品，颗粒应大一些。参比物的颗粒、装填情况及紧密程度应与试样一致，以减少基线的漂移。

（4）参比物的选择。要获得平稳的基线，参比物的选择很重要。要求参比物在加热或冷却过程中不发生任何变化，在整个升温过程中参比物的热容、热导率、粒度尽可能与试样一致或相近。

常用 α-Al_2O_3、煅烧过的 MgO 或石英砂作参比物。如分析试样为金属，也可以用金属镍粉作参比物。如果试样与参比物的热性质相差很远，则可用稀释试样的方法解决，主要是减少反应剧烈程度。如果试样加热过程中有气体产生时，可以减少气体大量出现，以免使试样冲出。选择的稀释剂不能与试样有任何化学反应或催化反应，常用的稀释剂有 SiC、铁粉、Fe_2O_3、玻璃珠等。

2.9.2　热重法（TG）的基本原理

热重分析法（thermogravimetric analysis，简称 TG）是在程序控制温度下，测量物质质量与温度关系的一种技术。许多物质在加热过程中常伴随质量的变化，这种变化过程有助于研究晶体性质的变化，如熔化、蒸发、升华和吸附等物理现象，也有助于研究物质的脱水、解离、氧化、还原等化学现象。

进行热重分析的基本仪器为热天平。热天平一般包括天平、炉子、程序控温系统、记录系统等部分。有的热天平还配有通入气氛或真空装置。典型的热天平结构如图 2.23 所示。

　　在控制温度下，试样受热后重量减轻，天平（或弹簧秤）向上移动，使变压器内磁场移动输电功能改变；另一方面加热电炉温度缓慢升高时热电偶所产生的电位差输入温度控制器，经放大后由信号接收系统绘出 TG 热分析图谱。热重实验得到的曲线称为热重曲线（TG 曲线），如图 2.24 曲线 a 所示。TG 曲线以质量作纵坐标，从上向下表示质量减少；以温度（或时间）作横坐标，自左至右表示温度（或时间）的增加。

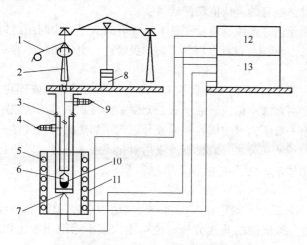

图 2.23　热天平结构示意图

1—机械减码；2—吊挂系统；3—密封管；4—出气口；5—加热
丝；6—试样盘；7—热电偶；8—光学读数；9—进气口；10—
试样；11—管状电阻炉；12—温度读数表头；13—温控加热单元

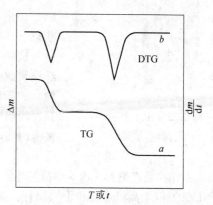

图 2.24　热重曲线图

a—TG 曲线；b—DTG 曲线

　　从热重法派生出微商热重法（DTG），它是 TG 曲线对温度（或时间）的一阶导数。以物质的质量变化速率 dm/dt 对温度 T（或时间 t）作图，即得 DTG 曲线，如图 2.24 曲线 b 所示。DTG 曲线上的峰代替 TG 曲线上的阶梯，峰面积正比于试样质量。DTG 曲线可以微分 TG 曲线得到，也可以用适当的仪器直接测得，DTG 曲线比 TG 曲线优越性大，它提高了 TG 曲线的分辨力。

　　热重分析的实验结果受到许多因素的影响，如仪器因素，包括升温速率、炉内气氛、炉子的几何形状、坩埚的材料等；或试样影响，包括试样的质量、粒度、装样的紧密程度、试样的导热性等。在 TG 的测定实验中，升温速率增大会使试样分解温度明显升高。如升温太快，试样来不及达到平衡，会使反应各阶段分不开。合适的升温速率为 5～10℃/min。

　　试样在升温过程中，往往会有吸热或放热现象，这样使温度偏离线性程序升温，从而改变了 TG 曲线位置。试样量越大，这种影响越大。对于受热产生气体的试样，试样量越大，气体越不易扩散。再则，试样量大时，试样内温度梯度也大，将影响 TG 曲线位置。总之实验时应根据天平的灵敏度，尽量减小试样量。试样的粒度不能太大，否则将影响热量的传递，粒度也不能太小，否则开始分解的温度和分解完毕的温度都会降低。

2.9.3　HCT 差热天平使用方法

2.9.3.1　HCT 差热天平的结构

HCT 差热天平的外形如图 2.25 所示，主要包括以下三个组成部件：

（1）差热测量系统。本仪器采用哑铃型平板式差热电偶，它检测到的微伏级差热信号送入

图2.25　HCT差热天平的
外形示意图

差热放大器进行放大。差热放大器为直流放大器，它将微伏级的差热信号放大到0~5V，送入计算机进行测量采样。

（2）温度测量系统。测温热电偶输出的热电势，先经过热电偶冷端补偿器，补偿器的热敏电阻装在天平主机内。经过冷端补偿的测温电偶热电势由温度放大器进行放大，送入计算机，计算机自动将此热电势的毫伏值转换成温度。

（3）质量测量系统。质量测量采用等臂式天平，中间用进口PVC做吊带，使测量过程既保持了高的灵敏度，也使吊带不容易断裂。

试样一般制成100~300目粉末，聚合物可切成碎块或碎片，纤维状试样可截成小段或绕成小球，金属试样可加工成碎块或小粒，试样量一般不超过坩埚容积的五分之四。加热时发泡试样不超过坩埚容积的二分之一或更少，或用氧化铝粉末稀释，以防止发泡时溢出坩埚，污染热电偶。坩埚装样后，可在桌面上轻磕几下。

参比物是在测温区内对热高度稳定的物质，一般用α-Al$_2$O$_3$粉末，粒度为100~300目，经过1300℃以上高温焙烧和干燥保存。做金属试样的差热分析时也可用铜或不锈钢作参比物。试样量较少或热容很小时，也可以不用参比物，直接放空坩埚。

2.9.3.2　HCT差热天平的操作方法

（1）如图2.26所示方法双手轻轻抬起炉子。注意：双手用力要均匀。

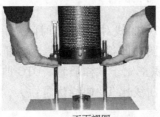
正面视图

俯视图

图2.26　操作方法（一）

（2）以左手为中心，右手逆时针轻轻旋转炉子。操作过程如图2.27所示。

（3）放参比物方法如图2.28所示，左手轻轻扶着炉子，用左手拇指扶着右手拇指，防止右手抖动。用右手把参比物放在左边的托盘上。

正面视图

俯视图
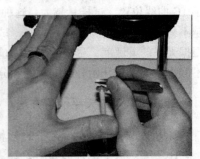

图2.27　操作方法（二）　　　　　　图2.28　操作方法（三）

（4）放测量物方法如图2.28所示，左手轻轻扶着炉子，用左手拇指扶着右手拇指，防止右手抖动。用右手把测量物放在右边的托盘上。

（5）轻轻放下炉体。注意：操作时轻上、轻下。

（6）打开计算机开关，进入 Windows 操作环境。确认样品室中无挡光物，打开主机电源开关，进入"差热天平"控制程序，出现初始化工作界面，进行基本参数设定。

1）运行软件，点击"设置"，点击"基本测量参数"。把"DTA 量程"改为：50；"TG 量程"改为：10；"DTG 量程"改为：2；"温度轴最大值"改为：1200（注：高温时"温度轴最大值"改为：1500），点击"确定"。

2）设置完以上参数，点击新采集，自动弹出"新采集—参数设置"对话框，在左半栏目里填写试样名称、序号、试样重量（测量热重需要）、操作人员名字。

3）在右边栏里进行温度设置。设置步骤如下：点击增加按钮，弹出"阶梯升温—参数设置"对话框，填写升温速率，终值温度，保温时间，设置完毕点击确定按钮。继续点击增加按钮，进行上面设置，采集过程将根据每次设置的参数进行阶梯升温。可以修改每个阶梯设置的参数值：光标放到要修改的参数上，单击左键，参数行变蓝色，左键点击修改按钮，弹出阶梯升温参数，修改完毕，点击确定按钮。设置完以上参数，点击"新采集—参数设置对话框"的确定按钮，系统进入采集状态。

实验结束，鼠标放到工具栏"保存"按键上，点击"保存"按键，保存数据。

2.9.3.3 注意事项

（1）做实验时，炉子一定要向下放好，如没有放下炉子，在实验时会把加热炉烧断。

（2）做实验前先打开电源。

（3）通冷却水，保证水畅通。

（4）参比物放支撑杆左侧，测量物放右侧。

（5）每次升温，炉子应冷却到室温左右。

（6）开始做实验时，放下炉子后应稳定5min左右开始进行数据采集（保证炉膛温度均匀）。

（7）升温过程中如果出现异常情况，应先关闭仪器电源。

（8）实验结束后应继续通冷却水至炉子冷却。

2.10　金相显微镜

金相分析是研究材料内部组织和缺陷的主要方法之一，它在材料研究中占有重要的地位。利用金相显微镜将试样放大 100～1500 倍来研究材料内部组织的方法称为金相显微分析法，是研究金属材料微观结构最基本的一种实验技术。在现代金相显微分析中，使用的主要仪器有光学显微镜和电子显微镜两大类。这里主要介绍光学金相显微镜。

2.10.1　显微镜的成像原理

显微镜通常是由两级特定透镜所组成。靠近被观察物体的透镜称为物镜，靠近眼睛的透镜称为目镜。借助物镜与目镜的两次放大，将物体放大到很高的倍数。图2.29所示为显微镜放大物像的光学原理。被观察的物体 AB 放在物镜之前距其焦距略远一些的位置，由物体反射的光线穿过物镜，经折射后得到一个放大的倒立实像 A′B′，目镜再将实像 A′B′放大成倒立虚像 A″B″，这就是我们在显微镜下研究实物时所观察到的经过二次放大后的物像。

在设计显微镜时，让物镜放大后形成的实像 A′B′位于目镜的焦距 $f_目$ 之内，并使最终的倒

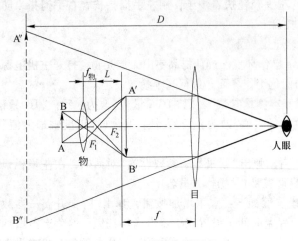

图 2.29　显微镜光学原理

立虚像 A″B″在距眼睛 250mm 处成像，这时观察者看得最清晰。显微镜的质量主要取决于透镜的质量、放大倍数和鉴别能力。物镜是由若干个透镜组合而成的一个透镜组。组合使用的目的是为了克服单个透镜的成像缺陷，提高物镜的光学质量。物镜的质量是决定显微镜的分辨率和成像清晰程度的主要部件。物镜的放大倍数，是指物镜放大实物倍数的能力指标。有两种表示方法，一种是直接在物镜上刻度出如 8×、10×、45× 等；另一种则是在物镜上刻度出该物镜的焦距 f，焦距越短，放大倍数越高。目镜也是显微镜的主要组成部分，它的主要作用是将由物镜放大所得的实像再次放大，从而在明视距离处形成一个清晰的虚像，因此它的质量将影响到物像的质量。常用的目镜放大倍数有：8×、10×、12.5×、16× 等多种。

物镜的放大倍数可由下式得出：

$$M_物 = L/F_1$$

式中　L——显微镜的光学筒长度（即物镜后焦点与目镜前焦点的距离）；

　　　F_1——物镜焦距。

而 A′B′再经目镜放大后的放大倍数则可由以下公式计算：

$$M_目 = D/F_2$$

式中　D——人眼明视距离（250mm）；

　　　F_2——目镜焦距。

显微镜的总放大倍数应为物镜与目镜放大倍数的乘积，即：

$$M_总 = M_物 \times M_目 = 250L/(F_1 \times F_2)$$

在使用中如选用另一台显微镜的物镜时，其机械镜筒长度必须相同，这时倍数才有效。否则，显微镜的放大倍数应予以修正，应为：

$$M = M_物 \times M_目 \times C$$

式中　C——修正系数，修正系数可用物镜测微尺和目镜测微尺度量出来。

放大倍数用符号"×"表示，例如物镜的放大倍数为 25×，目镜的放大倍数为 10×，则显微镜的放大倍数为 25×10＝250×。放大倍数均分别标注在物镜与目镜的镜筒上。在使用显微镜观察物体时，应根据其组织的粗细情况，选择适当的放大倍数。以细节部分观察得清晰为准，盲目追求过高的放大倍数，会带来许多缺陷。因为放大倍数与透镜的焦距有关，放大倍数越大，焦距越小，所看到物体的区域也越小。

2.10.2　金相显微镜的构造和使用

4XC-倒置式金相显微镜实物如图 2-30 所示。

4XC-倒置式金相显微镜使用方法如下：

（1）将光源插头接上电源变压器，然后将变压器接上 220V 电源。照明系统在出厂前已经

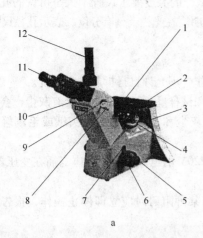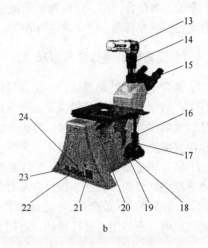

a   b

图 2.30   倒置式金相显微镜实物及各部件名称

a—正面图；b—侧面图

1—载物圆平板；2—方形载物台；3—孔径光栏调节手柄；4—物镜；5—微动调焦手轮；6—粗动调焦手轮；
7—固紧手柄；8—镜筒固紧螺钉；9—摄影拉杆；10—三目头；11—目镜；12—三目镜管；
13—数码相机；14—适配镜；15—视度调节圈；16—纵向移动手轮；17—横向移动手轮；
18—亮度调节手轮；19—调焦松紧调节圈；20—视场光栏调节手柄；21—电源线接口；
22—灯泡光源调节手轮；23—电源开关；24—灯箱螺钉

经过校正。

（2）每次更换灯泡时，必须将灯座反复调校。灯泡插上灯座后，在孔径光栏上面放上滤色玻璃，然后将灯座转动及前后调节，使光源均匀明亮地照射于滤色玻璃上，这样，灯泡已调节正确，这时将灯座的偏心环转动一个角度，以便将灯座紧固于底盘内。灯座及偏心环上有红点，如卸出时，只要将红点相对即可。

（3）观察前原则上要装上各个物镜。在装上或除下物镜时，需把载物台升起，以免碰触透镜。如选用某种放大倍率，可参照总倍率表来选择目镜和物镜。

（4）试样放上载物台时，使被观察表面倒置放在载物台当中，如果是小试样，可用弹簧压片把它压紧。

（5）使用低倍物镜观察调焦时，注意避免镜头与试样撞击，可从侧面注视接物镜。将载物台尽量下移，直至镜头几乎与试样接触（但切不可接触），再从目镜中观察。此时应先用粗调节手轮调至初见物像，再改用细调节手轮调节至物像十分清楚为止。切不可用力过猛，以免损坏镜头，影响物像观察。当使用高倍物镜观察，或使用油浸系物镜时，必须先注意极限标线，务必使支架上的标线保持在齿轮箱外面二标线的中间，使微动留有适当的升降余量。当转动粗动手轮时，要小心地将载物台缓缓下降，目镜视野里刚出现了物像轮廓后，立即改用微动手轮作正确调焦至物像最清晰为止。

（6）使用油浸系物镜前，将载物台升起，用一支光滑洁净小棒蘸上一滴杉木油，滴在物镜的前透镜上，这时要避免小棒碰压透镜及不宜滴上过多的油，否则会弄伤或弄脏透镜。

（7）为配合使用不同数值孔径的物镜，设置了大小可调的孔径光栏和视场光栏，其目的是为了获得良好的物像和显微摄影衬度。当使用某一数值孔径的物镜时，先对试样正确调焦，之后可调节视场光栏，这时从目镜视场里看到了视野逐渐遮蔽，然后再缓缓调节使光栏孔张开，至遮蔽部分恰到视场出现时为止。它的作用是把试样的视野范围之外的光源遮去，以消除表面反射的漫射散光。为配合使用不同的物镜和适应不同类型试样的亮度要求设置了大小可调的孔径光栏。转动孔径光栏套圈，使物像达到清晰明亮，轮廓分明。在光栏上刻有分度，表示孔径尺寸。

2.10.3　金相显微镜操作注意事项

（1）操作时必须特别谨慎，不能有任何剧烈的动作，不允许自行拆卸光学系统。

（2）严禁用手指直接接触显微镜镜头的玻璃部分和试样磨面。若镜头上落有灰尘，会影响显微镜的清晰度与分辨率。此时，应先用洗耳球吹去灰尘和沙粒，再用镜头纸或毛刷轻轻擦拭，以免直接擦拭时划花镜头玻璃，影响使用效果。

（3）切勿将显微镜的灯泡（6~8V）插头直接插在220V的电源插座上，应当插在变压器上，否则会立即烧坏灯泡。观察结束后应及时关闭电源。

（4）在旋转粗调（或微调）手轮时动作要慢，碰到某种阻碍时应立即停止操作，报告指导教师查找原因，不得用力强行转动，否则会损坏机件。

2.10.4　金相显微镜维护和保养

4XC-倒置式金相显微镜在正常使用条件下，还应注意加强维护保养，维护保养问题注意以下几点：

（1）仪器应贮放在空气流通和较干燥的地方，避免过冷、过热和接触腐蚀性气体，不能与化学用品（干燥剂除外）同时贮放于同一地方。使用后宜抹擦干净并用罩子遮盖。不用时，要及时移走试样（玻片），用擦镜纸擦拭镜头，并将镜头转成八字式。

（2）使用后应给目镜斜管盖上防尘盖子，如没有防尘盖子亦应套上目镜，以免灰尘落入斜管内，影响镜座光具的清洁。

（3）不宜随便拆卸和揩抹光学系统内部的半反射镜。透镜或玻璃表面不慎接触油污尘垢，可用细洁亚麻布或洁净脱脂棉花，蘸少许二甲苯拭除（但不能用酒精，以免浸入透镜内层影响质量），拭除时由镜头中心向外旋转擦拭，并用擦镜纸或软绸布轻轻拭净。如只是沾上灰尘，可用洗耳球把灰尘吹掉（不可用嘴吹），或用软毛笔或用细木棒卷上棉花，轻轻擦除之。镜头表面镀有一层蓝色透光膜，不要误作污物擦拭，禁止用金属工具来代替棉签进行擦拭。

（4）使用油浸系物镜后，必须立即采用上述方法把油垢除去，抹擦干净，抹时千万小心，特别注意不能按压镜面，否则容易使透镜脱离镜座。

（5）仪器长期使用后，粗动滑板部分及载物台滑动部分可能出现油脂不足或干涸现象，此时应及时添加润滑油脂。粗（微）动机构宜用流动性油脂，载物台滑动部分宜用有适当黏度的油脂。

3 基本操作与基本原理实验

3.1 pH 法测定 HOAc 的电离常数

3.1.1 实验目的

(1) 掌握弱酸电离平衡和缓冲溶液的概念。

(2) 了解 HOAc 电离常数的测定方法，掌握酸碱滴定等基本操作。

(3) 熟悉 pH 计、滴定管等仪器的正确使用方法。

(4) 掌握准确浓度溶液的配制及数据处理、绘图等方法。

3.1.2 思考题

(1) 已知醋酸溶液的浓度和 pH 值，如何计算 $K_a^{\ominus}$。

(2) 已知 HOAc-NaOAc 混合溶液中 HOAc 和 NaOAc 的浓度，如何计算混合溶液的 pH 值？

3.1.3 实验原理

弱酸和弱碱在水溶液中的解离是不完全的，且解离过程是可逆的，弱酸或弱碱与它解离出来的离子之间建立的动态平衡，称为解离平衡。解离平衡是水溶液中的化学平衡，其平衡常数 $K^{\ominus}$ 又称为解离常数。例如，HOAc 在水中存在如下解离平衡：

$$HOAc(aq) \Longrightarrow H^+(aq) + OAc^-(aq)$$

其解离常数

$$K_a^{\ominus} = \dfrac{\dfrac{c(H^+)}{c^{\ominus}} \cdot \dfrac{c(OAc^-)}{c^{\ominus}}}{\dfrac{c(HOAc)}{c^{\ominus}}}$$

由于 $c^{\ominus} = 1.0 \text{mol/L}$，可将上式简化为：

$$K_a^{\ominus} = \dfrac{c(H^+) \cdot c(OAc^-)}{c(HOAc)} \tag{3-1}$$

NaOAc 溶液与 HNO_3 混合后，OAc^- 与 H^+ 反应生成 HOAc 分子，在平衡状态下，各离子的平衡浓度为：

$$c(HOAc) = c(HNO_3) - c(H^+)$$

$$c(OAc^-) = c(NaOAc) - c(HOAc) = c(NaOAc) - [c(HNO_3) - c(H^+)]$$

由于混合时 NaOAc 是过量的，使 HNO_3 的 H^+ 与 NaOAc 的 OAc^- 几乎完全反应生成 HOAc，溶液中 H^+ 浓度很小，因此：

$$c(HOAc) = c(HNO_3) - c(H^+) = c(HNO_3) \tag{3-2}$$

$$c(OAc^-) = c(NaOAc) - c(HNO_3) \tag{3-3}$$

将式(3-2)、式(3-3)代入式(3-1)得：

$$K_a^{\ominus} = c(\text{H}^+)\left[\frac{c(\text{NaOAc})}{c(\text{HNO}_3)} - 1\right] \tag{3-4}$$

将式(3-4)取对数, 得到:

$$\lg K_a^{\ominus} = \lg c(\text{H}^+) + \lg\left[\frac{c(\text{NaAc})}{c(\text{HNO}_3)} - 1\right]$$

整理得到:

$$\text{pH} = \lg\left[\frac{c(\text{NaAc})}{c(\text{HNO}_3)} - 1\right] - \lg K_a^{\ominus} \tag{3-5}$$

以 pH 值为纵坐标, $\lg\left[\dfrac{c(\text{NaAc})}{c(\text{HNO}_3)} - 1\right]$ 为横坐标绘图, 所得直线截距为 $-\lg K_a^{\ominus}$。

电离度是弱电解质达到平衡时, 已解离的浓度与起始浓度的比值, 通常用 α 表示:

$$\alpha = \frac{c(\text{H}^+)}{c(\text{HOAc})} \times 100\%$$

在一定温度下, 弱电解质的电离度随其浓度的减小而增大, 这是稀释定律, 其表达式为:

$$\alpha = \sqrt{\frac{K_a^{\ominus}}{c(\text{HOAc})}}$$

本实验中通过测定不同浓度 HOAc 的电离度, 可验证稀释定律。

3.1.4 实验用品

3.1.4.1 仪器

pH 计, 复合电极, 酸式滴定管, 移液管(10mL、25mL、50mL), 量筒(50mL), 烧杯(50mL、100mL), 容量瓶(250mL), 锥形瓶(250mL)。

3.1.4.2 试剂

无水 NaOAc, 无水 Na_2CO_3, pH = 4.0 和 pH = 6.86 的缓冲溶液, HCl(0.1mol/L), HOAc (0.1mol/L), NaOH(0.1mol/L), HNO_3(0.05mol/L), 0.1% 甲基橙。

3.1.5 实验步骤

3.1.5.1 溶液配制

用无水 NaOAc 配制准确浓度为 0.1mol/L 的溶液 250mL(准确到小数点后四位)。

用无水 Na_2CO_3 配制准确浓度为 0.05mol/L 的溶液 250mL(准确到小数点后四位)。

3.1.5.2 HNO_3 溶液浓度的标定

准确量取 3 份 10mL Na_2CO_3 溶液, 分别置于已标号的 3 只锥形瓶(250mL)中, 各加水 50mL, 加入 2 滴甲基橙指示剂, 分别用待标定的 HNO_3 溶液滴定, 边滴边摇, 近终点时应逐滴或半滴加入, 直至恰使溶液由黄色转变为橙色, 且橙色在 0.5min 内不褪色, 即为终点。记录 HNO_3 的消耗量, 用同样方法滴定另外两份 Na_2CO_3, 根据 3 次滴定的平均值计算出 HNO_3 的准确浓度。

3.1.5.3 溶液 pH 值的测定

(1) 用 pH = 4.00 及 pH = 6.86 的标准缓冲溶液校正 pH 计。

(2) 向 100mL 洁净烧杯中加入 50.00mL 已配好的 0.1mol/L NaOAc 溶液, 插入电极。实验开始时, 扭开酸式滴定管的玻璃塞, 向烧杯中慢慢加入 5mL HNO_3 溶液。若滴定管尖端余留一滴溶液, 可轻轻振动滴定管使其落入烧杯的溶液中。用玻璃棒搅拌溶液 30s 使溶液混合均匀,再静置 30s，测定溶液的 pH 值(记入表 3.1 中)。继续用玻璃棒搅拌溶液 30s 并静置 30s，再次测 pH 值(记入表 3.1 中)。由酸式滴定管向烧杯中再加 HNO₃ 溶液 5mL，再测溶液的 pH 值，这样，每次加 5mL HNO₃ 溶液经搅拌和静置，测 pH 值两次，直至加入 25mL HNO₃ 溶液为止。将测得的 pH 值都填入表 3.1 中。

表 3.1　HOAc 溶液 pH 值测定

实验号数		1	2	3	4	5
$V(HNO_3)/mL$		5	10	15	20	25
pH 测量值	第 1 次					
	第 2 次					
	平均值					

3.1.5.4　缓冲溶液 pH 值的测定

(1) 用量筒量取 20mL 0.1mol/L HOAc 溶液和 20 mL 0.1mol/L NaOAc 溶液放入 1 个 50mL 小烧杯中。用玻璃棒搅拌均匀后，测定溶液的 pH 值。然后向溶液中加入 0.1mol/L HCl 溶液 3 滴，搅拌均匀后，测定溶液的 pH 值。另取相同浓度和体积的混合溶液，加入 0.1mol/L NaOH 溶液 3 滴，搅拌均匀后，测定溶液的 pH 值，将测得的 pH 值记入表 3.2 中。

(2) 用量筒量取 40mL 去离子水放入 1 个 50mL 烧杯中，搅拌均匀后，测定 pH 值。然后向烧杯的水中加入 0.1mol/L HCl 溶液 3 滴，搅拌均匀后，测定 pH 值。另取 40mL 去离子水，向此溶液中加入 0.1mol/L NaOH 溶液 3 滴，搅拌均匀后，测定 pH 值，将测得的 pH 值记入表 3.2 中。

表 3.2　缓冲溶液 pH 值测定结果

溶　液	pH 值	溶　液	pH 值
HOAc 和 NaOAc 的混合溶液		水	
混合溶液 +0.1mol/L HCl 溶液 3 滴		水 +0.1mol/L HCl 溶液 3 滴	
混合溶液 +0.1mol/L NaOH 溶液 3 滴		水 +0.1mol/L NaOH 溶液 3 滴.	

3.1.5.5　电离度的测定

用吸管分别取 2.50mL、5.00mL、25.00mL 已知浓度的醋酸溶液，把它们分别加入到 3 个 50mL 容量瓶中，再用去离子水稀释到刻度，摇匀，计算出这 3 瓶 HOAc 溶液的准确浓度。分别测定其 pH 值，计算各浓度下的电离度。

3.1.6　数据处理

(1) 根据表 3.1 实验数据，计算出各混合溶液中 HNO₃ 和 NaOAc 的浓度，再根据式(3-5)，以 pH 值为纵坐标，$\lg\left[\dfrac{c(NaOAc)}{c(HNO_3)} - 1\right]$ 为横坐标绘图，由图求出 HOAc 的电离常数 $K^{\ominus}$，计算误差并分析误差产生的原因。

(2) 根据 3.1.5.4 实验结果，说明缓冲溶液的作用。

(3) 根据 3.1.5.5 实验结果，说明稀释定律。

3.1.7　习题

(1) HNO₃ 过量的情况下，能否用 pH 法测 HOAc 的电离常数?

(2) 温度对电离常数的影响如何?

(3) 测定 pH 值时，为什么要按照浓度从稀到浓的次序进行?

3.2 电导率法测定弱电解质的电离度和电离常数

3.2.1 实验目的

（1）了解电导率法测定弱电解质的电离度和电离常数的原理和方法。

（2）熟悉电导率仪的使用方法。

3.2.2 思考题

（1）什么是电导、电导率和摩尔电导？

（2）电解质溶液导电的特点是什么？

3.2.3 实验原理

一元弱酸弱碱是弱电解质，在水溶液中都是部分电离的，其电离平衡常数 $K^{\ominus}$ 和电离度 α 具有一定关系。例如 HOAc 溶液存在如下电离平衡：

$$\text{HOAc} \rightleftharpoons \text{H}^+ + \text{OAc}^-$$

起始浓度/mol·L^{-1} $\qquad\qquad c\qquad\qquad 0\qquad\quad 0$

平衡浓度/mol·L^{-1} $\qquad c-c\alpha\qquad c\alpha\quad\ c\alpha$

$$K_a^{\ominus} = \frac{[c(\text{H}^+)/c^{\ominus}] \cdot [c(\text{OAc}^-)/c^{\ominus}]}{c(\text{HOAc})/c^{\ominus}} = \frac{c\alpha^2}{1-\alpha} \tag{3-6}$$

在一定温度下，$K_a^{\ominus}(\text{HOAc})$ 是一个常数。

导体导电能力的大小，通常以电阻 $R(\Omega)$ 或电导 $G(\text{S})$ 表示，电导是电阻的倒数：

$$G = \frac{1}{R} \tag{3-7}$$

和金属导体一样，电解质溶液的电阻也符合欧姆定律。温度一定时，两极间溶液的电阻与两极间的距离 l 成正比，与电极面积 A 成反比：

$$R \propto \frac{l}{A} \quad \text{或} \quad R = \rho \frac{l}{A} \tag{3-8}$$

式中，ρ 为电阻率。将式(3-8)带入式(3-7)得到：

$$G = \frac{1}{R} = \frac{A}{\rho l} = \kappa \frac{A}{l} \tag{3-9}$$

式中，κ 为电导率，S/m。在工程上因这个单位太大，而采用 μS/cm 或 mS/cm，显然 1mS/cm $=10^3$ μS/cm，电导率 κ 表示放在相距 1cm，面积为 1cm^2 的两个电极之间溶液的电导。它不仅和温度有关，而且还与溶液的浓度有关。l/A 称为电极常数，对某个电极来说，l/A 为一个常数，测定溶液电导时，首先要知道电极常数，它可由直接测量定出，更平常的是测量已知电导率的 KCl 溶液的电导，按式(3-9)求出。

在一定温度下，同一电解质不同浓度的溶液的电导与两个变量有关，即溶解的电解质总量和溶液的电离度。如果把含 1mol 的电解质溶液放在相距 1cm 的两平行电极间，这时溶液无论怎样稀释，溶液的电导只与电解质的电离度有关，在这种条件下测得的电导称为该电解质的摩尔电导率。用 Λ_m 表示摩尔电导率，V 表示 1mol 电解质溶液的体积(mL)，c 表示溶液的浓度，则

$$\Lambda_m = \kappa V = \frac{1000}{c} \tag{3-10}$$

对于弱电解质来说，在无限稀释时，可看做完全电离，这时溶液的摩尔电导率称为极限摩尔电导率(Λ_m^∞)。在一定温度下，弱电解质的极限摩尔电导率是一定的。表3.3列出无限稀释时醋酸溶液的极限摩尔电导率。

表3.3 不同温度下醋酸溶液的极限摩尔电导率

温度/℃	0	18	25	30
$\Lambda_m^\infty/S \cdot cm^2 \cdot mol^{-1}$	245	349	390.7	421.8

对于弱电解质来说，某浓度时的电离度等于该浓度的摩尔电导率与极限摩尔电导率之比，即：

$$\alpha = \frac{\Lambda_m}{\Lambda_m^\infty} \tag{3-11}$$

将式(3-11)代入式(3-6)得：

$$K_a^\ominus = \frac{c\alpha^2}{1-\alpha} = \frac{c\Lambda_m^2}{\Lambda_m^\infty(\Lambda_m^\infty - \Lambda_m)} \tag{3-12}$$

这样，可以从实验中测定浓度为 c 的醋酸溶液的电导率 κ 后，代入式(3-10)，算出 Λ_m，再将 Λ_m 值代入式(3-11)或式(3-12)中，均可计算求出 $K_a^\ominus$(HOAc)。

对于强电解质溶液(例如 HCl 溶液)，在一定温度下，也能求出电导率和 α 值，但是 α 值都很大，同时求得的电离常数也不是一个常数。这是因为强电解质在水溶液中完全电离，但由于离子间相互作用，表现出的电离度并非100%，称为表观电离度。

3.2.4 实验用品

3.2.4.1 仪器

电导率仪，电磁搅拌器，烧杯(50mL)，温度计，容量瓶(100mL)，移液管(50mL、25mL、10mL)，玻璃搅拌管。

3.2.4.2 试剂

HOAc(约 0.2000mol/L 准确浓度)，HCl(约 0.2000mol/L 准确浓度)。

3.2.5 实验步骤

3.2.5.1 HOAc 溶液电离度的测定(25℃)

(1) 配制不同浓度的醋酸溶液。将 3 个清洁的 100mL 容量瓶编成 2、3、4 号(已知约 0.2000 mol/L 准确浓度的 HOAc 溶液是 1 号溶液)，依次用 50mL、25mL、10mL 移液管吸取 1 号溶液，分别放入 2、3、4 号容量瓶中，然后用去离子水稀释至刻线，并摇匀，算出各瓶溶液的准确浓度，记录在表 3.4 中。

表3.4 HOAc 溶液电导率实验数据

编 号	HOAc 浓度/mol · L⁻¹	电导率 $\kappa/S \cdot cm^{-1}$		
		一 次	二 次	平 均
1				
2				
3				
4				

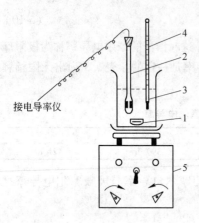

图 3.1　DDS-307A 型电导
率仪及实验装置示意图
1—搅拌子；2—电极；3，4—温
度计；5—搅拌器

接电导率仪

（2）检查电导率仪。实验装置如图 3.1 所示。

（3）测定不同浓度 HOAc 溶液的电导率（25℃）。欲测定不同浓度 HOAc 溶液的电导率时，应该由稀至浓顺序依次测定。将待测溶液倒入 1 个干洁的 50mL 烧杯中，并向其中放入 1 个干洁的玻璃搅拌棒，然后把烧杯放在电磁搅拌器上，轻轻落下用待测溶液洗过的电极和温度计，使液面超过电极 1～2cm。打开电磁搅拌器开关和加热开关，待溶液温度升至 22℃ 左右，关闭加热开关，当温度计升至 25℃ 并不变时，停止搅拌。用校正调节器使表针指为满度，然后，将校正、测量开关扳到"测量"位置，读得表针的指示数，将指示数乘以量程开关的倍率（10^3）即为被测溶液在 25℃ 时的实际电导率。连续测定 2 次，取平均值。然后将测量开关扳向"校正"位置，取出电极和温度计，倒去烧杯中的溶液。用同样方法测出各号溶液的电导率，将数据记录在表 3.4 中。实验结束后，拆下电极，用去离子水荡洗数次放入电极盒中。

（4）数据处理。将实验数据计算结果填入表 3.5 中。

电极常数：_____

溶液温度：25℃，该温度下 $\Lambda_{\mathrm{m}}^{\infty} = 390.7 \mathrm{S \cdot cm^2/mol}$。

表 3.5　HOAc 溶液的实验数据处理结果

编　号	1	2	3	4
HOAc 浓度/mol·L^{-1}				
κ/S·cm^{-1}				
$\Lambda_{\mathrm{m}} = \dfrac{\kappa \times 1000}{c}$/S·cm^2·mol^{-1}				
$\alpha = \dfrac{\Lambda_{\mathrm{m}}}{\Lambda_{\mathrm{m}}^{\infty}}$				
$K_{\mathrm{a}}^{\ominus} = \dfrac{c\alpha^2}{1-\alpha}$				
$K_{\mathrm{a}}^{\ominus}$ 的平均值				

3.2.5.2　HCl 溶液电离度的测定（25℃）

（1）配制不同浓度的 HCl 溶液。将 3 个清洁的 100mL 容量瓶编成 2、3、4 号（约 0.2000 mol/L 准确浓度 HCl 溶液是 1 号溶液），依次用清洁的 50mL、25mL、10mL 移液管吸取 1 号溶液，分别放入 2、3、4 号容量瓶中，然后用去离子水稀释至刻线，并摇匀，计算出各瓶溶液的准确浓度，记录在表 3.6 中。

表 3.6　HCl 溶液电导率实验数据表

编　号	$c(\mathrm{HCl})$/mol·L^{-1}	电导率 κ/S·cm^{-1}		
		一　次	二　次	平　均
1				
2				
3				
4				

（2）测定不同浓度 HCl 溶液的电导率。测量过程同实验 3.2.5.1，由于被测溶液的电导率发生较大变化，将高周、低周开关扳"高周"。选用 DJS-10 型铂黑电极，因为被测溶液电导率大于 $10^4\,\mu S/cm$ 时用 DJ S-1 型电极测不出。用 DJS-10 型铂黑电极测量时，应把电极常数调节器调节在所配套的电极常数的 1/10 位置上，并将量程选择开关扳向 10^4 处。读得表针指示数，将指示数乘以量程开关的倍率（10^4）再乘以 10（电极常数调节在 1/10 位置）即为实际电导率。将数据记录在表 3.6 中。

（3）数据处理。将实验数据计算结果填入表 3.7 中。

电极常数：_____

溶液温度 25℃，该温度下 $\Lambda_m^\infty = 426.16 S \cdot cm^2/mol$。

表 3.7　HCl 溶液实验数据处理结果

编　号	1	2	3	4
HCl 溶液浓度/mol·L^{-1}				
$\kappa/S \cdot cm^{-1}$				
$\Lambda_m = \dfrac{\kappa \times 1000}{c}/S \cdot cm^2 \cdot mol^{-1}$				
$\alpha = \dfrac{\Lambda_m}{\Lambda_m^\infty}$				
$K_a^\ominus = \dfrac{c\alpha^2}{1-\alpha}$				
$K_a^\ominus$ 平均值				

3.2.6　习题

（1）对比 HOAc 溶液和 HCl 溶液，它们的电离度有什么不同？

（2）当稀释 HOAc 溶液时，其溶液中 H^+ 浓度是增大还是减小了，为什么？

（3）弱电解质的电离度与哪些因素有关？

（4）测定 HOAc 溶液的电导为什么按照溶液的浓度由稀到浓顺序依次进行？

3.3　离子交换法测定 $CaSO_4$ 的溶解度

3.3.1　实验目的

（1）了解离子交换的基本原理，熟悉利用离子交换法测定难溶盐溶解度的原理和方法。

（2）加深对溶度积概念的理解，掌握用离子交换法测定溶度积的原理与方法。

（3）掌握 pH 计、移液管和容量瓶的使用方法。

3.3.2　思考题

（1）试回答下面问题：

在 20℃时，50mL $CaSO_4$ 饱和溶液经 H 型阳离子交换树脂流入 250mL 容量瓶中，并稀释至 250mL 刻线，试计算容量瓶中溶液的 pH 值。已知 20℃，$CaSO_4 \cdot 2H_2O$ 的溶解度为 0.2036 g/100mL H_2O，$CaSO_4 \cdot 2H_2O$ 相对分子质量为 172.14。

（2）试说明利用 H 型阳离子交换树脂测定 $CaSO_4$ 溶解度的基本原理。

3.3.3　实验原理

3.3.3.1　离子交换法的基本原理

离子交换法广泛应用于稀有金属的分离和提纯、金属的回收、水的软化、抗菌素的提取、维生素的分离及提取等方面。离子交换过程是在离子交换剂上进行的。按组成可把离子交换剂分成无机离子交换剂和有机离子交换剂。无机离子交换剂主要是铝硅酸盐晶体，如泡沸石之类的物质，有天然的，也有人工合成的。他们大多数只有阳离子交换性能。有机离子交换剂主要是人工合成的离子交换树脂。目前工业和科研上使用的主要是人工合成的离子交换树脂。离子交换树脂在水和酸、碱溶液中都不溶解，基本上不与有机试剂、氧化剂及其他化学试剂发生作用。

离子交换树脂按性能可分成阳离子交换树脂(强酸性和弱酸性)和阴离子交换树脂(强碱性和弱碱性)两大类，最常用的是强酸性阳离子交换树脂和强碱性阴离子交换树脂。例如，国产732 型强酸性阳离子交换树脂，是聚苯乙烯磺酸型强酸性阳离子交换树脂，其化学结构式如图3.2 所示。732 型树脂颗粒表面存在着许多—$SO_3^- Na^+$ 交换基，其化学简写成 $R—SO_3^- Na^+$。但在实际应用时常将这种 Na 型树脂用盐酸处理变为 H 型，化学式写成$R—SO_3^- H^+$，即小颗粒表面的 Na^+ 被 H^+ 取代。

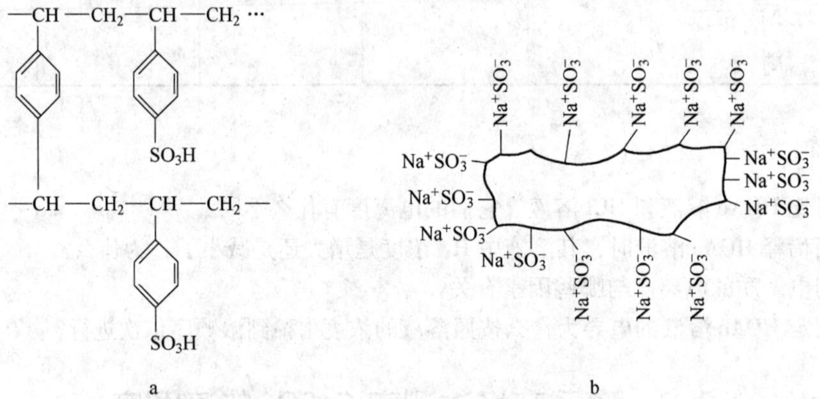

图 3.2　732 型交换树脂

a—化学结构式；b—树脂颗粒表面结构示意图

使用时是将树脂装在柱中(交换柱可用玻璃，有机玻璃或塑料制成)，当溶液流经离子交换柱时，则溶液中的阳离子就与树脂上的 Na^+ 或 H^+ 进行了交换。

$$R—SO_3^- Na^+ + M^+ \longrightarrow R—SO_3^- M^+ + Na^+$$

$$R—SO_3^- H^+ + M^+ \longrightarrow R—SO_3^- M^+ + H^+$$

最常用的强碱性阴离子交换树脂为国产牌号717 型，是一种米黄色小颗粒。它与阳离子交换树脂不同的仅是含有胺基交换基，简单化学式为 $R—CH_2 N^+ (CH_3)_2 Cl^-$，交换基上的 Cl^- 能与水溶液中的阴离子进行交换。在使用时也常将它用 NaOH 溶液处理使 Cl 型变为 OH 型，简单化学式为 $R—CH_2 N^+ (CH_3)_2 OH^-$。交换反应为

$$R—CH_2 N^+ (CH_3)_2 Cl^- + X^- \longrightarrow R—CH_2 N^+ (CH_3)_2 X^- + Cl^-$$

$$R—CH_2 N^+ (CH_3)_2 OH^- + X^- \longrightarrow R—CH_2 N^+ (CH_3)_2 X^- + OH^-$$

用离子交换法制备纯水比蒸馏法制备纯水的手续简单，费用便宜。将普通的自来水通过 H 型阳离子交换树脂和 OH 型阴离子交换树脂的交换柱后，水中的阳离子和阳离子树脂上的 H^+ 进行交换，而水中的阴离子与阴离子树脂上的 OH^- 进行交换，生成的 H^+ 和 OH^- 又化合成 H_2O，这样就获得了纯水。此外，离子交换树脂在化学、冶金和选矿等领域的生产和科研方面有广泛的用途。

3.3.3.2　离子交换法测定 $CaSO_4$ 溶度积常数的基本原理

实验是利用 H 型强酸性阳离子交换树脂的交换作用测定 $CaSO_4$ 的溶解度。方法是准确量取 50mL $CaSO_4$ 饱和溶液，使其流经 H 型阳离子交换树脂的交换柱，流出的溶液收集在一个 250mL 的容量瓶中，再使 100mL 去离子水流经交换柱，将柱中交换出的 H^+ 完全收入容量瓶中，最后用去离子水将容量瓶中的溶液稀释至刻度线。发生的反应为：

$$2R—SO_3^- H^+ + Ca^{2+} \Longequal (R—SO_3^-)_2 Ca^{2+} + 2H^+$$

用 pH 计测定容量瓶中溶液的 pH 值，计算出 250mL 容量瓶中的 H^+ 的浓度，折算成 Ca^{2+} 的浓度，$c(Ca^{2+}) = 1/2c(H^+)$，再利用 $c_1 V_1 = c_2 V_2$ 计算出原 500mL $CaSO_4$ 饱和溶液中的 $c(Ca^{2+})$，就求出了 $CaSO_4$ 在测定温度时的溶解度(S)。

溶度积常数是难溶电解质沉淀与溶液中相应离子达到平衡时的平衡常数，由溶解度 S 可计算出 $CaSO_4$ 的溶度积常数($K_{sp}^{\ominus}(CaSO_4)$)：

$$K_{sp}^{\ominus}(CaSO_4) = S^2$$

$CaSO_4$ 饱和溶液在交换前后，溶液中的 Ca^{2+} 和 SO_4^{2-} 是否存在可用 $Na_2C_2O_4$ 溶液和 $BaCl_2$ 溶液来检查。

3.3.4　实验用品

3.3.4.1　仪器和材料

滴液漏斗(150mL)，容量瓶(250mL)，离子交换柱，玻璃两通活塞，烧杯(150mL)，玻璃漏斗，移液管(50mL)，量筒(10mL、50mL)，pHS-2F 型数字 pH 计，秒表，牛角勺，铁架台，铁夹，铁环，H 型阳离子交换树脂，玻璃毛，滤纸。

3.3.4.2　试剂

$CaSO_4$ 饱和溶液，$BaCl_2(0.1mol/L)$，$Na_2C_2O_4(0.1mol/L)$。

3.3.5　实验步骤

3.3.5.1　安装实验装置

实验用的仪器主要是由 150mL 滴液漏斗(或用分液漏斗)、离子交换柱和 250mL 容量瓶三件玻璃仪器组成的。先将三件玻璃仪器清洗，然后将离子交换柱用铁夹按图 3.3 的位置夹在铁架台上，250mL 容量瓶拿掉瓶塞放在交换柱的下面并使交换柱的下导管微微插入容量瓶的口中，150mL 滴液漏斗先放在铁架台上面的一个铁环上以备使用。

将含有 $CaSO_4$ 沉淀的饱和溶液的细口瓶轻轻取下，用 50mL 移液管小心吸取上清液 50mL $CaSO_4$ 饱和溶液放入 150mL 滴液漏斗中以备使用。

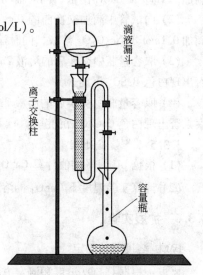

图 3.3　实验装置

3.3.5.2 装柱

由离子交换柱的上口用玻璃棒向柱中推入少许玻璃毛，使柱底有一薄层玻璃毛，以免树脂小颗粒落入下面的细导管中。然后向交换柱中加入离子水至上面敞口处。用牛角勺由小磨口瓶中取 H 型阳离子交换树脂慢慢由交换柱上面敞口加入交换柱水中，使树脂自然沉降至柱中，加至敞口下部为止。在加树脂的过程中，当发现柱中水将要溢出交换柱上口时，可打开导管上的玻璃活塞放出少量水，再继续加树脂。但注意始终保持树脂浸在水中。

3.3.5.3 $CaSO_4$ 饱和溶液的离子交换

准备工作做好后，移开 250mL 容量瓶，并在交换柱下导管口处放 1 个 10mL 小量筒，慢慢扭开交换柱的玻璃活塞使水流出，同时用秒表计时，调整流出水的速度为 4 ~ 5mL/min。在调流速过程中注意不要将柱中树脂露出水面，所以要在上口随时用洗瓶加入去离子水。流速调好后，立即拿开小量筒并用 250mL 容量瓶盛接流出液（流速调好后直到实验完不再扭动交换柱上的玻璃活塞），同时将盛 50mL $CaSO_4$ 饱和溶液的滴液漏斗放在交换柱上面的铁环中，并扭开其上的玻璃活塞使 $CaSO_4$ 饱和溶液流入交换柱中进行交换，调整滴液漏斗的流速使其与交换柱的流速大致相同，这样就使交换自动进行。当 $CaSO_4$ 饱和溶液流完后，用 50mL 量筒向滴液漏斗中分两次加入共计 100mL 去离子水，使水继续流经交换柱，以保证交换后的 H^+ 完全洗入容量瓶中。当 100mL 去离子水流完后，关闭交换柱的玻璃活塞。移开容量瓶并向容量瓶中加入去离子水稀释至刻线，摇匀，用 pH 计测定溶液的 pH 值 2 次，记入表 3.8 中。

表 3.8　实验数据

实验记录	1	2	平均值
pH 测定值			

3.3.5.4 $CaSO_4$ 饱和溶液交换前后溶液中 Ca^{2+} 和 SO_4^{2-} 的检查

（1）向试管中滴加交换前的 $CaSO_4$ 饱和溶液 8 滴，再滴加 30 滴去离子水，摇匀后，慢慢滴加 0.1mol/L $BaCl_2$ 溶液，同时摇动试管观察是否出现白色 $BaSO_4$ 沉淀。

（2）向试管中滴加交换前的 $CaSO_4$ 饱和溶液 8 滴，再滴加 30 滴去离子水，摇匀后，慢慢滴加 0.1mol/L $Na_2C_2O_4$ 溶液，同时摇动试管观察是否出现白色 CaC_2O_4 沉淀。

（3）取容量瓶中交换后的溶液 2mL，慢慢滴加 0.1mol/L $BaCl_2$ 溶液，同时摇动试管观察是否出现白色 $BaSO_4$ 沉淀。

（4）取容量瓶中交换后的溶液 2mL，慢慢滴加 0.1mol/L $Na_2C_2O_4$ 溶液，同时摇动试管观察是否出现白色 CaC_2O_4 沉淀。

3.3.5.5 数据处理

（1）根据 pH 值平均值计算 $CaSO_4$ 的溶解度。

（2）计算实验温度下 $CaSO_4$ 的溶度积常数 $K_{sp}^{\ominus}(CaSO_4)$。

3.3.6 扩展实验

$PbCl_2$ 溶度积的测定。

要求：根据 $CaSO_4$ 溶度积测定方法，自行设计离子交换法测定 $PbCl_2$ 溶度积实验方案，经教师检查后方可进行实验。

3.3.7 习题

（1）离子交换过程中，为什么要控制液体的流速不宜太快，为什么要始终保持液面高于离子交换树脂层？

（2）本实验由溶解度计算得到 $K_{sp}^{\ominus}(CaSO_4)$，分析误差产生的主要原因是什么？

（3）以下情况对实验结果有什么影响：

1）树脂转型时所用的酸太稀或太少，以致树脂未能完全转变为 H 型。

2）滴加 $CaSO_4$ 到离子交换柱的过程中，$CaSO_4$ 体积计数不准确。

（4）离子交换树脂转型的目的是什么？

3.3.8 附注

3.3.8.1 $CaSO_4$ 饱和溶液的制备

（1）取市售化学纯硫酸钙固体放入烧杯中加入 300~400mL 去离子水，经搅拌成浑浊体，静置沉降后，倾去上清液，如此处理 4~5 次，获得细的 $CaSO_4$ 沉淀，然后加去离子水转移至细口瓶中以备使用。

（2）若无市售硫酸钙固体，可利用化学反应制备 $CaSO_4$ 沉淀。

取 0.2 mol/L $Ca(NO_3)_2$ 或 $CaCl_2$ 溶液 100mL 和 0.2 mol/L H_2SO_4 溶液 100mL，放入 500mL 烧杯中产生 $CaSO_4$ 沉淀，经搅拌静置后，倾去上清液，再加 300~400mL 去离子水，搅拌静置后，倾去上清液，如此处理 6~7 次，再加去离子水转移至细口瓶中以备使用。

用钙盐和硫酸制取 $CaSO_4$ 沉淀较好，因溶液中所含的其他阳离子仅是 H^+，所以在处理过程中随时用 pH 试纸检查溶液的 pH 值，当溶液 pH 值等于 5~6 时即可使用。所用的钙盐和硫酸最好用分析纯试剂。

3.3.8.2 树脂的处理和树脂的交换容量

新树脂必须用去离子水浸泡一昼夜，使其充分膨胀后才能使用或转型，若使用 Cl 型阴离子树脂做 Cl^- 交换的定量实验，树脂在浸泡后，必须再经多次洗涤直至用 $AgNO_3$ 溶液检查洗水无自由 Cl^- 存在后，才能使用。

（1）732 型阳离子交换树脂转为 H 型的处理。将水浸泡后的树脂，用 2 mol/L HCl 溶液浸泡一昼夜，如此处理 3 次，然后用去离子水洗至 pH 值为 5~6 即可使用。

（2）717 型阴树脂转为 OH 型的处理。将水浸泡后的树脂，用 2 mol/L NaOH 溶液浸泡一昼夜，如此处理 3 次，然后用去离子水洗至 pH 值为 9~10 即可使用。

（3）树脂的交换容量。树脂的交换容量表示树脂的交换能力，例如 732 型阳树脂的交换容量为 0.0045mol/g 干树脂，即 1g 干树脂浸泡后进行交换，能交换 0.0045mol 一价阳离子。717 型强碱性阴离子交换树脂为 0.003mol/g 干树脂。

3.4 磺基水杨酸合铁稳定常数的测定

3.4.1 实验目的

（1）了解用分光光度法测定配合物的组成和稳定常数的原理和方法。

（2）测定 pH≈2 时磺基水杨酸与 Fe^{3+} 配合物的组成和稳定常数。

（3）熟悉 722 型分光光度计的使用方法。

（4）巩固准确浓度溶液的配制方法和吸量管的使用。

3.4.2　思考题

（1）$Fe(NO_3)_3 \cdot 9H_2O$ 的相对分子质量为404.02，计算配制 3×10^{-3} mol/L 溶液250mL需要 $Fe(NO_3)_3 \cdot 9H_2O$ 的质量（g）。

（2）磺基水杨酸的相对分子质量为254.2，计算配制 3×10^{-3} mol/L 溶液250mL需要磺基水杨酸的质量（g）。

3.4.3　实验原理

许多元素的配离子显出不同的颜色，这些有颜色的配离子的配位数和稳定常数可用光学的方法测定出来。将有色物质的溶液放于长方形石英玻璃杯（比色皿）中，当强度为 I_0 的单色光通过此玻璃杯时，由于有色物质对光的吸收使透过光的强度减弱变为 I。

朗伯和比尔研究发现：

$$\lg \frac{I_0}{I} \propto cL \tag{3-13}$$

或

$$D = kcL \tag{3-14}$$

式中　D——吸光度，或者消光度，光密度；

　　　c——有色溶液的浓度，mol/L；

　　　L——溶液的厚度，cm；

　　　k——吸光系数。

式（3-13）和式（3-14）称为朗伯-比尔定律，即光密度 D 与带色物质溶液的浓度（mol/L）和厚度（cm）的乘积成正比。若比色皿中溶液的厚度为1cm时，则式（3-14）变为：

$$D = kc \tag{3-15}$$

即当溶液厚度为1cm时，光密度与带色物质的溶液浓度成正比。

当光线照射到硒光电池时，产生电流，电流的大小与光的强度成正比。这种由光线照射硒光电池产生的电流虽然很小，但完全能够用微电计（检流计）测量出来。将微电计上的电流刻度盘改成对应于光密度 D 的刻度盘。一定强度的光线若100%透过比色皿的溶液时（如无色溶液或纯水），则光密度 $D = \lg \frac{I_0}{I} = \lg \frac{100}{100} = \lg 1 = 0$；光线通过盛有带色物质溶液的比色皿仅有50%透过，则光密度 $D = \lg \frac{I_0}{I} = \lg \frac{100}{50} = \lg 2 = 0.301$；若有20%光透过，则光密度 $D = \lg \frac{100}{20} = \lg 5 = 0.699$；若有10%透过，则光密度 $D = \lg \frac{100}{10} = \lg 10 = 1$ 相适应，将微电计上的电流刻度改写成相应光密度后，就能在微电计上直接读出光密度 D 值。

由于带色物质的溶液对光的吸收是有选择性的，所以不同颜色的溶液必须选用不同波长的单色光才能符合朗伯-比尔定律。可见光是由波长为420～700nm不同颜色的光组成的复色光，将可见光通过光学玻璃制成的透镜和棱镜可以获得波长在420～700nm范围内的任意波长的单色光。选用一定波长的单色光通过带色物质的溶液，就能在微电计上读出光密度 D 值，从而计算这个带色物质溶液的浓度，这种方法称为分光光度法。使用的仪器称为分光光度计。最常用的是国产721型或722型分光光度计，关于它的使用方法参见第2章。

磺基水杨酸（化学简式为 H_3R）与 Fe^{3+} 配合物的组成随溶液的pH值不同而颜色不同。在pH值小于4时，形成1:1的紫红色配合物（FeR）；pH值为4～9时，形成2:1的红色配合物

（FeR_2^{3-}）；pH 值为 9 ~ 11.5 时，形成 3:1 的黄色配合物（FeR_3^{6-}）。磺基水杨酸是三元酸，在水溶液中磺基上的 H^+ 是完全电离的，所以没有一级电离常数 $K_1^{\ominus}$，$K_2^{\ominus} = 3.16 \times 10^{-3}$，$K_3^{\ominus} = 1.995 \times 10^{-12}$。实验是在控制溶液 pH ≈ 2 酸度时，测定 1:1 的紫红色配合物的组成和稳定常数。

　　分光光度法测定带色配合物的配位数和稳定常数时，常使用两种实验方法，即摩尔比法和浓比递变法，实验采用浓比递变法。取相等摩尔浓度的金属离子（Fe^{3+}）和配合剂（H_3R）的溶液，在保持金属离子和配合剂溶液体积之和不变（即总物质的量不变）的情况下，改变金属离子溶液体积和配合剂体积的相对量，配置成一系列相同 pH 值（pH ≈ 2）的溶液。这一系列溶液中金属离子的物质的量由大变小，配合剂的物质的量由小变大发生连续变化。测定这一系列溶液的光密度 D，以光密度为纵坐标，以配合剂的体积分数 $\dfrac{V_{H_3R}}{V_{H_3R} + V_{Fe^{3+}}}$ 为横坐标绘图，获得曲线如图 3.4 所示。

　　曲线前部分溶液配合剂浓度过小，而后部分金属离子浓度过小，所以配合物的浓度都不可能达到最大值，只有溶液中金属离子和配合剂的物质的量与配合物组成一致时，配合物浓度才有最大值，即出现光密度的最大值 A 点，此点的配合剂的体积分数为 0.5 即

$$\frac{V_{H_3R}}{V_{H_3R} + V_{Fe^{3+}}} = 0.5$$

因体积分数等于摩尔分数，所以：

$$\frac{n_{H_3R}}{n_{H_3R} + n_{Fe^{3+}}} = 0.5$$

整理后：$\quad \dfrac{n_{H_3R}}{n_{Fe^{3+}}} = 1$

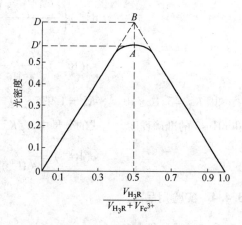

图 3.4　浓比递变法曲线

　　由曲线两侧的直线部分引延长线相交于体积分数等于 0.5 的 B 点，B 点的光密度 D 大于 A 点的光密度 D'。一般认为在 B 点时 Fe^{3+} 与 H_3R 完全配合形成 FeR 配合物，而 A 点仅是部分配合建立了配合平衡关系。

　　因在体积分数为 0.5 处，$c(Fe^{3+}) = c(H_3R) = c$，若完全配合，则 $c(FeR) = c$，根据朗伯-比尔定律 $D = kc$ 就可求出 k 的数值。然后，由 $D' = kc'$ 求出 A 点的 FeR 浓度 c'，这样在 A 点的配合体系中 $c([FeR]) = c'$，$c(Fe^{3+}) = c(H_3R) = c - c'$。

　　配合平衡反应关系如下：

$$H_3R = H^+ + H_2R^- \tag{3-16}$$

$$H_2R^- = H^+ + HR^{2-} \tag{3-17}$$

$$HR^{2-} = H^+ + R^{3-} \tag{3-18}$$

$$Fe^{3+} + R^{3-} = FeR \tag{3-19}$$

$$稳定常数：K_1^{\ominus} = \frac{c(FeR)}{c(Fe^{3+})c(R^{3-})} \tag{3-20}$$

　　式（3-20）中 $c(FeR)$ 和 $c(Fe^{3+})$ 已知，若知道 $c(R^{3-})$ 值就可以求出稳定常数 $K_1^{\ominus}$ 值，如何求得 $c(R^{3-})$ 值呢？

根据上述平衡关系，$c(H_3R) = c(H_2R^-) + c(HR^{2-}) + c(R^{3-}) = c - c'$

由式(3-17)知：

$$\frac{c(H^+)c(HR^{2-})}{c(H_2R^-)} = K_2^{\ominus} \tag{3-21}$$

由式(3-18)知：

$$\frac{c(H^+)c(R^{3-})}{c(HR^{2-})} = K_3^{\ominus} \tag{3-22}$$

式(3-21)和式(3-22)相乘得：

$$\frac{c(H^+)^2 c(R^{3-})}{c(H_2R^-)} = K_2^{\ominus} K_3^{\ominus} \tag{3-23}$$

所以，$c(H_2R^-) + c(HR^{2-}) + c(R^{3-}) = \dfrac{c(H^+)^2 c(R^{3-})}{K_2^{\ominus} K_3^{\ominus}} + \dfrac{c(H^+)c(R^{3-})}{K_3^{\ominus}} + c(R^{3-}) = c - c'$

$$c(R^{3-})\left(\frac{c(H^+)^2}{K_2^{\ominus} K_3^{\ominus}} + \frac{c(H^+)}{K_3^{\ominus}} + 1\right) = c - c'$$

$$c(R^{3-})\left(\frac{c(H^+)^2 + K_2^{\ominus} c(H^+) + K_2^{\ominus} K_3^{\ominus}}{K_2^{\ominus} K_3^{\ominus}}\right) = c - c'$$

$$c(R^{3-}) = \frac{K_2^{\ominus} K_3^{\ominus}(c - c')}{c(H^+)^2 + K_2^{\ominus} c(H^+) + K_2^{\ominus} K_3^{\ominus}}$$

因 $K_2^{\ominus} = 3.16 \times 10^{-3}$，$K_3^{\ominus} = 1.995 \times 10^{-12}$，$K_2^{\ominus} K_3^{\ominus} = 6.304 \times 10^{-15}$，溶液中的 $c(H^+)$ 控制在 pH ≈ 2 的准确程度，上式的分母中 $K_2^{\ominus} K_3^{\ominus}$ 可忽略，故得：

$$c(R^{3-}) = \frac{6.304 \times 10^{-15}(c - c')}{c(H^+)(c(H^+) + 3.16 \times 10^{-3})} \tag{3-24}$$

3.4.4　实验用品

3.4.4.1　仪器

烧杯(50mL、100mL)，容量瓶(50mL、250mL)，移液管(5mL)，吸量管(10mL)，洗瓶，722 型分光光度计。

3.4.4.2　试剂

0.1 mol/L 准确浓度的 HNO_3 溶液，磺基水杨酸固体，$Fe(NO_3)_3 \cdot 9H_2O$ 固体。

3.4.5　实验步骤

3.4.5.1　溶液的配制

(1) 配制 3×10^{-3} mol/L 准确浓度 $Fe(NO_3)_3$ 溶液 250mL。

(2) 配制 3×10^{-3} mol/L 准确浓度磺基水杨酸溶液 250mL。

(3) 配制 $c(H^+) \approx 0.1$ mol/L 准确浓度的 HNO_3 溶液。

3.4.5.2　磺基水杨酸合铁稳定常数的测定

(1) 磺基水杨酸合铁溶液的配制。将 9 个 50mL 清洁的容量瓶贴好 1~9 号标签。取 1 个洗净的 100mL 烧杯，先用少量 0.1mol/L HNO_3 溶液清洗 1 次，再加入 60~70mL 0.1 mol/L HNO_3 溶液。用洁净的 5mL 移液管吸取烧杯中的 HNO_3 溶液清洗移液管 2 次，然后向每个容量瓶中加入 5mL HNO_3 溶液。再取 1 个 100mL 烧杯，用少量配制的 $Fe(NO_3)_3$ 溶液洗 1 次，再加 60~70mL $Fe(NO_3)_3$ 溶液。用洁净的 10mL 吸量管吸取烧杯中的 $Fe(NO_3)_3$ 溶液清洗吸量管 2 次，然后用吸量管按表3.9中的体积向各号容量瓶中加入$Fe(NO_3)_3$溶液。第3个100mL烧杯用少量配制的磺基水杨酸溶液洗1次后，再取60~70mL磺基水杨酸溶液，用另一支10mL吸量管吸取烧杯中的溶液清洗吸量管2次，然后用此吸量管按表3.9中的体积向各号容量瓶中加入磺基水杨酸溶液。最后将各容量瓶中溶液用去离子水稀释至刻度线，摇匀。

（2）按5号试样的配比再配一个溶液，在420~700nm波长范围内测定溶液的光密度，每隔10nm测一个数据，找出光密度最大值所对应的波长。

（3）利用722型分光光度计在实验（2）的光密度最大波长值处，测定各溶液的光密度2次，并记录于表3.9中。

表3.9 实验记录

编 号	体积/mL				体积分数	吸光度		
	HNO_3	Fe^{3+}	H_3R	总体积	H_3R	1	2	平均
1	5	9	1	50	0.1			
2	5	8	2	50	0.2			
3	5	7	3	50	0.3			
4	5	6	4	50	0.4			
5	5	5	5	50	0.5			
6	5	4	6	50	0.6			
7	5	3	7	50	0.7			
8	5	2	8	50	0.8			
9	5	1	9	50	0.9			

3.4.5.3 数据处理

以光密度的平均值为纵坐标，磺基水杨酸的体积分数为横坐标绘图，求出配合物的组成并计算出稳定常数值。

3.4.6 习题

（1）简述分光光度法测定配合物组成和稳定常数的实验方法。

（2）说明用722型分光光度计测量溶液光密度的方法。

（3）在测定吸光度时，如果温度有较大变化对测定的稳定常数有何影响？

（4）实验中，每个溶液的pH值是否一样，如不一样对结果有何影响？

（5）为什么说磺基水杨酸与铁形成的是螯合物？

（6）为什么在等摩尔系列中，金属离子的浓度与配位体的浓度之比恰好等于其配离子组成时，配离子浓度最大？

备注：磺基水杨酸合铁$[FeR]$的稳定常数为$K_1^{\ominus} = 4.36 \times 10^{14}$。

3.5 反应速率与活化能的测定

3.5.1 实验目的

（1）了解浓度和温度对反应速率的影响。

（2）学习测定反应级数和活化能的实验方法以及处理实验数据和绘图的方法。

3.5.2　思考题

（1）写出 Fe^{3+} 与 I^- 的反应式以及反应速率的表达式。

（2）如何测定 Fe^{3+} 和 I^- 的反应级数。

3.5.3　实验原理

在酸性溶液中，$Fe(NO_3)_3$ 与 KI 发生如下反应：

$$2Fe(NO_3)_3 + 2KI \longrightarrow 2Fe(NO_3)_2 + I_2 + 2KNO_3$$

此反应的速率方程式为：

$$v = k[c(Fe(NO_3)_3)]^a [c(KI)]^b \tag{3-25}$$

反应速率可用单位时间内反应物浓度减少或生成物浓度增加来表示。上述反应的反应速率如果用单位时间内生成物 I_2 的浓度增加来表示，则：

$$v = \frac{\Delta c(I_2)}{\Delta t} = k[c(Fe(NO_3)_3)]^a [c(KI)]^b$$

若在实验过程中，取一定浓度的 KI 与不同浓度的 $Fe(NO_3)_3$ 进行反应，观测生成相同浓度的 I_2 所需 Δt，则上式中 $\Delta c(I_2)$ 和 $c(KI)$ 均为定值，这样上式可写成

$$\frac{1}{\Delta t} = k'[c(Fe(NO_3)_3)]^a$$

两边取对数：$-\lg\Delta t = \lg k' + a\lg[c(Fe(NO_3)_3)]$，去掉负号，则变为：

$$\lg\Delta t = -a\lg[c(Fe(NO_3)_3)] - \lg k' \tag{3-26}$$

以 $-\lg[c(Fe(NO_3)_3)]$ 值为横坐标，以 $\lg\Delta t$ 值为纵坐标绘图就获得一条直线，直线的斜率为 a 值。

同理，固定 $Fe(NO_3)_3$ 的浓度，测定其与不同浓度 KI 反应生成相同浓度的 I_2 所需的时间 Δt，就可以求出 b 值。

本实验是以生成相同浓度 I_2 作为测定终点，生成的 I_2 可由指示剂淀粉来确定，只要生成 $10^{-4} \sim 10^{-5}$ mol/L 的 I_2，就可以使淀粉变蓝。但是，生成这样低浓度的 I_2 需时很短，在测定上较困难。解决的办法是向反应溶液中加入一定量的 $Na_2S_2O_3$ 溶液。$Na_2S_2O_3$ 不与 $Fe(NO_3)_3$ 和 KI 反应，对实验测定无影响，但能与 I_2 快速、定量的反应，使 I_2 变为 I^-，反应式为：

$$I_2 + 2Na_2S_2O_3 \Longrightarrow Na_2S_4O_6 + 2NaI$$

这样在消耗一定量的 $Na_2S_2O_3$ 后，溶液才出现蓝色，也就是当反应生成的 I_2 量与 $Na_2S_2O_3$ 的量相当时溶液才出现蓝色。可见加入 $Na_2S_2O_3$ 能控制蓝色出现的时间，因而大大提高了测定效果。

温度对化学反应速率的影响特别显著。温度升高，分子运动速率增大，分子间碰撞频率增加，反应速率加快。根据计算，温度升高 10K，分子的碰撞频率仅增加 2% 左右，而反应速率却增加 2~3 倍。这是因为温度升高，不仅分子间碰撞频率加大，更重要的是由于温度升高，活化分子百分数增大，使反应速率大大加快。无论对于吸热反应还是放热反应，温度升高反应速率都是加快的，这是由于化学反应的反应热是由反应物的起始能量状态和生成物的终结能量状态之差值来决定的，起始能量状态高于终结能量状态，反应放热，反之则吸热。但是不管吸热反应还是放热反应，在反应过程中反应物必须爬过一个能垒，反应才能进行。升高温度，有利于反应物的能量提高，利于反应的进行。

1889 年，阿仑尼乌斯(Arrhenius)在总结大量实验事实基础上，指出反应速率常数和温度

的定量关系为：

$$k = Ae^{-\frac{E_a}{RT}} \tag{3-27}$$

$$\ln k = -\frac{E_a}{RT} + \ln A \tag{3-28}$$

$$\lg k = -\frac{E_a}{2.303RT} + \lg A \tag{3-29}$$

式中　k——反应速度常数；

　　　E_a——反应的活化能；

　　　R——气体常数；

　　　T——绝对温度；

　　　A——常数，称为"指前因子或频率因子"；

　　　e——自然对数的底（$e=2.718$）。

由于温度对一般反应的浓度影响不大，在此速率常数可代替反应速率。由式（3-27）可见，反应速度常数 k 与绝对温度 T 成指数关系，温度的微小变化，将导致 k 值的较大变化，式（3-27）也称为反应速率的指数定律。对给定的化学反应，活化能 E_a 可视为一定值（在一般温度范围内 E_a 和 A 不随温度变化而变化）。

当温度为 T_1 时，$\qquad\qquad \ln k_1 = -\frac{E_a}{RT_1} + \ln A \tag{3-30}$

当温度为 T_2 时，$\qquad\qquad \ln k_2 = -\frac{E_a}{RT_2} + \ln A \tag{3-31}$

式（3-31）－式（3-30）得：$\qquad \ln\frac{k_2}{k_1} = \frac{E_a}{R}\left(\frac{T_2-T_1}{T_1 T_2}\right) \tag{3-32}$

将式（3-32）换成常用对数得：

$$\lg\frac{k_2}{k_1} = \frac{E_a}{2.303R}\left(\frac{T_2-T_1}{T_1 T_2}\right) \tag{3-33}$$

根据实验数据和式（3-25）、式（3-26），求出 a、b、k_1、k_2，即可求出 E_a。

3.5.4　实验用品

3.5.4.1　仪器和材料

秒表，恒温水浴，锥形瓶（100mL、250mL），温度计。

3.5.4.2　试剂

0.04 mol/L Fe(NO$_3$)$_3$，0.5 mol/L HNO$_3$，0.04 mol/L KI，0.004 mol/L Na$_2$S$_2$O$_3$，0.2% 淀粉。

3.5.5　实验步骤

3.5.5.1　测定 Fe(NO$_3$)$_3$ 的反应级数 a

按表 3.10 准备实验（1）～（5）的溶液，并在室温的恒温浴中恒温 10～15min。用温度计测量实验（1）溶液的温度，记录。迅速将 100mL 锥形瓶里的溶液倒入 250mL 锥形瓶中，同时按下秒表计时，并摇动锥形瓶几下，使溶液混合均匀（混合时，可临时将锥形瓶从恒温浴中取出）。当溶液中一出现蓝色，立即停止计时，再测量溶液温度，计算反应过程中的平均温度，记录反应的时间（Δt）和平均温度 T。

同法测定表3.10中实验(2)、(3)、(4)、(5)的反应时间和反应的平均温度。

3.5.5.2　测定 I^- 的反应级数 b

按表3.10准备实验(6)、(7)、(8)的溶液,重复上述操作,测出反应时间(Δt)和平均温度 T。

3.5.5.3　温度对反应速率的影响

按表3.10准备(9)、(10)的溶液,把它们放在分别高于室温10℃和20℃的恒温浴中恒温10~15min,然后把100mL锥形瓶中的溶液倒入250mL锥形瓶中,测出蓝色出现的时间和反应的平均温度。

表 3.10　实验记录

No.	250mL 锥形瓶			100mL 锥形瓶				Δt/s	T/K
	$V(\mathrm{Fe(NO_3)_3})$ /mL	$V(\mathrm{HNO_3})$ /mL	$V(\mathrm{H_2O})$ /mL	$V(\mathrm{KI})$ /mL	$V(\mathrm{Na_2S_2O_3})$ /mL	$V(0.2\%淀粉)$ /mL	$V(\mathrm{H_2O})$/mL		
(1)	10.00	20.00	20.00	10.00	10.00	5.00	25.00		
(2)	15.00	15.00	20.00	10.00	10.00	5.00	25.00		
(3)	20.00	10.00	20.00	10.00	10.00	5.00	25.00		
(4)	25.00	5.00	20.00	10.00	10.00	5.00	25.00		
(5)	30.00	0.00	20.00	10.00	10.00	5.00	25.00		
(6)	10.00	20.00	20.00	5.00	10.00	5.00	30.00		
(7)	10.00	20.00	20.00	15.00	10.00	5.00	20.00		
(8)	10.00	20.00	20.00	20.00	10.00	5.00	15.00		
(9)	10.00	20.00	20.00	10.00	10.00	5.00	25.00		
(10)	10.00	20.00	20.00	10.00	10.00	5.00	25.00		

3.5.6　数据处理

(1) 计算初始平均速率。$v_0 = \dfrac{c([S_2O_3]^{2-})}{2\Delta t}$,$c([S_2O_3]^{2-})$ 表示混合溶液中 $Na_2S_2O_3$ 的初始浓度($4 \times 10^{-4} \mathrm{mol/L}$),$\Delta t$ 表示溶液开始混合到蓝色出现的时间间隔。

(2) 计算每个实验中 Fe^{3+} 的初始浓度、I^- 的初始浓度及 Fe^{3+} 的平均浓度。

$$c(\mathrm{Fe^{3+}})_{平均} = c(\mathrm{Fe^{3+}})_{初始} - \frac{1}{2}c(\mathrm{S_2O_3^{2-}})_{初始} = c(\mathrm{Fe^{3+}})_{初始} - 2 \times 10^{-4} \mathrm{mol/L}$$

(3) 根据实验(1)~(5)的数据,将 $\lg v_0$ 对 $\lg c(\mathrm{Fe^{3+}})_{平均}$ 作图,求相对于 Fe^{3+} 的反应级数 a。

(4) 根据实验(1)、(6)、(7)、(8)的数据,求相对于 I^- 的反应级数 b。

(5) 把 a 和 b 约化成整数,写出速率方程式。

(6) 根据实验(9)、(10)、(1)数据,代入上面的速率方程式中,计算在3个不同温度下的 k 值。进一步求出反应的活化能 E_a 值。

将以上计算数据汇列成表格。

3.5.7　习题

(1) 测定时,加入硫代硫酸钠和淀粉溶液有何作用?

(2) 反应溶液出现蓝色是否表示溶液中 Fe^{3+} 或 I^- 已经反应完,已反应的 Fe^{3+} 和加入的 $[S_2O_3]^{2-}$ 有何关系,反应前后 $c(I^-)$ 有无变化?

（3）根据反应方程式，是否能确定反应级数，举例说明。

3.6 电 极 电 势

3.6.1 实验目的

（1）掌握利用电位差计测定电极电势的方法。

（2）通过电极电势的测定深入理解和掌握浓度对电极电势的影响。

（3）熟悉电极电势法测定难溶盐的溶度积常数的方法。

3.6.2 思考题

（1）何谓电极电势，如何测定一个电极的电势？

（2）影响电极电势的因素有哪些，简述 Nernst 方程应用的注意事项。

（3）怎样通过测定电极的电势求出难溶盐的溶度积？

3.6.3 实验原理

电极电势是判断水溶液中氧化还原反应进行的方向和限度的主要参数。欲求知一个氧化还原电对构成的电极电势，可以将该电极与一个已知电极电势的参比电极组成原电池，通过测其电动势，求出未知电极的电极电势。由于标准氢电极使用不方便，经常改用电势较稳定的饱和甘汞电极(Pt, $Hg(l)$, $Hg_2Cl_2(s) \mid KCl(aq)$)作为参比电极，当甘汞电极中的 KCl 饱和溶液温度在 25℃时，其电极电势 $E^{\ominus}(Hg_2Cl_2/Hg) = 0.2420V$。

例如，测定电对 Ag^+/Ag 的标准电极电势 $E^{\ominus}(Ag^+/Ag)$，可将银电极和饱和甘汞电极插入 $AgNO_3$ 溶液中，组成原电池：$(-)Hg \mid Hg_2Cl_2(KCl 饱和溶液) \parallel AgNO_3 \mid Ag(+)$

电池的电动势：$E = E_+ - E_- = E^{\ominus}(Ag^+/Ag) - E^{\ominus}(甘汞)$

所以：$E^{\ominus}(Ag^+/Ag) = E + E^{\ominus}(甘汞)$ (3-34)

式中，E 为电池电动势，可通过电位差计测得，$E^{\ominus}(甘汞)$在 25℃时为 0.2420V，若不在 25℃时可由式(3-35)求得：

$$E^{\ominus}(甘汞) = 0.2420 - 0.00076(t - 25) \tag{3-35}$$

式中 t——实验时的摄氏温度。

根据 Nernst 公式，电极电势由式(3-36)计算：

$$E = E^{\ominus} + \frac{2.303RT}{nF}\lg\frac{[氧化型]}{[还原型]} \tag{3-36}$$

式中，[氧化型]、[还原型]分别表示电极反应中氧化型和还原型一侧各物质相对浓度以系数为指数次幂的乘积。式(3-36)也可表示为：

$$E = E^{\ominus} + k\lg\frac{[氧化型]}{[还原型]} \tag{3-37}$$

对于银电极，则：$E(Ag^+/Ag) = E^{\ominus}(Ag^+/Ag) + k\lg[c(Ag^+)]$ (3-38)

从式(3-38)中可看出，$E(Ag^+/Ag)$ 与 $\lg[c(Ag^+)]$ 之间是直线关系，$E^{\ominus}(Ag^+/Ag)$ 是直线的截距，而 k 是直线的斜率。由此，我们可取不同浓度的 $AgNO_3$ 溶液组成原电池，测得每个电池的电动势 E，求得每个浓度时的 $E(Ag^+/Ag)$。然后以 $E(Ag^+/Ag)$ 为纵坐标，$\lg[c(Ag^+)]$ 为横坐标作图，求得该直线的斜率和截距。

　　难溶盐的溶度积是无机化学中重要的参数。测定电极电势求溶度积是一个有效的方法。实验利用测定电极电势求 Ag_2CrO_4 的溶度积。将银电极和甘汞电极插入 Ag_2CrO_4 饱和溶液中，组成电池，用电位差计测出电池电动势 E，求得 $E(Ag^+/Ag)$ 值，再根据前面所绘的直线找出对应的 $\lg[c(Ag^+)]$ 值，这样就求出了 Ag_2CrO_4 饱和溶液的 $c(Ag^+)$。同理，可求出 AgCl 饱和溶液的 $c(Ag^+)$。

　　根据 Ag_2CrO_4 的沉淀—溶解平衡：

$$Ag_2CrO_4 \rightleftharpoons 2Ag^+ + CrO_4^{2-}$$

Ag_2CrO_4 的溶度积常数：

$$K_{sp}^{\ominus}(Ag_2CrO_4) = [c(Ag^+)]^2 \cdot [c(CrO_4^{2-})] = 1/2[c(Ag^+)]^3 \quad (3\text{-}39)$$

根据 AgCl 的沉淀—溶解平衡：

$$AgCl \rightleftharpoons Ag^+ + Cl^-$$

AgCl 的溶度积常数：

$$K_{sp}^{\ominus}(AgCl) = [c(Ag^+)] \cdot [c(Cl^-)] = [c(Ag^+)]^2 \quad (3\text{-}40)$$

3.6.4　实验用品

3.6.4.1　仪器和材料

SDC 数字电位差综合测试仪，标准电池，烧杯（50mL、150mL），移液管（50mL），酸式滴定管（50mL），电磁搅拌器，217 型甘汞电极，银电极，铁架台，电极夹，细砂纸。

3.6.4.2　试剂

$AgNO_3$（2×10^{-4} mol/L、0.02 mol/L），K_2CrO_4（固体），NaCl（固体）。

3.6.5　实验步骤

3.6.5.1　测定电池电动势

　　用移液管取 50mL 去离子水于干燥洁净的 150mL 烧杯中，向烧杯中放入磁力搅拌管，将烧杯放在电磁搅拌器的托盘中央。取一支 217 型甘汞电极，用洗瓶吹洗电极表面并用滤纸将其表面擦干，用小块细砂纸将银电极的银棒表面擦亮，水洗后用滤纸擦干。将两个电极按图 3.5 所示安装好。50mL 酸式滴定管先用去离子水洗净，再用 $AgNO_3$ 溶液洗涤 3 次后，装好 $AgNO_3$ 溶液。滴定管固定在铁架台上，悬在烧杯的上方。甘汞电极、银电极与 SDC 数字电位差综合测试仪正确连接。

　　用酸式滴定管向装有 50mL 去离子水的烧杯中准确的逐次加入 5mL 2×10^{-4} mol/L $AgNO_3$ 溶液。打开电磁搅拌器搅拌 30s，测电池电动势。记录两次测得的结果。再依次加入 5mL、10 mL、10 mL、10 mL 2×10^{-4} mol/L $AgNO_3$ 溶液。各测定电池电动势 2 次，数据记录在表 3.11 中。

3.6.5.2　配制溶液

　　配制浓度为 0.01 mol/L 的 K_2CrO_4 溶液 250mL（精确到小数点后四位）。

　　配制浓度为 0.02 mol/L 的 NaCl 溶液 250mL（精确到小数

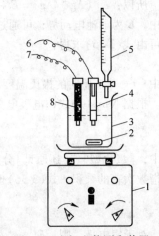

图 3.5　电极电势测定装置

1—电磁搅拌器；2—玻璃搅拌子；
3—150mL 烧杯；4—127 型甘汞电极；
5—酸式滴定管；6，7—接电位差计；
8—银电极

点后四位)。

表 3.11　浓度对电极电势的影响(50mL 去离子水)

| 序号 | $V(AgNO_3)/mL$ | 电池电动势 E/V | | | $E(Ag^+/Ag)/V$ | $c(Ag^+)/mol \cdot L^{-1}$ | $lg[c(Ag^+)]$ |
		1	2	平均			
1	5						
2	10						
3	20						
4	30						
5	40						

3.6.5.3　Ag_2CrO_4 溶度积的测定

分别取 20 mL 0.01 mol/L K_2CrO_4 溶液和 20 mL 0.02 mol/L $AgNO_3$ 溶液装入干燥的 50mL 烧杯,获得砖红色的 Ag_2CrO_4 沉淀,沉淀静置后倾去上清液,再加去离子水搅拌沉淀使其悬浮,再静置后倾去上清液。如此倾注沉淀 4 ~ 5 次,最后加去离子水获得 Ag_2CrO_4 饱和溶液。使用前搅拌使沉淀悬浮,停留片刻沉淀即下沉,然后慢慢倾去上清液,按上述方法测定电池电动势 2 次,结果记录在表 3.12 中。

表 3.12　Ag_2CrO_4 溶度积的测定

| 电池电动势 E/V | | | $E(Ag^+/Ag)/V$ | $lg[c(Ag^+)]$ | $c(Ag^+)/mol \cdot L^{-1}$ |
1	2	平均			

3.6.5.4　AgCl 溶度积的测定

分别取 20 mL 0.02 mol/L NaCl 溶液和 20 mL 0.02 mol/L $AgNO_3$ 溶液装入干燥的 50mL 烧杯,获得白色的 AgCl 沉淀,沉淀静置后倾去上清液,再加去离子水搅拌沉淀使其悬浮,再静置后倾去上清液。如此倾注沉淀 4 ~ 5 次,最后加去离子水静置 30min,获得 AgCl 饱和溶液。使用前搅拌使沉淀悬浮,停留片刻沉淀即下沉,然后慢慢倾出上清液,按上述方法测定电池电动势 2 次,结果记录在表 3.13 中。

表 3.13　AgCl 溶度积的测定

| 电池电动势 E/V | | | $E(Ag^+/Ag)/V$ | $lg[c(Ag^+)]$ | $c(Ag^+)/mol \cdot L^{-1}$ |
1	2	平均			

3.6.6　实验记录与数据处理

室温:＿＿＿＿＿＿＿＿＿＿

$E^{\ominus}$(甘汞):＿＿＿＿＿＿＿＿＿

表 3.11 中,$c(Ag^+) = \dfrac{V(AgNO_3) \times 2 \times 10^{-4}}{50 + V(AgNO_3)}$

以 $E(Ag^+/Ag)$ 为纵坐标,$lg[c(Ag^+)]$ 为横坐标,对表 3.11 所得数据作图(用坐标纸或计算机作图),得到一条直线,求出直线的截距 $E^{\ominus}(Ag^+/Ag)$ 和斜率 m。

$E^{\ominus}(\text{Ag}^+/\text{Ag}) = $ ＿＿＿＿＿＿＿＿＿＿＿＿＿

$m = $ ＿＿＿＿＿＿＿＿＿＿＿＿＿

根据表 3.12 中测得的 $E(\text{Ag}^+/\text{Ag})$，在上面获得的直线上找出（或计算出）对应的 $\lg[c(\text{Ag}^+)]$，求得 $c(\text{Ag}^+)$，按式(3-39)计算出 Ag_2CrO_4 溶度积。

同理，根据表 3.13 数据，计算出 AgCl 溶度积。比较 Ag_2CrO_4 和 AgCl 的溶度积和溶解度。

$K_{\text{sp}}^{\ominus}(\text{Ag}_2\text{CrO}_4) = $ ＿＿＿＿＿＿＿＿＿＿＿＿＿

$K_{\text{sp}}^{\ominus}(\text{AgCl}) = $ ＿＿＿＿＿＿＿＿＿＿＿＿＿

3.6.7　习题

（1）在 50mL 去离子水中加入 2×10^{-4} mol/L AgNO_3 溶液 10mL，在 15℃时以银电极和甘汞电极组成原电池，电池电动势为多少？25℃时，$E^{\ominus}(\text{Ag}^+/\text{Ag}) = 0.799\text{V}$，$E^{\ominus}(\text{饱和甘汞}) = 0.2420\text{V}$。

（2）如何用实验方法求出 $E(\text{Ag}^+/\text{Ag})$ 与 $c(\text{Ag}^+)$ 关系的能斯特公式？

（3）试分析实验中测定误差的来源？

3.7　$\text{I}_3^- \rightleftharpoons \text{I}^- + \text{I}_2$ 平衡常数的测定

3.7.1　实验目的

（1）加深对化学平衡常数的理解。

（2）掌握一种测定化学平衡常数的方法。

（3）熟悉微型滴头的使用方法。

3.7.2　思考题

（1）为什么向井穴板滴加碘溶液和滴定操作应尽快进行，且在滴定时不宜过分剧烈搅拌或振荡溶液？

（2）为什么实验中所有含碘废液都要集中回收？

3.7.3　实验原理

一定条件下，可逆反应正、逆反应速率相等，反应物和生成物的浓度不再随时间而改变的状态，称为化学平衡状态。化学平衡状态是一种动态平衡。一定条件下，化学平衡状态是化学反应进行的最大限度。一定条件下，可逆反应达到平衡时，产物的浓度以反应方程式中计量系数为指数幂的乘积与反应物的浓度以方程式中计量系数为指数幂的乘积之比是一个常数，这个常数是化学平衡常数。

对于任意可逆反应，标准平衡常数的表达式如下：

$$aA + bB \rightleftharpoons mD + nE$$

$$K^{\ominus} = \dfrac{\left[\dfrac{c(D)}{c^{\ominus}}\right]^m \cdot \left[\dfrac{c(E)}{c^{\ominus}}\right]^n}{\left[\dfrac{c(A)}{c^{\ominus}}\right]^a \cdot \left[\dfrac{c(B)}{c^{\ominus}}\right]^b}$$

由于 $c^{\ominus}$ = 1.0 mol/L，可将上式简化为：

$$K^{\ominus} = \frac{c(D)^m c(E)^n}{c(A)^a c(B)^b}$$

碘溶于碘化钾溶液达到下列平衡：

$$I_3^- \rightleftharpoons I^- + I_2$$

$$K^{\ominus} = \frac{c(I^-)c(I_2)}{c(I_3^-)} \tag{3-41}$$

若要求出 $K^{\ominus}$，必须要知道溶液中的 I^-、I_2 和 I_3^- 的浓度。为测定 I^-、I_2 和 I_3^- 的浓度，可取过量固体碘与已知浓度的 KI 溶液一起振荡达到平衡后，取上层清液，用标准 $Na_2S_2O_3$ 溶液滴定，其反应方程式为：$2Na_2S_2O_3 + I_2 \Longrightarrow 2NaI + Na_2S_4O_6$。由于溶液中存在着上述平衡，所耗的 $Na_2S_2O_3$ 滴定最终得到的是 I_3^- 和 I_2 的总浓度 $c = c(I_3^-) + c(I_2)$。其中 $c(I_2)$ 的浓度可通过同温度时测量碘和水处于平衡时溶液中碘的浓度来代替，设其浓度为 c'，则 $c(I_3^-) = c - c'$。因为处于平衡时，形成一个 I_3^- 就需要一个 I^-，所以平衡时的 I^- 的浓度 $c(I^-) = c_0(I^-) \cdot c(I_3^-)$，式中 $c_0(I^-)$ 为 KI 的起始浓度。将 $c(I^-)$、$c(I_2)$ 和 $c(I_3^-)$ 代入式(3-41)，即可求得此温度条件下的平衡常数 $K^{\ominus}$。

3.7.4 实验用品

3.7.4.1 仪器

50mL 容量瓶，多用滴管，具塞小锥形瓶，微量滴头，加塞六孔井穴板，碘量瓶。

3.7.4.2 试剂

0.0100 mol/L $Na_2S_2O_3$(标准溶液)，0.0100 mol/L 和 0.0200 mol/L KI(标准溶液)，固体碘，0.5% 淀粉溶液。

3.7.5 实验步骤

(1) 溶液配制。

1) 准备配制 0.0100 mol/L $Na_2S_2O_3$ 标准溶液。

2) 准备配制 0.0100 mol/L KI 标准溶液。

3) 准备配制 0.0200 mol/L KI 标准溶液。

(2) 取干燥的碘量瓶，分别标上 1 号、2 号、3 号，用量筒移取 10mL 0.0100 mol/L 的 KI 溶液注入 1 号瓶，10mL 0.0200 mol/L KI 溶液注入 2 号瓶，10mL 去离子水注入 3 号瓶。然后每个瓶内各加入 0.1g 研细的碘，盖好瓶盖，在室温下振荡 30min 后静置 10min。将上层清液分别移入对应编号(1 号、2 号、3 号)的多用滴管内。

(3) 将微量滴头套紧在 1 号多用滴管上，在井穴板上滴 40 滴，将微量滴头用去离子水洗净，套紧在装有 0.0100 mol/L $Na_2S_2O_3$ 标准溶液的多用滴管上。用 $Na_2S_2O_3$ 溶液润洗后，进行滴定，当溶液显浅黄色时，加入 0.5% 淀粉溶液 1~2 滴，此时溶液呈蓝色。再滴加 $Na_2S_2O_3$，并不断搅拌，滴至浅蓝色刚好消失为止，记录所消耗的 $Na_2S_2O_3$ 溶液的滴数。

(4) 用同样方法对 2 号多用滴管的溶液进行滴定。

(5) 用同样方法对 3 号多用滴管的溶液进行滴定。

实验数据记录于表 3.14 中。

表 3.14　实验数据记录

瓶　号		1	2	3
取样体积/滴				
$Na_2S_2O_3$ 溶液的用量/滴	1 2 平均			
$c(Na_2S_2O_3)/mol \cdot L^{-1}$				
$c(I_2) + c(I_3^-)/mol \cdot L^{-1}$				
$c'(I_2)/mol \cdot L^{-1}$				
$c(I_2)/mol \cdot L^{-1}$				
$c(I_3^-)/mol \cdot L^{-1}$				
$c_0(I^-)/mol \cdot L^{-1}$				
$c(I^-)/mol \cdot L^{-1}$				
$K^{\ominus}$				

3.7.6　实验数据处理

由于滴定时所用为同一微量滴头，故所用滴数比即为体积比，根据实验原理，求出平衡常数。

3.7.7　习题

（1）为什么 I_2 必须过量？

（2）为什么在室温下振荡 30min，而后又静置 10min？

（3）用多用滴管进行滴定时，为什么滴至淡黄色时再加入淀粉？

（4）确定终点的方法是什么？

3.8　碘化铅溶度积的测定（分光光度法）

3.8.1　实验目的

（1）了解分光光度法测定难溶电解质溶度积常数的原理和方法。

（2）掌握分光光度计的使用。

3.8.2　思考题

（1）比较碘化铅溶度积常数测定的不同方法。

（2）实验中为什么要加 HCl？

3.8.3　实验原理

严格地说，没有绝对不溶的物质，任何难溶电解质都或多或少的溶于水。PbI_2 像其他难溶电解质一样，在一定温度下，由于水分子同 Pb^{2+} 和 I^- 的相互作用，减弱了 Pb^{2+} 和 I^- 之间的相互吸引力，所以会有一定数量的 Pb^{2+} 和 I^- 离开晶体表面成为水合离子进入水中。另一方面，水中的 Pb^{2+} 和 I^- 水合离子，不断地作无规则的运动，又重新回到 PbI_2 晶体表面而析出。

在一定条件下，当溶解与沉淀的速率相等时，PbI_2 晶体和溶液中相应的离子之间达到如下动态平衡：

$$PbI_2(s) \Longrightarrow Pb^{2+} + 2I^-$$

起始浓度/mol·L^{-1}	c	a
反应浓度/mol·L^{-1}	$(c-b)/2$	$a-b$
平衡浓度/mol·L^{-1}	$c-(c-b)/2$	b

PbI 的溶度积常数：$K_{sp}^{\ominus} = c(Pb^{2+}) \cdot c^2(I^-) = (c-(c-b)/2) \cdot b^2$　　　　(3-42)

利用分光光度计测定平衡时溶液的浓度，即 c mol/L，b mol/L，从而计算出 $K_{sp}^{\ominus}$。

朗伯和比尔研究发现：　　　　　　　　$\lg \dfrac{I_0}{I} \propto cL$　　　　　　　　(3-43)

或　　　　　　　　　　　　　　　　$D = kcL$　　　　　　　　　(3-44)

式中　D——吸光度，或者消光度，光密度；

　　　c——有色溶液的浓度，mol/L；

　　　L——溶液的厚度，cm；

　　　k——吸光系数。

上面的两个关系式称为朗伯-比尔定律，即光密度 D 与带色物质溶液的浓度(mol/L)和厚度(cm)的乘积成正比。若比色皿中溶液的厚度为 1cm 时，则式(3-44)变为：

$$D = kc \qquad\qquad\qquad (3-45)$$

即当溶液厚度为 1cm 时，光密度与带色物质的溶液浓度成正比。

当光线照射到硒光电池时，产生电流，电流的大小与光的强度成正比。这种由光线照射硒光电池产生的电流虽然很小，但完全能够用微电计(检流计)测量出来。将微电计上的电流刻度盘改成对应于光密度 D 的刻度盘。一定强度的光线若 100% 透过比色皿的溶液时(如无色溶液或纯水)，则光密度 $D = \lg \dfrac{I_0}{I} = \lg \dfrac{100}{100} = \lg 1 = 0$；光线通过盛有带色物质溶液的比色皿仅有 50% 透过，则光密度 $D = \lg \dfrac{I_0}{I} = \lg \dfrac{100}{50} = \lg 2 = 0.301$；若有 20% 光透过，则光密度 $D = \lg \dfrac{100}{20} = \lg 5 = 0.699$；若有 10% 透过，则光密度 $D = \lg \dfrac{100}{10} = \lg 10 = 1$。将微电计上的电流刻度改写成相应光密度后，就能在微电计上直接读出光密度 D 值。

由于带色物质的溶液对光的吸收是有选择性的，所以不同颜色的溶液必须选用不同波长的单色光才能符合朗伯-比尔定律。可见光是由波长为 420~700nm 不同颜色的光组成的复色光，将可见光通过光学玻璃制成的透镜和棱镜可以获得波长在 420~700nm 范围内的任意波长的单色光。选用一定波长的单色光通过带色物质的溶液，就能在微电计上读出光密度 D 值，从而计算这个带色物质溶液的浓度，这种方法称为分光光度法。使用的仪器称为分光光度计。最常用的是国产 721 型或 722 型分光光度计，关于它的使用方法参见第 2 章。

3.8.4　实验用品

3.8.4.1　仪器和材料

722 型分光光度计，比色皿(2cm 4 个)，烧杯(50mL 6 个)，试管(若干)，吸量管(2mL 4 支,5mL 4 支，10mL 1 支)，漏斗(3 个)，滤纸，镜头纸，橡皮塞。

3.8.4.2　试剂

HCl(6.0 mol/L)，KI(0.0350 mol/L、0.0035 mol/L)，KNO$_2$(0.0200 mol/L、0.0100 mol/L)，Pb(NO$_3$)$_2$(0.0150 mol/L)。

3.8.5　实验步骤

3.8.5.1　绘制 I$^-$ 浓度的标准曲线

（1）5 支干净干燥的小试管贴好 1~5 号标签，并按顺序分别加入 0.0035 mol/L KI 溶液 1.00mL、1.50mL、2.00mL、2.50mL、3.00mL，再分别加入 0.0200 mol/L KNO$_2$ 溶液 2.00mL，去离子水 3.00mL 及 1 滴 6.0 mol/L HCl。摇匀后，分别倒入比色皿中。

（2）按 5 号试样的配比再配一个溶液，在 420~700nm 波长范围内测定溶液的吸光度，每隔 10nm 测一个数据，找出吸光度最大值，将该值所对应的波长记录下来，用于试样的吸光度的测量。

（3）以去离子水作参比溶液，在所找出的最大波长下测定吸光度。以测得的吸光度数据为纵坐标，以相应 I$^-$ 浓度为横坐标，绘制出 I$^-$ 浓度的标准曲线图。

注意，氧化后得到的 I$_2$ 浓度应小于室温下 I$_2$ 的溶解度。不同温度下，I$_2$ 的溶解度如表 3.15 所示。

表 3.15　不同温度下 I$_2$ 的溶解度

温度/℃	20	30	40
溶解度(100gH$_2$O)/g	0.029	0.056	0.078

3.8.5.2　PbI$_2$ 饱和溶液的制备

（1）取 3 支干净干燥的大试管，标好 1~3 号，按表 3.16 用量，用吸量管加入 0.015 mol/L Pb(NO$_3$)$_2$ 溶液、0.035 mol/L KI 溶液和去离子水，使每个试管中液体的总体积为 10.00mL。

（2）用橡皮塞塞紧试管，充分摇荡试管，大约摇 20min 后，将试管放在试管架上静置 3~5min。

（3）在装有干燥滤纸的干燥漏斗上，将制得的含有 PbI$_2$ 固体的饱和溶液过滤，同时用干燥的试管接取滤液，弃去沉淀，保留滤液。

（4）在 3 支干燥的小试管(带有标号)中用吸量管分别注入 1 号、2 号、3 号 PbI$_2$ 的饱和溶液 2mL，再分别注入 0.010 mol/L KNO$_2$ 溶液 4mL 及 1 滴 6.0 mol/L HCl 溶液。摇匀后，分别倒入比色皿(2cm)中，以水作参比溶液，在找出的波长下用 722 型分光光度计测定溶液的吸光度。

表 3.16　PbI$_2$ 饱和溶液的制备

试管编号	V(Pb(NO$_3$)$_2$)/mL	V(KI)/mL	V(H$_2$O)/mL
1	5.00	3.00	2.00
2	5.00	4.00	1.00
3	5.00	5.00	0.00

3.8.6　数据记录和处理

将实验测得的吸光度值记录在表 3.17 中，并计算出 PbI$_2$ 的溶度积常数。

表 3.17   数据记录和处理

试 管 编 号	1	2	3
$Pb(NO_3)_2$ 溶液(0.015mol/L)体积/mL			
KI 溶液(0.035mol/L)体积/mL			
H_2O 体积/mL			
溶液总体积/mL			
I^- 的初始浓度/mol·L^{-1}			
稀释后溶液的光密度			
由标准曲线查得稀释后的 I^- 的浓度/mol·L^{-1}			
推算 I^- 的平衡浓度/mol·L^{-1}			
$c^2(I^-)(b^2)$			
I^- 的减少浓度/mol·L^{-1}			
Pb^{2+} 初始浓度/mol·L^{-1}			
Pb^{2+} 的减少浓度/mol·$L^{-1}[(a-b)/2]$			
Pb^{2+} 的平衡浓度/mol·$L^{-1}[c-(a-b)/2]$			
$K_{sp}^{\ominus}=[c-(a-b)/2]\cdot b^2$			
$K_{sp}^{\ominus}$ 的平均值			

3.8.7 习题

(1) 配制 PbI_2 饱和溶液时为什么要充分摇荡？

(2) 如果使用湿的小试管配制比色溶液，对实验结果将产生什么影响？

(3) 使用 722 型分光光度计应注意什么？

(4) 请查阅溶度积常数测定的其他实验方法。

3.9 氧化还原反应和氧化还原平衡

3.9.1 实验目的

(1) 理解电极电势与氧化还原反应的关系。

(2) 加深理解温度、反应物浓度对氧化还原反应的影响。

(3) 了解介质的酸碱性对氧化还原反应产物的影响。

(4) 掌握物质浓度对电极电势的影响。

(5) 掌握用 pHS-25 型酸度计的"mV"部分，粗略测量原电池电动势的方法。

3.9.2 思考题

(1) 为什么 H_2O_2 既有氧化性又有还原性，在何种情况下作氧化剂，在何种情况下作还原剂？

(2) 介质的酸碱性对哪些氧化还原反应有影响？

3.9.3 实验原理

根据化学热力学，体系的自由能减少，等于体系在等温等压下所做的最大有用功(非膨胀功)，即 $\Delta G = -W_r$。在原电池中如果非膨胀功只有电功一种，那么自由能和电池电动势之间就有下列关系：

$$\Delta G = - W_r = - nFE \tag{3-46}$$

式中　n——得失电子的物质的量；

　　　F——1mol 电子所带的电量，其数值为 96500 C/mol；

　　　E——电池的电动势。

这个关系式说明电池的化学能转变为电能并做了电功。若电池中的所有物质都处在标准状态时，电池的电动势就是标准电动势 $E^{\ominus}$。在这种情况下，ΔG 就是标准自由能变化 $\Delta G^{\ominus}$，则上式可以写为：

$$\Delta G^{\ominus} = - nFE^{\ominus} \tag{3-47}$$

测得原电池的标准电动势 $E^{\ominus}$，就可以求出该电池的最大电功，以及反应的自由能变化 $\Delta G^{\ominus}$；反之，已知某个氧化-还原反应的自由能变化 $\Delta G^{\ominus}$ 的数据，就可求得该反应所构成原电池的标准电动势 $E^{\ominus}$。

电极电势的大小不但取决于电极的本质，而且也和溶液中的离子的浓度、气体的压力和温度有关。电极电势有如下应用：

（1）判断氧化剂、还原剂的相对强弱。电极电势代数值越小，电对中还原型物质的还原能力越强，氧化型物质的氧化能力越弱。电极电势代数值越大，电对中氧化型物质的氧化能力越强，还原型物质的还原能力越弱。

例如，已知 $E^{\ominus}(Cl_2/Cl^-) = 1.36V$，$E^{\ominus}(Fe^{3+}/Fe^{2+}) = 0.77V$，$E^{\ominus}(Cu^{2+}/Cu) = 0.34V$，可知，氧化型物质的氧化能力：$Cl_2 > Fe^{3+} > Cu^{2+}$，还原型物质的还原能力：$Cu > Fe^{2+} > Cl^-$。

（2）判断氧化还原反应进行的方向。在恒温恒压下，化学反应自发进行的条件是 $\Delta G < 0$。根据式（3-46），氧化还原反应方向的判断遵循以下规律：

$\Delta G < 0$，$E > 0$，反应向正向进行；

$\Delta G = 0$，$E = 0$，处于平衡状态；

$\Delta G > 0$，$E < 0$，反应向逆向进行。

对于简单的氧化还原反应，可利用标准电池电动势 $E^{\ominus}$，用以下经验规则判断氧化还原反应进行的方向：

$E^{\ominus} > 0.2V$，反应向正向进行；

$E^{\ominus} < -0.2V$，反应向逆向进行；

$-0.2V < E^{\ominus} < 0.2V$，不能确定。

实验采用 pHS-2F 型 pH 计的"mV"部分测量原电池的电动势。原电池电动势的精确测量常用电位差计，而不能用一般的伏特计。因为伏特计与原电池接通后，有电流通过伏特计引起原电池发生氧化还原反应。另外，由于原电池本身有内阻，放电时产生内压降，伏特计所测得的端电压，仅是外电路的电压，而不是原电池的电动势。当用 pH 计与原电池接通后，由于 pH 计的 mV 部分具有高阻抗，使测量回路中通过的电流很小，原电池的内压降近似为零，所测得的外电路的电压降可近似地作为原电池的电动势。因此，可用 pH 计的"mV"部分粗略地测量原电池的电动势。

3.9.4　实验用品

3.9.4.1　仪器和材料

pHS-2F 型酸度计，蓝色石蕊试纸，盐桥，Cu 电极，Zn 电极，温度计。

3.9.4.2　试剂

H_2SO_4（3.0mol/L），$H_2C_2O_4$（0.1mol/L），HOAc（1.0mol/L），NaOH（2.0mol/L），KSCN（0.1mol/L），$Pb(NO)_2$（0.1mol/L、0.5mol/L），Na_2SO_3（0.1mol/L），$KMnO_4$（0.1mol/L），$FeSO_4$（0.1mol/L），$CuSO_4$（1mol/L、0.1mol/L），KBr（0.1mol/L），KI（0.1mol/L），$NaNO_2$（0.1mol/L），KIO_3（0.1mol/L），$SnCl_2$（0.1mol/L），Na_2S（0.1mol/L），$ZnSO_4$（1.0mol/L、0.1mol/L），$FeCl_3$（0.1mol/L），CCl_4，碘水，溴水，Na_2SiO_3（$d=1.06$），H_2O_2（3%），淀粉溶液。

3.9.5　实验步骤

3.9.5.1　电极电势与氧化还原反应的关系

（1）在试管中加入 0.1mol/L KI 溶液 0.5mL 和 0.1mol/L $FeCl_3$ 溶液 2～3 滴，观察现象。再加入 0.5mL CCl_4，充分振荡后观察 CCl_4 层的颜色。写出离子反应方程式。

（2）用 0.1mol/L KBr 溶液代替 0.1mol/L KI 溶液，进行同样的实验，观察现象。

根据（1）、（2）实验结果，定性比较 Br_2/Br^-、I_2/I^-、Fe^{3+}/Fe^{2+} 三个电对电极电势的大小，并指出哪个电对的氧化型物质是最强的氧化剂，哪个电对的还原型物质是最强的还原剂。

（3）在两支试管中分别加入 I_2 水和 Br_2 水各 0.5mL，再加入 0.1mol/L $FeSO_4$ 溶液少许及 0.5mL CCl_4，摇匀后观察现象。写出有关反应的离子方程式。

根据（1）、（2）、（3）实验结果，说明电极电势与氧化还原反应方向的关系。

（4）在试管中加入 0.1mol/L $FeCl_3$ 溶液 4 滴和 0.1mol/L $KMnO_4$ 溶液 2 滴，摇匀后往试管中逐滴加入 0.1mol/L $SnCl_2$ 溶液，并不断摇动试管。待 $KMnO_4$ 溶液褪色后，加入 0.1mol/L KSCN 溶液 1 滴，观察现象，继续滴加 0.1mol/L $SnCl_2$ 溶液，观察溶液颜色的变化。解释实验现象，并写出离子反应方程式。

3.9.5.2　浓度、温度、酸度对电极电势及氧化还原反应的影响

（1）浓度对电极电势的影响。在两支 50mL 烧杯中，分别加入 30mL 1.0 mol/L $ZnSO_4$ 溶液和 1.0 mol/L $CuSO_4$ 溶液。在 $CuSO_4$ 溶液中插入 Cu 电极，在 $ZnSO_4$ 溶液中插入 Zn 电极，并分别与 pH 计的"＋"、"－"接线柱相接，溶液以盐桥相连，测量两极之间的电动势（图3.6）。用 0.1mol/L $ZnSO_4$ 代替 1.0mol/L $ZnSO_4$，观察电动势有何变化，解释实验现象，说明浓度的改变对电极电势的影响。

（2）温度对氧化还原反应的影响。A、B 两支试管中都加入 0.01mol/L $KMnO_4$ 溶液 3 滴和 3.0mol/L H_2SO_4 溶液 5 滴，C、D 两支试管都加入 0.1mol/L $H_2C_2O_4$ 溶液 5 滴。将 A、C 试管放在水浴中加热几分钟后混合，同时，将 B、D 试管中的溶液混合。比较两组混合溶液颜色的变化，并作出解释。

（3）浓度和酸度对氧化还原反应的影响。在两支试管中，分别加入 0.5mol/L 和 0.1mol/L 的 $Pb(NO)_3$ 溶液各 3 滴，都加入 1.0mol/L HOAc 溶液 30 滴，混匀后，再逐滴加入约 26～28 滴 Na_2SiO_3（$d=1.06$）溶液，摇匀，用蓝色石蕊试纸检查，溶液仍呈酸性。在 90℃ 水浴中加热（切记温度不可超过 90℃），此时，两试管中均出现胶冻。从水浴中取出两支试管，冷却后，同时往两支试管中插入表面积相同的锌片，观察两试管中"铅树"生长的速度，并作出解释。

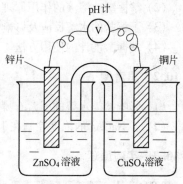

图 3.6　Cu-Zn 原电池结构示意图

3.9.5.3 介质酸、碱度对 KMnO₄ 还原产物的影响

（1）在试管中加入 0.1mol/L KI 溶液 10 滴和 0.1mol/L KIO₃ 溶液 2～3 滴，观察有无变化。再加入几滴 3.0mol/L H_2SO_4 溶液，观察现象。再逐滴加入 2.0mol/L NaOH 溶液，观察反应的现象，并作出解释。

（2）取 3 支试管，各加入 0.01mol/L KMnO₄ 溶液 2 滴。第一支试管加入 5 滴 3.0mol/L H_2SO_4 溶液，第二支试管中加入 5 滴 H_2O，第三支试管中加入 5 滴 6mol/L NaOH 溶液，然后往 3 支试管中各加入 0.1mol/L 的 Na_2SO_3 溶液 5 滴。观察实验现象，并写出离子反应方程式。

3.9.5.4 H_2O_2 的氧化还原性

（1）在离心试管中加入 0.1mol/L $Pb(NO_3)_2$ 溶液 1mL，滴加 0.1mol/L Na_2S 溶液 1～2 滴，观察 PbS 沉淀的颜色。离心分离，弃去清液，用水洗涤沉淀 1～2 次，在沉淀中加入 3% H_2O_2，并不断搅拌，观察沉淀颜色的变化。说明 H_2O_2 在此反应中起什么作用？写出离子反应方程式。

（2）用 0.01mol/L KMnO₄、3mol/L H_2SO_4、3% H_2O_2，设计一个实验，证明在酸性介质中 KMnO₄ 能氧化 H_2O_2 的事实。

3.9.5.5 设计实验

用 0.01mol/L KMnO₄、0.1mol/L NaNO₂、3.0mol/L H_2SO_4、0.1mol/L KI 及淀粉溶液设计实验，验证 NaNO₂ 既有氧化性又有还原性。

3.9.6 习题

（1）如何用实验证明 $KClO_3$、$K_2Cr_2O_7$ 等溶液在酸性介质中才有氧化性。

（2）从实验结果讨论氧化还原反应和哪些因素有关。

（3）电解硫酸钠溶液为什么得不到金属钠？

（4）什么是浓差电池？

（5）介质对 KMnO₄ 的氧化性有何影响，用实验事实及电极电势予以说明。

3.10 弱酸弱碱的解离平衡

3.10.1 实验目的

（1）了解弱酸、弱碱解离平衡及同离子效应。

（2）掌握缓冲溶液的作用原理及其配制方法。

（3）了解盐的水解反应及影响水解的因素。

（4）掌握酸度计的使用方法。

3.10.2 思考题

（1）影响盐类水解的因素有哪些？

（2）若 NaOAc 的浓度控制在 1mol/L，如何配制 pH 值为 4.8 的缓冲溶液？

3.10.3 实验原理

3.10.3.1 弱酸弱碱解离和同离子效应

弱酸在水溶液中存在着解离平衡，且当加入与弱酸相同的离子时，解离平衡将移动。如在

醋酸溶液中加入一定量的醋酸钠,由于醋酸钠为强电解质,它的解离将增加溶液中醋酸根离子浓度,使醋酸解离平衡向着生成醋酸分子方向移动,导致 HOAc 的解离度降低,溶液中氢离子浓度减少。这种由于加入相同离子而使弱电解质(弱酸、弱碱)解离度降低的现象,称为同离子效应。

在化学反应中常常要用到同离子效应。如:MnS 是难溶于水的,如在 Mn^{2+} 离子的中性溶液中通入 H_2S 气体可得到 MnS 沉淀。但在 Mn^{2+} 离子的酸性溶液中不能产生 MnS 沉淀。这可用同离子效应解释:由于在酸性溶液中 H^+ 离子对氢硫酸的解离产生同离子效应,使氢硫酸解离降低,S^{2-} 离子浓度很小,所以不能产生 MnS 沉淀。

弱碱在水溶液中也存在解离平衡和同离子效应。

3.10.3.2　缓冲溶液

当往弱酸及其盐的混合溶液(如 HOAc 与 NaOAc)或弱碱及其盐的混合溶液(如 $NH_3 \cdot H_2O$ 与 NH_4Cl)溶液中加入一定量的酸和碱时,溶液 pH 值变化缓慢,称为缓冲作用,这样的溶液称为缓冲溶液。产生缓冲作用的原因是因为由弱酸 HA 及其盐 NaA 所组成的缓冲溶液中存在大量的弱酸 HA 分子及其 A^-,当向溶液中加入一定量的强酸时,H^+ 离子基本上被 A^- 离子消耗:

$$A^- + H^+ \Longleftrightarrow HA$$

所以溶液的 pH 值几乎不变;当加入一定量强碱时,溶液中存在的弱酸 HA 分子消耗 OH^- 离子而阻碍 pH 值的变化:

$$HA + OH^- \Longleftrightarrow A^- + H_2O$$

弱碱及其盐组成的缓冲体系的缓冲原理相似。

弱酸 HA 与其盐 A^- 组成的缓冲体系的 H^+ 浓度可通过下面方程式计算:

$$\frac{c(H^+)}{c^\ominus} = K_a^\ominus \frac{c(HA)}{c(A^-)}$$

式中, $c(A^-) = c(NaA) - c(H^+) \approx c(NaA)$, $c(HA) = c(HA) - c(H^+) \approx c(HA)$, 所以:

$$\frac{c(H^+)}{c^\ominus} = K_a^\ominus \frac{c(酸)}{c(盐)}$$

等式两边取负对数得:

$$pH = pK_a^\ominus - \lg \frac{c(酸)}{c(盐)}$$

同样,弱碱与其盐组成的缓冲体系的 pOH 值及 pH 值计算如下:

$$pOH = pK_b^\ominus - \lg \frac{c(碱)}{c(盐)}$$

$$pH = 14 - pK_b^\ominus + \lg \frac{c(碱)}{c(盐)}$$

在缓冲溶液中加入少量强酸或强碱,其溶液 pH 值变化不大,但若加入酸、碱的量多时,缓冲溶液就失去了它的缓冲作用。这说明它的缓冲能力是有一定限度的。缓冲溶液的缓冲能力与组成缓冲溶液的组分浓度有关。0.1mol/L HOAc 和 0.1mol/L NaOAc 组成的缓冲溶液,比0.01mol/L HOAc 和 0.01mol/L NaOAc 的缓冲溶液缓冲能力大。关于这一点通过计算便可证实。但缓冲溶液组分的浓度不能太大,否则,不能忽视离子间的相互作用。

组成缓冲溶液的两组分的比值为 1:1 时,缓冲能力大,不论对于酸或碱都有较大的缓冲作用。当 $\frac{c(盐)}{c(酸)} = 1$, $pH = pK_a^\ominus$,即当配制的缓冲溶液的 pH 值接近于 $pK_a^\ominus$(或 pOH 值接近于

$pK_b^{\ominus}$)时，缓冲组分的比值近似等于 1:1，此时缓冲能力大。缓冲组分的比值离 1:1 越远，缓冲能力越小，甚至不能起缓冲作用。对于任何缓冲体系，存在有效缓冲范围，这个范围大致在 $pK_a^{\ominus}$(或 $pK_b^{\ominus}$)两侧各一个 pH 单位之内，即 $pK_a^{\ominus} \pm 1$ 或 $pK_b^{\ominus} \pm 1$。

为了配制一定 pH 值的缓冲溶液，首先选定一个弱酸(或弱碱)，它的 $pK_a^{\ominus}$(或 $pK_b^{\ominus}$)尽可能接近所需配制的缓冲溶液的 pH(或 pOH)值，然后计算酸(碱)与盐的浓度比，根据此浓度比便可配制所需缓冲溶液。

3.10.3.3　盐的水解

某些盐溶解于水，完全解离产生的离子与水发生反应，即水解反应，使得它们的水溶液可能显中性、酸性或碱性。发生水解的盐有强酸与弱碱生成的盐(如 NH_4Cl)，弱酸与强碱生成的盐(如 NaOAc)和弱酸与弱碱生成的盐(如 NH_4OAc)。盐的水解程度取决于水解常数，水解的程度用水解度表示。

A　弱酸强碱盐

以 NaOAc 为例，其水解反应如下：

$$OAc^- + H_2O \Longrightarrow HOAc + OH^-$$

其平衡常数：$K_h^{\ominus}(OAc^-) = \dfrac{[c(HOAc)/c^{\ominus}] \cdot [c(OH^-)/c^{\ominus}]}{[c(OAc^-)/c^{\ominus}]} = \dfrac{K_w^{\ominus}}{K_a^{\ominus}(HOAc)}$

$K_h^{\ominus}(OAc^-)$ 称为 NaOAc 水解平衡常数。

水解度 h 是溶液中已水解的盐与盐的总量之比值，h 与 $K_h^{\ominus}$ 的关系如下：

$$OAc^- + H_2O \Longrightarrow HOAc + OH^-$$

起始浓度/mol·L⁻¹　　　　$c(盐)$　　　　　　　0　　　　0

平衡浓度/mol·L⁻¹　　　$c(盐)(1-h)$　　　$c(盐)h$　$c(盐)h$

$$K_h^{\ominus} = \frac{(c(盐)h)^2}{c^{\ominus}(1-h)}$$

若 h 很小，$1-h \approx 1$，则：$K_h^{\ominus} = (c(盐)h)^2/c^{\ominus}$：

$$h = \sqrt{\frac{K_h^{\ominus} c^{\ominus}}{c(盐)}} = \sqrt{\frac{K_w^{\ominus} c^{\ominus}}{K_a^{\ominus}(HOAc)c(盐)}}$$

从上式可知，水解度 h 与 $c(盐)$ 和 $K_a^{\ominus}(HA)$ 有关，盐的浓度越小，酸越弱，水解程度越大。

溶液中的 $c(OH^-) = c(盐)h$

$$\frac{c(H^+)}{c^{\ominus}} = \frac{K_w^{\ominus}}{c(盐)h/c^{\ominus}} = \sqrt{\frac{K_w^{\ominus} K_a^{\ominus}(HOAc)}{c(盐)/c^{\ominus}}}$$

$$pH = \frac{1}{2}pK_w^{\ominus} + \frac{1}{2}pK_a^{\ominus}(HA) + \frac{1}{2}\lg c(盐)/c^{\ominus}$$

B　弱碱强酸盐

同理，强酸弱碱盐的 $K_h^{\ominus}$、h 和 pH 的计算如下：

$$K_h^{\ominus} = \frac{K_w^{\ominus}}{K_b^{\ominus}(BOH)}$$

$$h = \sqrt{\frac{K_w^{\ominus}}{K_b^{\ominus}(BOH)c(盐)/c^{\ominus}}}$$

$$pH = \frac{1}{2}pK_w^{\ominus} - \frac{1}{2}pK_b^{\ominus}(BOH) - \frac{1}{2}\lg(\text{盐})/c^{\ominus}$$

C　弱酸弱碱盐

弱酸弱碱盐离解产生的阴、阳离子均与水发生质子转移反应，溶液中存在的平衡如下：

$$B^+ + H_2O \Longrightarrow BOH + H^+ \tag{3-48}$$

$$A^- + H_2O \Longrightarrow HA + OH^- \tag{3-49}$$

产生的 H^+ 离子和 OH^- 离子会部分重新结合形成水：

$$H^+ + OH^- \Longrightarrow H_2O \tag{3-50}$$

将上述方程(3-48)、(3-49)、(3-50)相加，可得总的水解反应方程式：

$$B^+ + A^- + H_2O \Longrightarrow BOH + HA \tag{3-51}$$

$$K_h^{\ominus} = \frac{[c(BOH)/c^{\ominus}][c(HA)/c^{\ominus}]}{[c(B^+)/c^{\ominus}][c(A^-)/c^{\ominus}]} = \frac{K_w^{\ominus}}{K_a^{\ominus}(HA)K_b^{\ominus}(BOH)} \tag{3-52}$$

弱酸弱碱盐溶液的酸碱性有下列 3 种情况：

$K_a^{\ominus}(HA) > K_b^{\ominus}(BOH)$，$c(H^+) > c(OH^-)$，溶液呈酸性；

$K_a^{\ominus}(HA) < K_b^{\ominus}(BOH)$，溶液呈碱性；

$K_a^{\ominus}(HA) \approx K_b^{\ominus}(BOH)$，溶液呈中性。

除了浓度以外，温度也是影响因素之一，水解反应是中和反应的逆反应，中和反应是放热反应，所以水解反应是吸热反应，升高温度促进水解反应的进行。

3.10.4　实验用品

3.10.4.1　仪器与材料

pHS-2F 酸度计，移液管(25mL)，烧杯(50mL)，试管。

3.10.4.2　试剂

酚酞指示剂，甲基橙指示剂，HOAc(0.1mol/L、0.2mol/L)，HCl(0.01mol/L、1mol/L、6mol/L)，$NH_3 \cdot H_2O$(0.1mol/L)，NaOH(0.01mol/L、1mol/L)，NaOAc(0.1mol/L、0.2mol/L、0.5mol/L)，NH_4Cl(0.1mol/L)，NaCl(0.1mol/L)，$NaHSO_4$(0.1mol/L)，NaH_2PO_4(0.1mol/L)，Na_2HPO_4(0.1mol/L)，Zn 粒，$ZnCl_2$(0.1mol/L)，固体 $BiCl_3$，固体 NaOAc，固体 NH_4Cl。

3.10.5　实验步骤

3.10.5.1　弱酸弱碱解离平衡

实验室备有常用指示剂和 pH 试纸，自行设计简单试验说明 HCl、HOAc、NaOH 和 $NH_3 \cdot H_2O$ 在水溶液中解离的差异。

3.10.5.2　同离子效应

在 1 号、2 号试管中分别加入 1mL 0.1mol/L HOAc，然后分别加入 1 滴甲基橙指示剂，最后分别加入少量固体 NaOAc 和固体 NH_4Cl，待固体溶解后，观察两个试管加固体前后颜色的变化。说明原因。

同样，在 3 号、4 号试管中分别加入 1mL 0.1mol/L $NH_3 \cdot H_2O$，然后分别加入 1 滴酚酞指示剂，最后分别加入少量固体 NaOAc 和固体 NH_4Cl，待固体溶解后，观察两个试管加固体前后颜色的变化。说明原因。

3.10.5.3　缓冲溶液的性质

（1）用移液管吸取 0.2mol/L HOAc 和 0.2mol/L NaOAc 各 25mL 放入 50mL 烧杯中，混匀后，用酸度计测定溶液的 pH 值（并与计算值比较）。然后分成两份放于两个 50mL 的烧杯中。在 A 烧杯中加入 1mL 0.01mol/L HCl 溶液，在 B 烧杯中加入 1mL 0.01mol/L NaOH 溶液，用酸度计测定它们的 pH 值。然后在 A 烧杯、B 烧杯中各加入 10mL 去离子水，再测其 pH 值，将有关数据填入表 3.18 中。

表 3.18　HOAc-NaOAc 缓冲体系与 H_2O 缓冲作用对比

缓 冲 溶 液	pH 测定值	缓 冲 溶 液	pH 测定值
0.2mol/L HOAc 和 0.2mol/L NaOAc 等体积混合 A 烧杯中加入 1mL 0.01mol/L HCl 溶液 B 烧杯中加入 1mL 0.01mol/L NaOH 溶液		A 烧杯中加入 10mL 去离子水 B 烧杯中加入 10mL 去离子水	

（2）用移液管吸取 0.2mol/L HOAc 和 0.2mol/L NaOAc 各 25mL 放于 50mL 烧杯中，混匀后，等分成两份放入 50mL 烧杯中，一个烧杯中加入 1mol/L HCl 溶液 1.5mL，另一个烧杯中加入 1mol/L NaOH 溶液 1.5mL，测定两个烧杯中溶液的 pH 值，填入表 3.19 中。

表 3.19　HOAc-NaOAc 缓冲体系缓冲能力

缓 冲 溶 液	pH 测定值	缓 冲 溶 液	pH 测定值
0.2mol/L HOAc 和 0.2mol/L NaOAc 等体积混合 加入 1mol/L HCl 溶液 1.5mL		加入 1mol/L NaOH 溶液 1.5mL	

通过上述实验总结缓冲溶液的性质。

（3）缓冲溶液的应用。用 0.1mol/L $NH_3 \cdot H_2O$ 和 0.1mol/L NH_4Cl 配制 pH 值为 9.0 的 $NH_3 \cdot H_2O$-NH_4Cl 缓冲溶液约 10mL。用配制的缓冲溶液，将 Fe^{3+} 和 Mg^{2+} 混合离子溶液中的两种离子分离，并设法证明两种离子已分离。

3.10.5.4　盐类水解

（1）用 pH 试纸测定下列溶液的 pH 值：

0.1mol/L NaOAc、NH_4Cl、NaCl、$NaHSO_4$、NaH_2PO_4 和 Na_2HPO_4 溶液的 pH 值，并说明它们 pH 值不同的原因。

（2）Zn 粒放在 $ZnCl_2$ 溶液中加热有何现象？解释原因。

（3）把几滴 $FeCl_3$ 溶液分别放在含有冷水和热水的试管中，观察溶液颜色，说明原因。

（4）取 0.5mol/L NaOAc 溶液 4mL 放入试管中，加 2 滴酚酞溶液，分成两份，一份留作比较，一份加热到沸腾，观察两试管中溶液颜色的差别，解释原因。

（5）将少量 $BiCl_3$ 固体放于试管中，加入少量水，有什么现象？测定溶液的 pH 值。然后往试管中滴加 6mol/L HCl 溶液，发生什么变化？解释上面的现象。

3.10.6　习题

（1）配制缓冲溶液时，将 100mL 23mol/L 甲酸溶液与 3mL 15mol/L $NH_3 \cdot H_2O$ 溶液混合，该溶液的 pH 值为多少？

（2）将 Na_2CO_3 溶液与 $AlCl_3$ 溶液作用，产物是什么，写出反应方程式。

（3）将 $BiCl_3$、$FeCl_3$ 或 $SnCl_2$ 固体溶于水中发现溶液浑浊时，能否用加热的方法使它们溶解，为什么？

（4）在分离混合金属离子时，为何要在缓冲溶液中进行，能否用 pH 值为 9.0 的 NaOH 溶液代替 $NH_3 \cdot H_2O\text{-}NH_4Cl$ 溶液以分离 Fe^{3+} 和 Mg^{2+}？

3.11 中和热的测定

3.11.1 实验目的

（1）了解用量热法测定 HCl – NaOH 和 $HCl – NH_3 \cdot H_2O$ 的中和热。

（2）掌握根据热化学数据计算 $NH_3 \cdot H_2O$ 的电离热。

（3）了解电热标定法并掌握其操作方法。

3.11.2 思考题

（1）什么是量热计常数？

（2）1mol HCl 与 1mol H_2SO_4 被强碱完全中和时放出的热量是否相同？

（3）在实验中计算中和热时以 HCl 的物质的量为准，还是以 NaOH（或 $NH_3 \cdot H_2O$）的物质的量为准，为什么？

3.11.3 实验原理

盖斯定律指出，当一个过程是若干过程的总和时，总过程的焓变一定等于各分步过程焓变的代数和。依据盖斯定律，可以由已知的化学反应热来求得未知反应的热效应。本实验应用盖斯定律，根据实验过程测出的中和热，计算其中某一步的电离热。

酸和碱发生中和反应时，有热量放出。在一定温度、压力和浓度下，1mol H^+(aq) 与 1mol OH^-(aq) 反应生成 1mol H_2O 的过程中放出的热量称为中和热。在水溶液中，强酸、强碱几乎全部电离，其中和反应的实质就是 H^+ 与 OH^- 结合成 H_2O。因此，不同的强酸、强碱其中和热是相同的。但是，弱碱或弱酸在水溶液中只是部分电离。因此，当弱碱（或弱酸）与强酸（或强碱）发生中和反应时，同时还有弱碱（或弱酸）的电离（吸收热量，即电离热），所以，总的热效应比强酸强碱中和时的热效应要小些，二者的差值即相当于该弱碱（或弱酸）的电离热。

强酸强碱中和： $H^+ + OH^- \Longrightarrow H_2O \qquad \Delta H_1$ (3-53)

强酸弱碱中和： $H^+ + NH_3 \cdot H_2O \Longrightarrow NH_4^+ + H_2O \qquad \Delta H_2$ (3-54)

弱碱的电离： $NH_3 \cdot H_2O \Longrightarrow NH_4^+ + OH^- \qquad \Delta H_3$ (3-55)

根据盖斯定律： $\Delta H_2 - \Delta H_1 = \Delta H_3$

用量热计测定反应的热效应时，首先要测定量热计常数 K。此 K 值是反应体系所接触到的仪器各部分的热容量的总和。其物理意义是在此反应条件下，使量热计温度上升 1℃ 时所需要的热量。测定量热计常数一般有两种方法：标准物质法和电热标定法，本实验采用电热标定法。即在量热计中装一个已知电阻 R 的电加热器，通过一定的电流，准确测定电流强度 I、通电时间 s 和量热计温度上升值 Δt，然后由 I、R、s 换算成输入的热量 $\Delta H'$。

$$\Delta H' = I^2 Rs$$

显然，常数 $K(\text{kJ}/℃)$ 应为： $K = \dfrac{\Delta H'}{\Delta t'} = \dfrac{I^2 Rs}{\Delta t'} \times 10^{-3}$

测定中和热时，若体系温升为 Δt，所用 HCl 的物质的量为 n_{HCl}，则中和热 $\Delta H(\text{kJ/mol})$ 为：

$$\Delta H = \frac{K \cdot \Delta t}{n_{HCl}}$$

3.11.4　实验用品

3.11.4.1　仪器

量热器，稳压电源，毫安表，橡皮塞，移液管（50mL）。

3.11.4.2　试剂

NaCl（0.4mol/L），HCl（0.4mol/L），NaOH（0.4mol/L），$NH_3 \cdot H_2O$（0.5mol/L）。

3.11.5　实验步骤

3.11.5.1　量热计常数 K 的测定

（1）按图 3.7 安装好仪器并连接线路。量热器由保温瓶 B、电加热器 H、1/10 温度计 T 和电动搅拌器 G 组成。电加热器为一玻璃管，里面装有电阻丝，并灌有变压器油，以便导热迅速，温度均匀。安装时，电加热器不要与保温瓶壁接触，其位置应尽可能远离温度计，电加热器的有油部分要全部浸在溶液中，温度计也不要接触保温瓶壁，其水银球要全部浸在溶液中。稳压电源应先打开。预热 15min 以上。

检查线路无误后，合上开关 K，调节稳压电源的输出电压，使电路中的电流为要求的数值，然后打开开关。

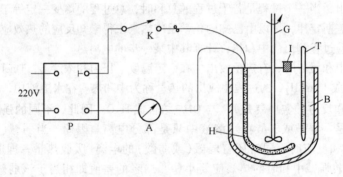

图 3.7　中和热的测定实验装置

I—橡皮塞；T—温度计；B—保温杯；P—稳压电源；K—开关；

A—毫安表；H—加热器；G—电动搅拌器

（2）用移液管取 0.4mol/L NaCl 溶液 50mL 于量热计中，再用另一移液管移取 150mL 蒸馏水将其稀释。装好仪器，开动搅拌器，调好转速。

（3）通过放大镜仔细观察 NaCl 溶液的温度，当温度稳定不变时，记下此读数（准确到 0.02℃，以下同），作为 NaCl 的起始温度。

（4）合上开关 K，同时开动秒表，并记下电流的安培数，加热过程中，应使电流保持不变。

（5）加热两分钟后，断开开关，停止加热，仔细观察温度上升情况，并用手指轻轻敲动温度计，以免发生滞后现象。当温度稳定不变时，记录此读数，停止搅动，计算出量热计常数 K。特别要注意的是，每次读数时，温度计的水银面均在放大镜的中央，位置不同，会引起较大的读数误差。

（6）倒掉量热计中的溶液，用冷风将量热计吹干。

（7）重复测定一次，两次测定的 K 值相差应在3%以内，否则要再次测定。

3.11.5.2 HCl-NaOH 中和热测定

（1）用移液管取已知准确浓度(0.4mol/L)的 HCl 溶液 50mL 于量热计中，再取另一支移液管加入 50mL 蒸馏水，装好仪器，开动搅拌器。

（2）用移液管移取 0.4mol/L NaOH 溶液(浓度应略大于 HCl 溶液的浓度)50mL 于 150mL 烧杯中，再用另一支移液管加入 50mL 蒸馏水，在此溶液中放一支温度计(此温度计与量热计上的温度计应事先进行校准，看其指示的温度是否一样)。

（3）观察 HCl 溶液的温度，当稳定不变时，记下此读数，作为 HCl 溶液的起始温度。

（4）调节 NaOH 溶液的温度，使与 HCl 溶液的起始温度一致。

（5）拔下保温瓶盖上的橡皮塞 L，放上玻璃漏斗，将 NaOH 溶液经漏斗倒入量热计中，倒完后，取下漏斗，用橡皮塞将孔塞紧。仔细观察温度上升情况，并用手指轻轻敲动温度计，当温度上升到稳定不变时，记下此温度，停止搅拌，计算中和热。

（6）倒掉量热计中的溶液，用蒸馏水洗涤干净，并用冷风吹干。温度计、搅拌器和电热器也都要用蒸馏水冲洗干净并吹干。

（7）重复测定一次，两次测得的中和热差值不大于3kJ。

3.11.5.3 HCl-$NH_3 \cdot H_2O$ 中和热的测定

以 $NH_3 \cdot H_2O$ 溶液(浓度略大于 HCl 溶液的浓度)代替 NaOH 溶液，按以上的操作测定 HCl 与 $NH_3 \cdot H_2O$ 中和反应的中和热。

3.11.5.4 计算 $NH_3 \cdot H_2O$ 的电离热

由 HCl-NaOH，HCl-$NH_3 \cdot H_2O$ 两个中和热的数值计算 $NH_3 \cdot H_2O$ 的电离热。

3.11.5.5 数据记录

测定的实验数据记录于表 3.20 ~ 表 3.22 中。

表 3.20 量热计常数 K 的测定实验数据

实验序号		1	2	3
起始温度/℃				
加 热	电流 I/A 电阻 R/Ω 时间 t/s			
加热后温度/℃				
温升值 $\Delta t'$/℃				

表 3.21 HCl-NaOH 中和热的测定实验数据

实验序号	1	2	3
起始温度/℃			
反应后温度/℃			
Δt/℃			
n_{HCl}/mol			

表 3.22　HCl-NH$_3$·H$_2$O 中和热的测定实验数据

实验序号	1	2	3
起始温度/℃			
反应后温度/℃			
Δt/℃			
n_{HCl}/mol			

3.11.6　习题

下列情况对实验结果有何影响：

(1) 测定量热计常数时，电流不稳定。

(2) 测定量热计常数时，通电后，温度没稳定就读数。

(3) 测定中和热时，多加了蒸馏水。

(4) 每次读数时，温度计的水银面在放大镜的不同位置。

(5) 温度计、搅拌器和电加热器等没用蒸馏水冲洗就进行中和热的第二次测定。

(6) 两支温度计未进行校准。

(7) HCl 溶液与 NaOH 溶液(或 NH$_3$·H$_2$O 溶液)的起始温度不一样。

4 元素及化合物的性质

4.1 主族金属元素化合物的性质（IA、IIA、铝、锡、铅、锑、铋）

4.1.1 实验目的

（1）掌握碱金属及碱土金属的还原性。
（2）比较碱金属碱土金属的活泼性和焰色反应。
（3）掌握镁、钙、钡、锡、铅、锑、铋的氢氧化物的溶解性。
（4）了解铝、锡、铅、锑、铋化合物的性质。

4.1.2 思考题

（1）金属钾、钠、镁的活泼性变化有何规律？
（2）如何配制 $SnCl_2$ 溶液？

4.1.3 实验原理

碱金属和碱土金属能形成多种类型的氧化物：普通氧化物（含有 O^{2-}），过氧化物（含有 O_2^{2-}），超氧化物（含有 O_2^{-}），臭氧化物（含有 O_3^{-}）及低氧化物。

碱金属在空气中燃烧时，只有锂生成普通氧化物 Li_2O，钠生成过氧化物 Na_2O_2，钾、铷、铯生成超氧化物 MO_2（$M = K$、Rb、Cs）。

过氧化钠 Na_2O_2 呈强碱性，含有过氧离子，在碱性介质中过氧化钠是一种强氧化剂，常用作氧化分解矿石的熔剂。例如：

$$Cr_2O_3 + 3Na_2O_2 \longrightarrow 2Na_2CrO_4 + Na_2O$$
$$MnO_2 + Na_2O_2 \longrightarrow Na_2MnO_4$$

在潮湿的空气中，过氧化钠能吸收二氧化碳气体并放出氧气：

$$2Na_2O_2 + 2CO_2 \longrightarrow 2Na_2CO_3 + O_2 \uparrow$$

在酸性介质中，当遇到像高锰酸钾这样的强氧化剂时，过氧化钠就显还原性了，过氧离子被氧化成氧气单质：

$$5Na_2O_2 + 2MnO_4^- + 16H^+ \longrightarrow 2Mn^{2+} + 5O_2 \uparrow + 10Na^+ + 8H_2O$$

碱金属溶于水生成相应的氢氧化物，它们最突出的化学性质是强碱性。碱土金属（除 BeO 和 MgO 外）溶于水生成相应的氢氧化物，$Be(OH)_2$ 为两性，$Mg(OH)_2$ 为中强碱，其他为强碱。

$Al(OH)_3$ 是一种两性氢氧化物，但其碱性略强于酸性，属于弱碱。$Al(OH)_3$ 不溶于 NH_3 中，它与 NH_3 不生成配合物。

锡、铅、锑、铋位于周期表 p 区ⅣA、ⅤA 族元素，价电子层构型分别为 ns^2np^2，ns^2np^3。锡、铅常见的化合物为 +2 价化合物，而锑、铋常见的化合物为 +3 价化合物。

$Sn(OH)_2$、$Pb(OH)_2$、$Sb(OH)_2$ 都是两性氢氧化物，而 $Bi(OH)_3$ 则为碱性氢氧化物。锡、铅、锑、铋的硫化物都难溶于水，且有颜色，如表4.1所示。

表4.1　锡、铅、锑、铋硫化物的颜色

SnS(棕)	PbS(黑)	Sb_2S_3(橙)	Bi_2S_3(黑)
SnS_2(黄)	不存在 PbS_2	Sb_2S_5(橙红)	Bi_2S_5(不能形成)

上述硫化物具有如下性质：

(1) 均不溶于水，不溶于稀 HCl。

(2) 溶于浓 HCl，发生配位溶解。

(3) 多溶于碱，其中 SnS、PbS、Bi_2S_3 碱性强，不溶于碱。

(4) 多溶于碱金属硫化物(其中 SnS、PbS 不溶)。

(5) 发生氧化溶解。

Sn(Ⅱ)具有强还原性，由元素电势图：

$$E_A^{\ominus}/V \qquad\qquad Sn^{4+}\xrightarrow{0.1539}Sn^{2+}\xrightarrow{-0.141}Sn$$

$$E_B^{\ominus}/V \qquad\qquad [Sn(OH)_6]^{2-}\xrightarrow{-0.93}Sn(OH)_4^{2-}\xrightarrow{-0.91}Sn$$

可见，在酸性条件下发生下面反应：

$$2Sn^{2+}+O_2+4H^+\longrightarrow 2Sn^{4+}+2H_2O$$

$$Sn^{4+}+Sn\longrightarrow 2Sn^{2+}$$

碱性条件下发生下面反应：

$$Sn(OH)_2+2OH^-\longrightarrow Sn(OH)_4^{2-}$$

Pb(Ⅳ)具有强氧化性，Pb 元素的电势图如下：

$$E_A^{\ominus}/V \qquad\qquad PbO_2\xrightarrow{1.458}Pb^{2+}\xrightarrow{-0.126}Pb$$

$$E_B^{\ominus}/V \qquad\qquad PbO_2\xrightarrow{0.2483}PbO\xrightarrow{-0.58}Pb$$

在酸性条件下，Pb(Ⅳ)具有强氧化性，可发生下述反应：

$$5PbO_2+2Mn^{2+}+4H^+\longrightarrow 2MnO_4^-+5Pb^{2+}+2H_2O$$

$$3PbO_2\longrightarrow Pb_3O_4+O_2$$

锑、铋难以形成 M^{5+}，但在强酸溶液中可以形成 M^{3+}。锡、铅、锑、铋的盐在水中都易水解。锑、铋的盐水解产物为碱式盐。铅(Ⅱ)盐多数难溶，如 $PbCl_2$、$PbSO_4$、PbI_2(金黄)、$PbCrO_4$(黄)；少数可溶，如 $Pb(NO_3)_2$，$Pb(OAc)_2$(味甜，俗称铅糖)，可溶性铅盐均有毒。

4.1.4　实验用品

4.1.4.1　仪器和材料

性质实验常用仪器，离心机，碘化钾淀粉试纸，pH 试纸，$Pb(OAc)_2$ 试纸。

4.1.4.2　试剂

H_2SO_4(2mol/L)，HCl(2mol/L、6mol/L、浓)，HNO_3(2mol/L、6mol/L)，HOAc(2.0 mol/L)，NaOH(2mol/L、6mol/L、40%)，$NH_3 \cdot H_2O$(2mol/L、6mol/L)，$MgCl_2$(0.1mol/L)，

$CaCl_2$（0.1mol/L），$BaCl_2$（0.1mol/L），$AlCl_3$（0.1mol/L），$SnCl_2$（0.1mol/L），$SbCl_3$（0.1mol/L），$HgCl_2$（0.1mol/L），NaCl（1.0mol/L），NH_4Cl（饱和、2mol/L），$Pb(NO_3)_2$（0.1mol/L），$Bi(NO_3)_3$（0.1mol/L），$NaNO_3$（0.5mol/L），Na_2S（0.5mol/L），$MnSO_4$（0.1mol/L），$KMnO_4$（0.1mol/L），$KSb(OH)_6$（饱和），Na_2CO_3（0.1mol/L），$(NH_4)_2C_2O_4$（饱和），KI（0.1mol/L），K_2CrO_4（0.1mol/L），NH_4OAc（饱和），PbO_2（s），$NaBiO_3$（s），$SnCl_2$（s），$SbCl_3$（s），$BiCl_3$（s），铝屑。

4.1.5 实验步骤

要求解释实验现象并写出有关反应式。

4.1.5.1 氢氧化物的性质

（1）取5滴 0.1mol/L $MgCl_2$、0.1mol/L $CaCl_2$、0.1mol/L $BaCl_2$ 与等体积的 2mol/L NaOH 混合，放置，观察形成沉淀的情况。

（2）用 2mol/L $NH_3 \cdot H_2O$ 代替 2mol/L NaOH 进行实验，观察形成沉淀的情况。往沉淀中加入饱和 NH_4Cl 溶液，观察沉淀的溶解情况。

由上述两个实验结果总结碱土金属氢氧化物溶解度变化情况。

（3）取5支试管分别加入 0.1mol/L $AlCl_3$、0.1mol/L $SnCl_2$、0.1mol/L $Pb(NO_3)_2$、0.1mol/L $SbCl_3$、0.1mol/L $Bi(NO_3)_3$ 各10滴，逐滴滴加 2mol/L NaOH 溶液，直到有沉淀生成为止。然后把沉淀分成2份，分别逐滴加入 2mol/L HNO_3 和 2mol/L NaOH，观察沉淀有何变化。

4.1.5.2 氧化还原性质

（1）在试管中加入5滴 0.5mol/L $NaNO_3$ 和5滴 40% NaOH 溶液，再加入少量铝屑，用湿润 pH 试纸检验生成的气体。

（2）取 0.1mol/L $SnCl_2$ 溶液3滴，逐滴加入过量的 2mol/L NaOH 溶液至最初生成的沉淀刚好溶解。滴加 0.1mol/L $Bi(NO_3)_3$ 溶液2滴，观察现象。此反应可用来鉴定 Bi^{3+}。

（3）取 0.1mol/L $KMnO_4$ 溶液5滴，逐滴加入 0.1mol/L $SnCl_2$ 溶液，观察溶液颜色有无变化？

（4）取3滴 0.1mol/L $HgCl_2$，逐滴加入 0.1mol/L $SnCl_2$ 溶液，观察沉淀颜色。当加入过量 $SnCl_2$ 且放置一段时间，沉淀颜色有无变化？

（5）试管中取少量 PbO_2 固体，滴加 2mol/L HCl，观察现象，并在管口用湿润的碘化钾淀粉试纸检验生成的气体。

（6）试管中取少量 PbO_2 固体，加 2mL 6mol/L HNO_3 酸化，再加2滴 0.1mol/L $MnSO_4$ 溶液，水浴加热，观察溶液的颜色。

（7）取2滴 0.1mol/L $MnSO_4$ 溶液，加入20滴 6mol/L HNO_3 酸化，加入少量固体 $NaBiO_3$，微热，观察溶液的颜色。

4.1.5.3 水解性

（1）取微量固体 $SnCl_2$，用去离子水溶解，有何现象？溶液的酸碱性如何？往溶液中滴加浓 HCl 溶液后有何变化？稀释后又有何变化？

（2）分别用少量固体 $SbCl_3$ 和固体 $BiCl_3$ 代替 $SnCl_2$，重复上述实验，观察现象。

4.1.5.4 溶解性

（1）在1支试管中加入 1mL 1.0mol/L 的 NaCl 溶液，再加入 1mL 饱和的六羟基锑（Ⅴ）酸钾 $[KSb(OH)_6]$ 溶液，如无晶体析出，可用玻璃棒摩擦试管内壁，观察产物的颜色和状态。

（2）在 3 支试管中各加 5 滴 0.1mol/L $MgCl_2$、0.1mol/L $CaCl_2$ 和 0.1mol/L $BaCl_2$，各加 5 滴 0.1mol/L Na_2CO_3，观察生成沉淀的颜色，分别试验沉淀在 2mol/L HOAc 和 2mol/L HCl 中的溶解性。

（3）在 3 支试管各加 3 滴 0.1mol/L $MgCl_2$，0.1mol/L $CaCl_2$ 和 0.1mol/L $BaCl_2$，然后各加 1 滴 2mol/L $NH_3 \cdot H_2O$ 和 2mol/L NH_4Cl，再各加 2 滴 0.5mol/L $(NH_4)_2CO_3$，观察现象。

（4）在 3 支试管中分别加 3 滴 0.1mol/L $MgCl_2$、0.1mol/L $CaCl_2$ 和 0.1mol/L $BaCl_2$，再各加 3 滴饱和 $(NH_4)_2C_2O_4$，观察现象，此反应可作为 Ca^{2+} 离子的鉴定反应。并试验沉淀在 2mol/L HOAc 和 2mol/L HCl 中的溶解性。

（5）在 5 支试管中分别加入 5 滴 0.1mol/L $AlCl_3$、0.1mol/L $SnCl_2$、0.1mol/L Pb$(NO_3)_2$、0.1mol/L $SbCl_3$、0.1mol/L Bi$(NO_3)_3$，各加入 1 滴 0.5mol/L Na_2S 溶液，观察生成沉淀的颜色。离心分离、弃去溶液，再分别试验沉淀在浓 HCl 和 0.5mol/L Na_2S 中的溶解性。

（6）在 4 支试管中各加入 0.1mol/L Pb$(NO_3)_3$ 溶液 5 滴，然后分别加入 2mol/L HCl、2mol/L H_2SO_4、0.1mol/L KI、0.1mol/L K_2CrO_4，观察沉淀的生成，然后做以下实验：

1）试验 $PbCl_2$ 在冷水和热水中的溶解情况。

2）在 $PbCrO_4$ 沉淀中加入 2mol/L HNO_3，观察沉淀变化。

3）在 $PbSO_4$ 沉淀中加入饱和 NH_4OAc，观察沉淀变化。

4.1.5.5   离子的鉴定

有一未知液，可能是 Sb^{3+}、Sn^{2+}、Bi^{3+}、Pb^{2+} 四种离子中的一种，请鉴定出是哪一种离子，写出鉴定过程和相关的离子反应方程式。

4.1.6   习题

（1）试验 Pb$(OH)_2$ 的碱性时，应使用何种酸，为什么？

（2）如何分离和鉴定溶液中的 Na^+、Mg^{2+}、Ca^{2+}、Ba^{2+} 离子？

4.2   p 区非金属元素化合物的性质

4.2.1   实验目的

（1）了解硼、碳、硅化合物的性质。

（2）了解卤族元素化合物的性质，氯酸盐的氧化性。

（3）了解不同氧化态的硫的化合物的主要性质。

（4）了解氮的化合物的性质。

4.2.2   思考题

（1）硅酸钠与盐酸、二氧化碳或氯化铵作用都能形成硅酸凝胶，写出化学反应方程式。

（2）AgCl、AgBr、AgI 分离时，为何用 $(NH_4)_2CO_3$ 而不用 $NH_3 \cdot H_2O$？

4.2.3   实验原理

p 区元素包括周期系中的 ⅢA – ⅦA 和零族元素，该区元素沿 B – Si – As – Te – At 对角线将其分为两部分，对角线右上角为非金属（含对角线上的元素），对角线左下角为 10 种金属元素。下面主要介绍 p 区非金属元素化合物的一些性质。

4.2.3.1　硼的化合物

硼在自然界的含量很少，主要以硼酸盐形式的矿物存在。H_3BO_3是白色片状晶体，微溶于水。H_3BO_3是一元弱酸，它之所以有弱酸性并不是它本身电离出质子，而是由于 B 是缺电子原子，它结合了来自 H_2O 分子中的 OH^-（其中 O 原子上的孤对电子给予 B 原子的空 p 轨道）而释放出质子：

$$B(OH)_3 + H_2O \longrightarrow B(OH)_4^- + H^+$$

硼酸和甲醇或乙醇在浓 H_2SO_4 存在的条件下，生成硼酸酯。硼酸酯在高温下燃烧挥发，产生特有的绿色火焰，此反应可用于鉴别硼酸、硼酸盐等化合物。

$$H_3BO_3 + 3CH_3OH \longrightarrow B(CH_3O)_3 + 3H_2O$$

硼酸加热脱水分解过程中，先转变为偏硼酸 HBO_2，继续加热变成白色粉末状 B_2O_3。在同极强的酸性氧化物（如 P_2O_5 或 As_2O_5）或与酸反应时，H_3BO_3 被迫表现出弱碱性。

B_2O_3 有很强的吸水性，在潮湿的空气中同水结合转化成硼酸，可以用作干燥剂。熔融的 B_2O_3 可以溶解许多金属氧化物而得到有特征颜色的偏硼酸盐玻璃，这个反应可用来鉴定金属离子，称之为硼珠试验。例如：

$$B_2O_3 + CuO \longrightarrow Cu(BO_2)_2 \text{（蓝色）}$$
$$B_2O_3 + NiO \longrightarrow Ni(BO_2)_2 \text{（绿色）}$$

硼砂（$Na_2B_4O_7 \cdot 10H_2O$）是无色半透明的晶体或白色结晶粉末，在空气中容易失水风化，加热到 650K 左右，失去全部结晶水转化成无水盐，在 1150K 熔成玻璃态。熔融状态的硼砂同 B_2O_3 一样，亦有硼珠反应，也能溶解一些金属氧化物，并依金属的不同而显出特征的颜色，例如：

$$Na_2B_4O_7 + CoO \longrightarrow 2NaBO_2 \cdot Co(BO_2)_2 \text{（宝石蓝色）}$$

4.2.3.2　碳的化合物

铵和碱金属（Li 除外）的碳酸盐易溶于水，其他金属的碳酸盐难溶于水。对于难溶的碳酸盐来说，其相应的碳酸氢盐却有较大的溶解度；对于易溶的碳酸盐来说，其相应的碳酸氢盐却有相对较低的溶解度。碳酸盐和碳酸氢盐溶解度的反常现象是由于 HCO_3^- 离子通过氢键形成双聚或多聚链状结构。

在金属盐类（碱金属和铵盐除外）溶液中加入 CO_3^{2-} 离子时，产物可能是碳酸盐、碱式碳酸盐或氢氧化物。一般来说：

（1）氢氧化物碱性较强的离子，即不水解的金属离子，生成碳酸盐沉淀。

（2）氢氧化物碱性较弱的离子，如 Cu^{2+}、Zn^{2+}、Pb^{2+}、Mg^{2+} 等，其氢氧化物和碳酸盐的溶解度相差不多，生成碱式碳酸盐沉淀。

（3）强水解性的金属离子，特别是两性的，其氢氧化物的溶度积常数较小的离子，如 Al^{3+}、Cr^{3+}、Fe^{3+} 等，将生成氢氧化物沉淀。

热不稳定性是碳酸盐的一个重要性质，一般来说，存在下列热稳定性顺序：

碱金属的碳酸盐 > 碱土金属碳酸盐 > 副族元素和过渡元素的碳酸盐

碳酸盐受热分解的难易程度还与阳离子的极化作用有关。阳离子的极化作用越大，碳酸盐就越不稳定。

4.2.3.3　硅的化合物

SiO_2 是硅酸的酸酐，但 SiO_2 不溶于水，所以硅酸不能用 SiO_2 与水直接作用制得，只能用可溶性硅酸盐与酸作用生成：

$$SiO_4^{2-} + 4H^+ \longrightarrow H_4SiO_4 \downarrow$$

$$SiO_3^{2-} + 2H^+ + 2H_2O \longrightarrow H_4SiO_4 \downarrow$$

刚生成时主要是 H_4SiO_4，并不立即沉淀，而是以单分子形式存在于溶液中。当放置一段时间后，H_4SiO_4 就逐渐缩合成多硅酸的胶体溶液，即硅酸溶胶。在溶胶中再加酸或电解质，便可沉淀出白色透明、软而有弹性的固体，即硅酸凝胶。硅酸凝胶烘干并活化，便可制得硅胶。硅胶是一种具有物理吸附作用的吸附剂，可以再生反复使用，在实际工作中常用作干燥剂和催化剂的载体。若把凝胶用 $CoCl_2$ 溶液浸泡，则可制得变色硅胶。

硅酸盐是由多种多样的多酸根离子与各种金属离子结合而成的一大类硅的含氧酸盐。硅酸盐可分为可溶性和不溶性两大类，天然存在的硅酸盐都是不溶性的，结构较复杂。只有钠、钾的某些硅酸盐是可溶性的，硅酸钠就是最常见的可溶性硅酸盐。

4.2.3.4 氮的化合物

除少数金属（金、铂、铱、铑、钌、钛、铌等）外，HNO_3 几乎可以氧化所有金属生成硝酸盐。铁、铝、铬等与冷的浓 HNO_3 接触时会被钝化，所以现在一般用铝制容器来装盛浓 HNO_3。稀 HNO_3 也有较强的氧化能力。与浓 HNO_3 不同，稀 HNO_3 的反应速度慢、氧化能力较弱、被氧化的物质不能达到最高氧化态。例如：

$$8HNO_3 + 3Cu \longrightarrow 3Cu(NO_3)_2 + 2NO \uparrow + 4H_2O$$

硝酸与金属反应，其还原产物中 N 的氧化数降低多少，主要取决于酸的浓度、金属的活泼性和反应的温度。此类反应复杂，往往同时生成多种还原产物。浓 HNO_3 作为氧化剂时，其还原产物多数为 NO_2。

非金属中除 Cl_2、O_2、稀有气体外，都能被浓 HNO_3 氧化成氧化物或含氧酸，浓 HNO_3 与非金属作用时的还原产物往往是 NO。例如：

$$2HNO_3 + S \longrightarrow H_2SO_4 + 2NO \uparrow$$

$$5HNO_3 + 3P + 3H_2O \longrightarrow 3H_3PO_4 + 5NO \uparrow$$

有机物或碳能被浓 HNO_3 氧化成 CO_2，有些有机物遇到浓 HNO_3 甚至可以燃烧。

硝酸盐受热易分解，硝酸盐的热分解情况复杂：

(1) 碱金属和碱土金属的无水硝酸盐热分解生成亚硝酸盐并放出 O_2。

(2) 电位顺序在 Mg 与 Cu 之间的金属元素的无水硝酸盐热分解时生成相应金属的氧化物（电位顺序：K、Na、Mg、Zn、Fe、Ni、Sn、Pb、H、Cu、Hg、Ag、Au）。

(3) 硝酸盐的阳离子如果有氧化能力或还原能力时，它们的无水硝酸盐受热分解时，可能发生阴阳离子之间的氧化还原反应，例如：

$$2AgNO_3 \longrightarrow 2Ag + 2NO_2 \uparrow + O_2 \uparrow$$

$$NH_4NO_3 \longrightarrow N_2O \uparrow + 2H_2O$$

(4) 含有结晶水的硝酸盐受热分解时会发生水解反应，生成碱式盐。

4.2.3.5 磷的化合物

磷酸的钠、钾、铵盐及磷酸的二氢盐都易溶于水，而磷酸的一氢盐和正盐，除钠、钾、铵盐以外，一般都难溶于水。例如，溶解度：$Ca(H_2PO_4)_2 > CaHPO_4 > Ca_3(PO_4)_2$。

由于 H_3PO_4 是中强酸，所以它的碱金属盐都易于水解。PO_4^{3-} 的水溶液显强碱性，HPO_4^{2-} 的水溶液显碱性，$H_2PO_4^-$ 溶液显酸性。

磷酸正盐比较稳定，一般不易分解。但磷酸一氢盐或二氢盐受热却容易脱水分解。磷酸一氢盐受热脱水分解成焦磷酸盐。磷酸二氢盐受热脱水分解成三聚的偏磷酸盐。

正磷酸根、焦磷酸根和偏磷酸根离子可以用 $AgNO_3$ 加以区别和鉴定。正磷酸与 $AgNO_3$ 产生黄色沉淀，焦磷酸和偏磷酸都产生白色沉淀。但只有偏磷酸能使蛋白水溶液凝聚产生白色沉淀。

4.2.3.6 H_2O_2

H_2O_2 常用作氧化剂，用于漂白毛、丝织物和油画，也可用于消毒杀菌，纯的 H_2O_2 还可用作火箭燃料的氧化剂。它作为氧化剂的最大优点是不会给反应体系带来杂质，它的还原产物是 H_2O。

在碱性溶液中，H_2O_2 是一种中等强度的还原剂。工业上常用 H_2O_2 的还原性除氯，因为它不会给反应体系带来杂质。在酸性溶液中，H_2O_2 虽然是一种强氧化剂，但若遇到比它更强的氧化剂，如 $KMnO_4$ 时，H_2O_2 也会表现出还原性：

酸性介质中：$5H_2O_2 + 2MnO_4^- + 6H^+ \longrightarrow 2Mn^{2+} + 8H_2O + 5O_2\uparrow$

4.2.3.7 硫的化合物

金属硫化物大多数是有颜色、难溶于水的固体，只有碱金属和铵的硫化物易溶于水，碱土金属硫化物微溶于水。

硫代硫酸（$H_2S_2O_3$）非常不稳定，但硫代硫酸盐是相当稳定的。硫代硫酸钠 $Na_2S_2O_3 \cdot 5H_2O$ 俗名海波或大苏打，是一种无色透明的晶体，易溶于水，其水溶液显弱碱性。$Na_2S_2O_3$ 在中性或碱性溶液中很稳定，在酸性（$pH \leqslant 4.6$）溶液中迅速分解：

$$Na_2S_2O_3 + 2HCl \longrightarrow 2NaCl + S\downarrow + H_2O + SO_2\uparrow$$

这个反应可以用来鉴定 $S_2O_3^{2-}$ 离子。在制备 $Na_2S_2O_3$ 时，溶液必须控制在碱性范围内，否则将会有硫析出而使产品变黄。

4.2.3.8 氯的含氧酸及其盐

卤素的含氧酸和含氧酸盐的许多重要性质，如酸性、氧化性、热稳定性、阴离子的强度等，都随着分子中氧原子数的改变而呈现规律性的变化。以氯的含氧酸和含氧酸盐为代表，其规律为：

（1）按 $HClO—HClO_2—HClO_3—HClO_4$ 的顺序，随着分子中氧原子数的增多，酸和盐的热稳定性及酸强度逐渐增强，而氧化性和阴离子碱强度逐渐减弱。

（2）盐的热稳定性比相应的酸的热稳定性高，但其氧化性比酸弱。

4.2.4 实验用品

4.2.4.1 仪器和材料

性质实验常用仪器，离心机，碘化钾淀粉试纸，pH 试纸，$Pb(Ac)_2$ 试纸，甲基橙指示剂，奈斯勒（Nessler）试剂，镍铬丝，带胶塞导管。

4.2.4.2 试剂

H_2SO_4(1mol/L、2mol/L、6mol/L、9mol/L、浓)，无水乙醇，甘油，HCl(2mol/L、6mol/L)，NaOH(2mol/L、40%)，$NH_3 \cdot H_2O$(2mol/L)，Na_2CO_3(0.1mol/L)，$NaHCO_3$(0.1mol/L)，Na_2SiO_3(0.5mol/L,)，$Pb(NO_3)_2$(0.1mol/L)，$AgNO_3$(0.1mol/L)，Na_3PO_4(0.1mol/L)，Na_2HPO_4(0.1mol/L)，NaH_2PO_4(0.1mol/L)，$CaCl_2$(0.1mol/L)，$MnSO_4$(0.1mol/L)，KI(0.1mol/L)，Na_2SO_3(0.1mol/L)，$Na_2S_2O_3$(0.1mol/L)，Na_2S(0.1mol/L)，$NaNO_2$(0.5mol/L)，$KMnO_4$(0.1mol/L)，饱和石灰水，饱和 NH_4Cl，饱和 $KClO_3$，H_2O_2(3%)，碘水，氯水，硼砂(s)，

硼酸(s)、Co(NO$_3$)$_2$(s)，CrCl$_3$(s)，Cu$_2$(OH)$_2$CO$_3$(s)，CaCl$_2$(s)，CuSO$_4$(s)，ZnSO$_4$(s)，FeCl$_3$(s)，NaCl(s)，NaBr(s)，NaI(s)，NiSO$_4$(s)，KNO$_3$(s)，Pb(NO$_3$)$_2$(s)，AgNO$_3$(s)，石灰石(s)、奈斯勒试剂。

4.2.5　实验步骤

要求解释实验现象并写出有关反应式。

4.2.5.1　硼酸的制备、性质和硼酸的焰色反应

（1）取 1 支试管加入 1g 硼砂和 2mL 去离子水，微热溶解，在点滴板上用 pH 试纸检验溶液的酸碱性。然后加入 10 滴 6mol/L 的 H$_2$SO$_4$ 溶液，将试管用冷水冷却，不断振荡试管，观察硼酸晶体的析出。

（2）取 1 支试管加入 0.5g 硼酸晶体和 3mL 去离子水，观察溶解情况，微热使固体全部溶解，冷却至室温用 pH 试纸测定溶液的 pH 值。再向溶液中加入 1 滴甲基橙指示剂，振荡后将溶液分成两份，其中一份加入 10 滴甘油，混合均匀，比较两份溶液的颜色和酸碱性。

4.2.5.2　硼砂珠实验

（1）镍铬丝的清洁处理。在 1 支试管中，加入 6mol/L 的 HCl 约 2mL，将镍铬丝置于氧化焰中灼烧片刻后浸入酸中，如此重复数次。

（2）硼砂珠的制备。用处理过的镍铬丝蘸取一些硼砂固体，在氧化焰中灼烧至熔融，观察硼砂珠的颜色和状态。

（3）用硼砂珠鉴定钴盐和铬盐。用烧热的硼砂珠分别蘸上少量硝酸钴、三氯化铬固体，熔融。冷却后观察硼砂珠的颜色，几种金属的硼砂珠颜色见表 4.2。

表 4.2　几种金属的硼砂珠颜色

| 元　素 | | 常用化合物 | 氧 化 焰 | | 还 原 焰 | | 说　明 |
名　称	符　号		热　时	冷　时	热　时	冷　时	
钴	Co	CoCl$_2$	黑	黑	黑	黑	影响硼砂珠的颜色因素包括：
铬	Cr	CrCl$_3$	黄	黄绿	绿	绿	
铜	Cu	CuSO$_4$	绿	青绿～淡黑	灰～绿	红	
铁	Fe	FeCl$_2$	黄～棕	黄～褐	绿	淡绿	
		FeSO$_4$					（1）氧化焰或还原焰
锰	Mn	MnCl$_2$	紫	紫红	无色～灰	无色～灰	（2）温度
钼	Mo	MoO$_3$	淡黄	无色～白	褐	褐	（3）金属的含量
镍	Ni	NiCl$_2$	紫	黄褐	无色～灰	无色～灰	
		NiSO$_4$					

4.2.5.3　碳酸盐的水解和热稳定性

（1）取两支试管，加入 0.1mol/L Na$_2$CO$_3$ 和 0.1mol/L NaHCO$_3$ 各 2 滴，检验它们的 pH 值。

（2）分别取适量 Cu$_2$(OH)$_2$CO$_3$(s)、Na$_2$CO$_3$(s)、NaHCO$_3$(s)放入 3 支试管中加热，观察它们的热稳定性（将生成的气体通入饱和石灰水中观察浑浊时间或通入含有指示剂的水中观察变色时间）。

4.2.5.4　硅酸钠的水解和硅酸凝胶的生成

（1）取 0.5mol/L Na$_2$SiO$_3$ 溶液 2 滴，检验其 pH 值。

（2）在 1 支干试管中加入约 5g 石灰石，加入 6mol/L 的 HCl 溶液 5mL，迅速用带有导管的木塞盖紧，将导管插入盛有 0.5mol/L Na$_2$SiO$_3$ 溶液的试管中，不断搅动导管，静置，观察硅

酸凝胶的形成。

（3）向 2mL 0.5mol/L Na$_2$SiO$_3$ 溶液中逐滴加入 6mol/L HCl 溶液，使溶液的 pH 值在 6～9 之间，静置，观察硅酸凝胶的生成（如无凝胶生成可微热）。

（4）取 10 滴 0.5mol/L Na$_2$SiO$_3$ 溶液加入 2mL NH$_4$Cl 饱和溶液，混合均匀，用湿润的 pH 试纸在试管口检验逸出气体的酸碱性。

根据上述实验结果总结硅酸凝胶的生成条件。

4.2.5.5　氨和 NH$_4^+$ 的鉴定

（1）在试管中加入 10 滴 0.1mol/L NH$_4$Cl，再加入 10 滴 2mol/L NaOH，微热并用润湿的红色石蕊试纸检验逸出的气体 NH$_3$。此反应也是确定 NH$_4^+$ 是否存在的鉴定反应。

（2）取 2 滴饱和 NH$_4$Cl 溶液，加入 2 滴 2mol/L NaOH 和 2 滴奈斯勒试剂，观察沉淀的生成与颜色。

4.2.5.6　硝酸盐的热稳定性

取 3 支干燥试管，分别加入少量 KNO$_3$、Pb(NO$_3$)$_2$、AgNO$_3$ 固体，加热，观察反应情况和产物的颜色，检验气体产物。

4.2.5.7　HNO$_2$ 及其盐的氧化还原性

取 2 支试管，均加入 3 滴 0.5mol/L NaNO$_2$ 溶液，在一支试管中加入 1 滴 0.1mol/L KI 溶液，观察现象，再加入 1 滴 1mol/L H$_2$SO$_4$ 溶液，观察现象；另一支试管中加入 1 滴 0.2mol/L KMnO$_4$ 溶液，观察现象，再加入 1 滴 1mol/L H$_2$SO$_4$ 溶液，观察现象。

4.2.5.8　磷酸盐的性质

（1）水溶液的酸碱性。取 3 支试管，各加入 10 滴 0.1mol/L Na$_3$PO$_4$、Na$_2$HPO$_4$ 和 NaH$_2$PO$_4$，测其 pH 值。溶液保留供下述试验用。

（2）Ca^{2+} 磷酸盐水溶解性。取 3 支试管各加入 5 滴 0.1mol/L Na$_3$PO$_4$、Na$_2$HPO$_4$、NaH$_2$PO$_4$，再在各试管中加入 0.1mol/L CaCl$_2$ 溶液。观察 3 支试管中生成沉淀的现象。在不生成沉淀的试管中，加入少量 2mol/L NH$_3$·H$_2$O，有何变化？最后检验生成的沉淀是否溶于 1mol/L HCl。

4.2.5.9　过氧化氢及过氧化物

（1）H$_2$O$_2$ 的酸碱性及 Na$_2$O$_2$ 的生成。取 10 滴 3% 的 H$_2$O$_2$，测其 pH 值，然后加入 5 滴 40% 的 NaOH 和 10 滴无水乙醇，并混合均匀，观察生成固体 Na$_2$O$_2$·8H$_2$O 的颜色（Na$_2$O$_2$·8H$_2$O 易溶于水并完全水解，但在乙醇溶液中的溶解度较小）。

（2）H$_2$O$_2$ 的氧化还原性：

1）取 5 滴 0.1mol/L Pb(NO$_3$)$_2$ 和 5 滴 0.1mol/L Na$_2$S，逐滴加入 3% 的 H$_2$O$_2$，观察并记录观察到的现象。

2）取 5 滴 0.1mol/L AgNO$_3$，加入 5 滴 2mol/L NaOH，然后逐滴加入 3% 的 H$_2$O$_2$，观察并记录观察到的现象。

3）取 10 滴 3% H$_2$O$_2$，加入 1 滴 0.1mol/L MnSO$_4$，然后加入 1 滴 2mol/L NaOH 使溶液为碱性，逐滴加入 1mol/L H$_2$SO$_4$ 酸化，观察并记录观察到的现象。

4.2.5.10　硫的化合物

（1）H$_2$SO$_3$ 及其盐的氧化还原性。取 10 滴 0.1mol/L Na$_2$SO$_3$，加入 0.1mol/L KMnO$_4$ 和 1mol/L H$_2$SO$_4$，观察并记录现象。

（2）H$_2$S$_2$O$_3$ 及其盐的性质：

1）$S_2O_3^{2-}$ 的还原性。取 5 滴 0.1mol/L $Na_2S_2O_3$ 溶液，逐滴加入碘水，观察现象。

2）$S_2O_3^{2-}$ 歧化反应和 $S_2O_3^{2-}$ 的鉴定。取 10 滴 0.1mol/L $Na_2S_2O_3$，逐滴加入 2mol/L HCl，观察现象。此反应可用于鉴定 $S_2O_3^{2-}$ 是否存在。

取 5 滴 0.1mol/L $AgNO_3$，加入 3 滴 0.1mol/L $Na_2S_2O_3$（不能过量，为什么），放置后观察现象。

3）$S_2O_3^{2-}$ 配位性。取 5 滴 0.1mol/L $AgNO_3$ 溶液，加入过量 0.1mol/L $Na_2S_2O_3$ 溶液，有何现象？

（3）过二硫酸的氧化性。取 1 滴 0.1mol/L $MnSO_4$，再加入 2mL1mol/L H_2SO_4，1 滴 $AgNO_3$ 作催化剂和少量 $K_2S_2O_8$ 固体，微热，观察现象。此反应可作为 Mn^{2+} 的鉴定反应。

4.2.5.11　氯酸盐氧化性

（1）ClO^- 氧化性。取 1mL 氯水，用 2mol/L NaOH 碱化后分装于 3 支试管中。第一支试管中加数滴 2mol/L HCl，检验 Cl_2 产生；第二支试管中加数滴 0.1mol/L KI 和 2mol/L H_2SO_4，检验 I_2 产生；第三支试管中加数滴品红溶液，观察颜色变化。

（2）ClO_3^- 的氧化性：

1）取 10 滴饱和 $KClO_3$，加入 3 滴浓 HCl，检验 Cl_2 产生。

2）取 3 滴 0.1mol/L KI，加入少量饱和 $KClO_3$，再逐滴加入 9mol/L H_2SO_4，观察颜色变化，比较 $HClO_3$ 与 HIO_3 氧化性强弱。

4.2.5.12　"水中花园"实验

在 50mL 烧杯中加入 20% 的 Na_2SiO_3 溶液约 30mL，然后分别加入固体 $CaCl_2$、$CuSO_4$、$ZnSO_4$、$FeCl_3$、$Co(NO_3)_2$ 和 $NiSO_4$ 各一小粒，静置 1~2h，观察"石笋"的生成。

4.2.6　习题

（1）试解释"水中花园"的生成原理。

（2）为什么硼酸盐和硅酸盐的热稳定性都很强而碳酸盐的热稳定性较差？

（3）向 $AgNO_3$ 溶液加入过量的 $Na_2S_2O_3$ 溶液会出现什么现象？

4.3　副族元素的性质（一）（钛、钒、铬、锰、铁、钴、镍）

4.3.1　实验目的

（1）掌握 Fe(Ⅱ)、Co(Ⅱ)、Ni(Ⅱ)化合物的还原性和 Fe(Ⅲ)、Co(Ⅲ)、Ni(Ⅲ)化合物的氧化性。

（2）掌握 Fe、Co、Ni 的主要配位化合物的性质及其在定性分析中的应用。

（3）掌握 Fe^{2+}、Fe^{3+}、Co^{2+}、Ni^{2+} 离子的分离与鉴定方法。

（4）了解铬、锰各主要化合物的性质以及铬、锰各种价态之间的转化。

（5）了解铬、锰化合物的氧化还原性及介质对氧化还原性的影响。

（6）了解钒重要化合物的性质。

4.3.2　思考题

（1）$KMnO_4$ 的氧化性如何受介质酸度的影响？

(2) 铁、钴、镍是否都可以生成 +2 价和 +3 价的氨配合物?

4.3.3 实验原理

位于周期表第四周期的 Sc ~ Zn 称为第一过渡系元素。第一过渡系元素 Ti、V、Cr、Mn、Fe、Co、Ni 是过渡元素中常见的重要元素。它们的主要性质如下。

4.3.3.1 Ti 的化合物

Ti 属ⅣB 族元素,以 +4 氧化态最稳定。纯的二氧化钛为白色粉末,不溶于水,不易溶浓碱但能溶于热硫酸中:

$$TiO_2 + 2H_2SO_4 \longrightarrow Ti(SO_4)_2 + 2H_2O$$
$$TiO_2 + H_2SO_4 \longrightarrow TiOSO_4 + H_2O$$

在中等酸度的钛(Ⅳ)盐溶液中加入 H_2O_2,可生成较稳定的橘黄色 $[TiO(H_2O_2)]^{2+}$,利用此反应可进行钛的定性检验和比色分析:

$$TiO^{2+} + H_2O_2 \longrightarrow [TiO(H_2O_2)]^{2+}$$

用锌处理钛(Ⅳ)盐的盐酸溶液,可以得到紫色的钛(Ⅲ)的化合物:

$$2TiO^{2+} + Zn + 4H^+ \longrightarrow 2Ti^{3+} + Zn^{2+} + 2H_2O$$

Ti^{3+} 具有还原性,遇 $CuCl_2$ 等发生氧化还原反应:

$$2Ti^{3+} + 2Cu^{2+} + 2Cl^- + 2H_2O \longrightarrow 2CuCl\downarrow + 2TiO^{2+} + 4H^+$$

4.3.3.2 V 的化合物

V 属ⅤB 族元素,在化合物中的氧化态主要为 +5 价。五氧化二钒是钒的重要化合物之一,可由偏钒酸铵加热分解制得:

$$2NH_4VO_3 \longrightarrow V_2O_5 + 2NH_3 + H_2O$$

五氧化二钒呈橙色至深红色,微溶于水,是两性偏酸性的氧化物,易溶于碱,能溶于强酸中:

$$V_2O_5 + 6NaOH \longrightarrow 2Na_3VO_4 + 3H_2O$$
$$V_2O_5 + H_2SO_4 \longrightarrow (VO_2)_2SO_4 + H_2O$$

五氧化二钒溶解在盐酸中时,钒(Ⅴ)被还原成钒(Ⅳ):

$$V_2O_5 + 6HCl \longrightarrow 2VOCl_2 + Cl_2 + 3H_2O$$

在钒酸盐的酸性溶液中,加入还原剂(如锌粉),可观察到溶液的颜色由黄色逐渐变成蓝色、绿色,最后成紫色。这些颜色各对应于钒(Ⅳ)、钒(Ⅲ)和钒(Ⅱ)的化合物:

$$NH_4VO_3 + 2HCl \longrightarrow VO_2Cl + H_2O + NH_4Cl$$
$$2VO_2Cl + Zn + 4HCl \longrightarrow 2VOCl_2 + ZnCl_2 + 2H_2O$$
$$2VOCl_2 + Zn + 4HCl \longrightarrow 2VCl_3 + ZnCl_2 + 2H_2O$$
$$2VCl_3 + Zn \longrightarrow 2VCl_2 + ZnCl_2$$

向钒酸盐的溶液中加酸,随 pH 值逐渐下降,生成不同缩合度的多钒酸盐。其缩合平衡为:

$$2VO_4^{3-} + 2H^+ \rightleftharpoons 2HVO_4^{2-} \rightleftharpoons V_2O_7^{4-} + H_2O \quad (pH \geqslant 13)$$
$$3V_2O_7^{4-} + 6H^+ \rightleftharpoons 2V_3O_9^{3-} + 3H_2O \quad (pH \geqslant 8.4)$$
$$10V_3O_9^{3-} + 12H^+ \rightleftharpoons 3V_{10}O_{28}^{6-} + 6H_2O \quad (8 > pH > 3)$$

随着缩合度的增大,溶液的颜色逐渐加深,由淡黄色变到深红色。溶液转为酸性后,缩合度不再改变,而是发生获得质子的反应:

$$[V_{10}O_{28}]^{6-} + H^+ \rightleftharpoons [HV_{10}O_{28}]^{5-}$$

$$[HV_{10}O_{28}]^{5-} + H^+ \rightleftharpoons [H_2V_{10}O_{28}]^{4-}$$

当 pH≈2 时，有红棕色五氧化二钒水合物沉淀析出，当 pH＝1 时，溶液中存在稳定的黄色 VO_2^+：

$$[H_2V_{10}O_{28}]^{4-} + 14H^+ \rightleftharpoons 10VO_2^+ + 8H_2O$$

在钒酸盐的溶液中加过氧化氢，若溶液呈弱碱性、中性或弱酸性，得到黄色的二过氧钒酸离子；若溶液是强酸性，得到红棕色的过氧钒阳离子，两者间存在下列平衡，在分析上可用于钒的比色测定：

$$[VO_2(O_2)_2]^{3-} + 6H^+ \rightleftharpoons [V(O_2)]^{3+} + H_2O_2 + 2H_2O$$

4.3.3.3　Cr 的化合物

Cr 属ⅥB 族元素，最常见的是 +3 和 +6 氧化态的化合物。铬(Ⅲ)盐溶于水后，显示出绿蓝色 Cr^{3+} 的颜色。与氨水或碱反应可制得灰蓝色氢氧化铬胶状沉淀，它具有两性，既溶于酸又溶于碱：

$$Cr(OH)_3 + 3H^+ \longrightarrow Cr^{3+} + 3H_2O$$

$$Cr(OH)_3 + OH^- \longrightarrow CrO_2^- + 2H_2O$$

在碱性溶液中铬(Ⅲ)有较强的还原性，较易被氧化成 CrO_4^{2-}：

$$2CrO_2^- + 3H_2O_2 + 2OH^- \longrightarrow 2CrO_4^{2-} + 4H_2O$$

工业上和实验室中常见的铬(Ⅵ)化合物是它的含氧酸盐：铬酸盐和重铬酸盐。它们在水溶液中存在下列平衡：

$$2CrO_4^{2-} + 2H^+ \rightleftharpoons Cr_2O_7^{2-} + H_2O$$

除加酸、加碱可使平衡发生移动外，向溶液中加入 Ba^{2+}、Pb^{2+} 或 Ag^+，由于生成溶度积较小的铬酸盐，也能使上述平衡向左移动。所以，无论向铬酸盐溶液或重铬酸盐溶液中加入这些金属离子，生成的都是铬酸盐沉淀。如：

$$Cr_2O_7^{2-} + 2Ba^{2+} + H_2O \longrightarrow 2H^+ + 2BaCrO_4 \downarrow$$

重铬酸盐在酸性溶液中是强氧化剂，其还原产物都是 Cr^{3+} 的盐。如：

$$Cr_2O_7^{2-} + 3SO_3^{2-} + 8H^+ \longrightarrow 2Cr^{3+} + 3SO_4^{2-} + 4H_2O$$

$$Cr_2O_7^{2-} + 6Fe^{2+} + 14H^+ \longrightarrow 2Cr^{3+} + 6Fe^{3+} + 7H_2O$$

后一个反应在分析化学中，常用来测定铁。

4.3.3.4　Mn 的化合物

Mn 属ⅦB 族元素，最常见的是 +2、+4 和 +7 氧化态的化合物。+2 的锰盐溶于水后得到肉色的 Mn^{2+}，在酸性介质中比较稳定，与碱反应生成白色的 $Mn(OH)_2$ 沉淀。$Mn(OH)_2$ 属碱性氢氧化物，在空气中易被氧化成褐色的 $MnO(OH)_2$，$MnO(OH)_2$ 很容易被氧化成棕黑色的 MnO_2 沉淀。

二氧化锰是锰(Ⅳ)的重要化合物，可由锰(Ⅶ)与锰(Ⅱ)的化合物作用而得到：

$$2MnO_4^- + 3Mn^{2+} + 2H_2O \longrightarrow 5MnO_2 + 4H^+$$

在酸性介质中二氧化锰是一种强氧化剂：

$$MnO_2 + SO_3^{2-} + 2H^+ \longrightarrow Mn^{2+} + SO_4^{2-} + H_2O$$

$$2MnO_2 + 2H_2SO_4(浓) \longrightarrow 2MnSO_4 + O_2 \uparrow + 2H_2O$$

在碱性介质中，有氧化剂存在时，锰(Ⅳ)能被氧化转变成锰(Ⅵ)的化合物：

$$2MnO_2 + 4KOH + O_2 \longrightarrow 2K_2MnO_4 + 2H_2O$$

锰酸盐只有在强碱性溶液中(pH≥14.4)才是稳定的。如果在酸性或弱碱性、中性条件下,会发生歧化反应:

$$3MnO_4^{2-} + 4H^+ \longrightarrow 2MnO_4^- + MnO_2 + 2H_2O$$

锰(Ⅶ)的化合物中最重要的是高锰酸钾。其固体加热到473K以上分解放出氧气,是实验室制备氧气的简便方法:

$$2KMnO_4 \longrightarrow K_2MnO_4 + MnO_2 + O_2\uparrow$$

高锰酸钾是最重要和常用的氧化剂之一,它的还原产物因介质的酸碱性不同而不同。

酸性介质:$2MnO_4^- + 5SO_3^{2-} + 6H^+ \longrightarrow 2Mn^{2+} + 5SO_4^{2-} + 3H_2O$

中性介质:$2MnO_4^- + 3SO_3^{2-} + H_2O \longrightarrow 2MnO_2 + 3SO_4^{2-} + 2OH^-$

碱性介质:$2MnO_4^- + SO_3^{2-} + 2OH^- \longrightarrow 2MnO_4^{2-} + SO_4^{2-} + H_2O$

4.3.3.5 铁系元素化合物

Fe、Co、Ni 属Ⅷ族元素,常见氧化态为 +2 和 +3。铁系元素氢氧化物均难溶于水,其氧化还原性质可归纳如下:

还原性增强

$\longleftarrow$

$Fe(OH)_2$　　$Co(OH)_2$　　$Ni(OH)_2$

白色　　　粉红　　　绿色

$Fe(OH)_3$　　$Co(OH)_3$　　$Ni(OH)_3$

棕红色　　　棕色　　　黑色

$\longrightarrow$

氧化性增强

$Fe(OH)_2$ 极不稳定。碱滴入 Fe^{2+} 溶液,几乎看不到白色沉淀,而是迅速得到灰绿色沉淀。$Co(OH)_2$ 也不稳定。$Ni(OH)_2$ 不能被空气中的 O_2 所氧化,但可在强碱性条件下,与 Cl_2、$NaClO$ 等强氧化性物质反应。$Fe(OH)_3$ 两性,$Ni(OH)_3$、$Co(OH)_3$ 碱性。

$$Fe(OH)_3 + 3H^+ \longrightarrow Fe^{3+} + 3H_2O$$
$$Fe(OH)_3 + 3OH^- \longrightarrow [Fe(OH)_6]^{3-}$$

$Ni(OH)_3$、$Co(OH)_3$ 具有氧化性,$Ni(OH)_3$ 氧化性比 $Co(OH)_3$ 强。$Ni(OH)_3$、$Co(OH)_3$ 虽为碱性,但溶于酸(非氧化性),得到的是 Ni(Ⅱ)盐和 Co(Ⅱ)盐。

铁系元素能形成多种配合物。这些配合物的形成,常作为 Fe^{2+}、Fe^{3+}、Co^{2+}、Ni^{2+} 离子的鉴定方法。

4.3.4 实验用品

4.3.4.1 仪器和材料

性质实验常用仪器,离心机,水浴锅,坩埚,酒精灯,KI 淀粉试纸,pH 试纸,电吹风,量筒(5mL、20mL)。

4.3.4.2 试剂

HCl (2mol/L、6mol/L),H_2SO_4(1mol/L、6mol/L),HOAc (2mol/L)、NaOH (2mol/L、40%),氨水(6mol/L),$FeCl_3$(0.1mol/L),$Fe(NO_3)_3$(0.1mol/L),$Pb(NO_3)_2$(0.1mol/L),$CoCl_2$(0.1mol/L),$NiSO_4$(0.1mol/L),$CuCl_2$(0.2mol/L),$CdSO_4$(0.1mol/L),$ZnCl_2$(0.1mol/L),$CrCl_3$(0.1mol/L),$MnSO_4$(0.2mol/L),H_2O_2(3%),$KMnO_4$(0.01mol/L),

NaClO(0.1mol/L)，NH$_4$VO$_3$（饱和），KSCN(0.5mol/L)，(NH$_4$)$_2$Fe(SO$_4$)$_2$(0.1mol/L)，TiOSO$_4$溶液，K$_4$[Fe(CN)$_6$](0.1mol/L)，K$_3$[Fe(CN)$_6$](0.1mol/L)，K$_2$Cr$_2$O$_7$(0.1mol/L)，NH$_4$F(1mol/L)，戊醇，镍试剂，(NH$_4$)$_2$Fe(SO$_4$)$_2$·6H$_2$O(s)，NaNO$_2$(s)，Na$_2$SO$_3$(s)，锌粉(s)。

4.3.5　实验步骤

要求解释实验现象并写出有关反应式。

4.3.5.1　氢氧化物的性质

（1）取 2 支试管，均加入 5 滴 0.1mol/L 的 Fe(NO$_3$)$_3$ 溶液和 1 滴 2mol/L 的 NaOH 溶液，直到大量沉淀生成为止。在一支试管中加入少量 2mol/L HCl，在另一支试管中加入 2mol/L NaOH，观察并记录现象，写出反应式，并加以解释。

用同样的方法试验 Co^{3+}、Ni^{3+}、Zn^{2+}、Cr^{3+} 的氢氧化物的生成和与 2mol/L NaOH 及 2mol/L HCl 的反应情况，观察并记录现象。

（2）在一支试管中加入 2 滴 0.2mol/L 的 MnSO$_4$ 溶液，再滴加 2mol/L 的 NaOH 溶液 1 滴，观察并记录产物的颜色和状态。放置 3min 后观察并记录沉淀的变化。向沉淀中加 2 滴 3% H$_2$O$_2$，又发生什么变化？

4.3.5.2　氧化还原性质

（1）淀粉碘化钾试纸上滴 1 滴 0.1mol/L Fe(NO$_3$)$_3$ 溶液，观察并记录试纸的颜色变化。

（2）取 0.01mol/L KMnO$_4$ 溶液 1 滴和 6mol/L H$_2$SO$_4$ 溶液 3 滴，然后慢慢向其中加入 0.1mol/L (NH$_4$)$_2$Fe(SO$_4$)$_2$ 溶液，观察溶液颜色变化。

（3）在一支试管中放入 5mL 蒸馏水和 3 滴 1mol/L 稀硫酸，煮沸以赶去溶于其中的空气，然后加入少量的 (NH$_4$)$_2$Fe(SO$_4$)$_2$·6H$_2$O 晶体。在另一支试管中加入 1mL 2mol/L NaOH 溶液小心煮沸，以赶去空气，冷却后，用一滴管吸取 0.5mL NaOH 溶液，插入 (NH$_4$)$_2$Fe(SO$_4$)$_2$·6H$_2$O 溶液（直至试管底部）内，慢慢放出 NaOH 溶液（整个操作过程都要避免将空气带进溶液中，为什么），观察并记录沉淀的生成和颜色。摇动试管后放置一段时间，观察沉淀有何变化。最后滴加 6mol/L HCl 溶液，同时摇动试管使沉淀溶解，再加入 0.5mol/L KSCN 溶液数滴，观察并记录溶液的颜色。

（4）在两支试管中，分别加入 0.1mol/L CoCl$_2$ 溶液 1mL，再加入 2mol/L NaOH 溶液，观察并记录加入 NaOH 量对生成沉淀的颜色变化，然后加入 0.1mol/L 的 NaClO 溶液 10 滴，搅动试管，水浴加热至沉淀变黑为止，取出试管，吸除上面清液。在两支试管中分别加入 6mol/L H$_2$SO$_4$ 溶液和 6mol/L 的 HCl 溶液各 1mL，观察并记录气体生成和溶液颜色（若沉淀不溶解，将试管再放入水浴中加热）。并自己设计实验检验气体成分。

（5）在两支试管中分别加入 0.1mol/L NiSO$_4$ 溶液 1mL，再滴加 2mol/L NaOH 溶液，观察并记录生成的沉淀颜色。再向沉淀中加入 0.1mol/L 的 NaClO 溶液，然后将试管水浴加热，使沉淀变黑为止。取出试管，吸除上面清液，在一支试管中放一条碘化钾淀粉试纸，然后向试管中加 6mol/L 的 HCl 溶液 1mL，观察并记录试纸颜色变化及沉淀溶解后溶液的颜色。另一支试管中加入 6mol/L H$_2$SO$_4$ 溶液 1mL，观察并记录气体生成情况及溶液颜色。

（6）取饱和 NH$_4$VO$_3$ 溶液 1mL，加入 2 滴 6mol/L 的 HCl 酸化后，加入少量锌粉，放置片刻，仔细观察并记录溶液颜色的变化。再逐滴加入 0.01mol/L 的 KMnO$_4$ 溶液并摇匀，观察并记录溶液的颜色变化。

（7）取 10 滴 TiOSO$_4$ 溶液，加入少量锌粉，加热后放置，观察并记录现象。一段时间后，将上层清液分装于 2 支试管中，分别滴加 5 滴 0.1mol/L 的 $FeCl_3$ 和 5 滴 0.2mol/L 的 $CuCl_2$ 溶液，观察现象。

(8) 取少量 0.1mol/L 的 $K_2Cr_2O_7$，加入 2 滴 1.0mol/L 的硫酸酸化后分成两份。一份加入少量固体亚硝酸钠，一份加入少量固体亚硫酸钠，观察并记录有何变化。

(9) 分别试验在酸性(1mol/L 的 H_2SO_4)、中性(蒸馏水)、碱性(2mol/L 的 NaOH)介质中 0.01mol/L 的 $KMnO_4$ 溶液与 0.1mol/L 的 Na_2SO_3 溶液的反应，比较并记录它们的产物因介质不同有什么不同。

(10) 在试管中加入少量重铬酸铵固体，加热使之完全分解。观察并记录产物的颜色和状态。分为 3 份，分别加入 2mL 水、浓硫酸、40% NaOH 溶液，加热至沸，观察并记录固体是否溶解，解释现象。

4.3.5.3 配合物的性质

(1) 在 5 滴 0.1mol/L $Fe(NO_3)_3$ 溶液中加入 2 滴 0.5mol/L KSCN 溶液，观察并记录溶液中发生的变化。然后再加入 1mol/L NH_4F 溶液至过量，观察并记录溶液中发生的变化。

(2) 在 5 滴 0.1mol/L $CoCl_2$ 溶液中滴加 6mol/L 氨水至过量，观察并记录溶液中发生的变化。静置一段时间，再次观察并记录溶液中发生的变化。

(3) 氯化钴(Ⅱ)水合离子颜色变化

用玻璃棒蘸取 0.1mol/L $CoCl_2$ 溶液在白纸上写字，晾干后，用电吹风热风将纸吹干，观察字迹颜色的变化，记录现象。

(4) 在 5 滴 0.1mol/L $NiSO_4$ 溶液中滴加 6mol/L 氨水至生成的沉淀刚好溶解为止，观察并记录现象。分别试验此络合物溶液与 1mol/L H_2SO_4(注意：H_2SO_4 应沿试管内壁滴加)和 2mol/L NaOH 溶液的反应，以及加热和加水稀释对此络合物稳定性的影响，观察并记录现象。

(5) 往 0.5mL $TiOSO_4$ 溶液中滴加 3% H_2O_2 溶液，观察并记录反应产物的颜色和状态。

4.3.5.4 离子的鉴定

(1) 在 5 滴 0.1mol/L 亚铁氰化钾($K_4[Fe(CN)_6]$)溶液中滴加 5 滴 0.1mol/L $Fe(NO_3)_3$ 溶液，观察并记录现象。

(2) 在 5 滴 0.1mol/L 铁氰化钾 $K_3[Fe(CN)_6]$ 溶液中滴加 5 滴 $(NH)_2Fe(SO_4)_2$ 溶液，观察并记录现象。

(3) 在 10 滴 0.1mol/L $CoCl_2$ 溶液中加入 15mL 戊醇，再滴加 5 滴 0.5mol/L KSCN 溶液，振荡，观察并记录水相和有机相的颜色变化。

(4) 在 5 滴 0.1mol/L $NiSO_4$ 溶液中，加入 5 滴 2mol/L 氨水，再加入 1 滴镍试剂，观察并记录现象。

4.3.5.5 混合离子的分离与鉴定

取 Ag^+、Fe^{3+}、Cr^{3+}、Co^{2+} 混合液 15 滴于离心试管中，选用本实验的试剂(6mol/L NaOH、6mol/L 氨水、0.1mol/L $Pb(NO_3)_2$、2mol/L HOAc)，将混合液分离成单个的溶液或沉淀，并加以鉴定。

4.3.6 习题

(1) $Fe(OH)_3$、$Co(OH)_3$ 和 $Ni(OH)_3$ 沉淀中分别加入 HCl 和 H_2SO_4 时会出现什么现象？

(2) 在含 Mn^{2+} 的溶液中通入 H_2S，能否得到 MnS 沉淀，怎样才能得到 MnS 沉淀？

4.4　副族元素的性质(二)(铜、银、锌、镉、汞、钼、钨)

4.4.1　实验目的

(1) 熟悉铜、银、锌、镉、汞氧化物或氢氧化物的生成和性质。
(2) 掌握铜、银、锌、镉、汞硫化物的生成和性质。
(3) 掌握铜、银、锌、镉、汞重要配合物的性质。
(4) 掌握单质铜、银、汞重要的氧化还原性。
(5) 了解钼、钨某些重要化合物的性质。

4.4.2　思考题

(1) 在什么条件下,Cu(Ⅰ)才能稳定存在?
(2) 使用汞的时候应注意哪些问题,为什么要把汞储存在水面以下?

4.4.3　实验原理

Cu^{2+}、Ag^+、Zn^{2+}、Cd^{2+}、Hg^{2+} 与 NaOH 溶液反应生成 $Cu(OH)_2$(浅蓝色)、Ag_2O(黑棕色)、$Zn(OH)_2$(白色)、$Cd(OH)_2$(白色)、HgO(黄色)。若将 $Cu(OH)_2$、$Zn(OH)_2$、$Cd(OH)_2$ 水溶液加热时则生成 CuO(黑色)、ZnO(白色)、CdO(褐色)。黄色的 HgO 加热时则生成橘红色的 HgO 变体。

$Cu(OH)_2$ 和 $Zn(OH)_2$ 具有两性,但 $Cu(OH)_2$ 两性以碱性为主,略有酸性。它们与过量的 NaOH 溶液反应则生成 $Cu(OH)_4^{2-}$ 和 $Zn(OH)_4^{2-}$ 溶解。向 $CuSO_4$ 溶液中加少量 $NH_3 \cdot H_2O$,得到浅蓝色碱式盐 $Cu_2(OH)_2SO_4$,继续加入 $NH_3 \cdot H_2O$ 时,得深蓝色的溶液。

Cu^{2+}、Ag^+、Zn^{2+}、Cd^{2+} 与氨水反应生成 $[Cu(NH_3)_4]^{2+}$(蓝色)、$[Ag(NH_3)_2]^+$(无色)、$[Zn(NH_3)_4]^{2+}$(无色)、$[Cd(NH_3)_4]^{2+}$(无色)等配离子,而 Hg^{2+} 与 NH_3 反应生成氨基化合物白色沉淀。

Cu^{2+}、Ag^+、Zn^{2+}、Cd^{2+}、Hg^{2+} 与 Na_2S 溶液反应生成难溶的硫化物:CuS(黑色)、Ag_2S(黑色)、ZnS(白色)、CdS(黄色)、HgS(红色或黑色)。其中 HgS 与过量的 S^{2-} 反应生成无色的 HgS_2^{2-} 离子,若向此溶液加入盐酸又生成黑色 HgS 沉淀。ZnS 能溶于稀盐酸中。

铜的常见化合物的氧化值为 +1 和 +2。一般说来,在高温、固态时,Cu(Ⅰ)的化合物比 Cu(Ⅱ)的化合物稳定,例如:

$$Cu_2(OH)_2CO_3 \xrightarrow{200℃} 2CuO(s) + CO_2 + H_2O$$

$$2CuO \xrightarrow{1100℃} Cu_2O(s,暗红色) + \frac{1}{2}O_2$$

$$Cu_2O \xrightarrow{1800℃} 2Cu(s) + \frac{1}{2}O_2$$

$$CuCl_2 \xrightarrow{990℃} CuCl(s) + \frac{1}{2}Cl_2$$

Cu(Ⅰ)在水溶液中不能稳定存在,会自动发生歧化反应生成 Cu 和 Cu^{2+}。Cu(Ⅰ)的化合物都难溶于水,而 Cu(Ⅱ)的化合物易溶于水的较多。常见的 Cu(Ⅰ)化合物在水中的溶解度顺序为：

$$CuCl > CuBr > CuI > CuSCN > CuCN > Cu_2S$$

Cu^+ 有还原性，在空气中 CuCl 可被氧化：

$$4CuCl + O_2 + 4H_2O \longrightarrow 3CuO \cdot CuCl_2 \cdot 3H_2O + 2HCl$$

Cu^{2+} 具有一定的氧化性：

$$2Cu^{2+} + 4I^- \longrightarrow 2CuI(s) + I_2$$

$$CuI + I^- \longrightarrow CuI_2^-$$

在浓盐酸溶液中 $CuCl_2$ 是黄色的，这是由于生成配离子。而在稀溶液中由于水分子多，$CuCl_2$ 变为 $[Cu(H_2O)_4]Cl_2$，水合离子显蓝色，二者混合，呈绿色。

汞的常见化合物的氧化值虽然也为 +1 和 +2，但在性质上与 Cu 有所不同。Hg 有可溶性稳定的 +1 价化合物如 $Hg_2(NO_3)_2$ 和很多难溶化合物如 Hg_2Cl_2、Hg_2Br_2、Hg_2I_2、Hg_2SO_4、$Hg_2(CNS)_2$ 等。

在 Hg^{2+} 和 Hg_2^{2+} 的溶液中加入强碱时，分别生成黄色的 HgO 和棕色的 Hg_2O 沉淀。

$$Hg^{2+} + 2OH^- \longrightarrow HgO + H_2O$$

$$Hg_2^{2+} + 2OH^- \longrightarrow Hg_2O + H_2O$$

Hg_2O 很快分解为 HgO 和 Hg：

$$Hg_2O \longrightarrow HgO + Hg$$

在 Hg^{2+}，Hg_2^{2+} 的溶液中分别加入适量的 Br^-、I^-、$S_2O_3^{2-}$、CN^- 和 S^{2-} 时，分别生成难溶于水的汞盐和亚汞盐。但许多难溶于水的亚汞盐见光受热容易歧化为相应的汞盐和单质汞（除 Hg_2Cl_2）。

$$Hg_2^{2+} + 2I^- \longrightarrow Hg_2I_2(s，草绿色)$$

$$Hg_2I_2 \longrightarrow HgI_2(s，金红色) + Hg(l，灰黑色)$$

汞盐可溶于过量的阴离子溶液形成配合物。例如：HgI_2 可溶于过量的 KI 溶液中：

$$HgI_2 + 2I^- \longrightarrow [HgI_4]^{2-}（无色）$$

在 $HgCl_2$ 溶液中加入氨水，生成碱式氨基氯化汞白色沉淀：

$$2HgCl_2 + 4NH_3 + H_2O \longrightarrow HgO \cdot NH_2HgCl \downarrow（白色） + 3NH_4Cl$$

在 Hg_2Cl_2 溶液中加入氨水，不仅有上述白色沉淀产生，同时有汞析出：

$$2Hg_2Cl_2 + 4NH_3 + H_2O \longrightarrow HgO \cdot NH_2HgCl \downarrow（白色） + 2Hg \downarrow（黑色） + 3NH_4Cl$$

钼和钨的原子价层电子构型分别为：$4d^5 5s^1$ 和 $5d^4 6s^2$，它们都能形成氧化值从 +2 到 +6 的化合物，其中氧化值为 +6 的化合物较稳定。例如：钼酸铵（$(NH_4)_2MoO_4$）、钨酸钠（Na_2WO_4）等。

碱金属和 NH_4^+ 的钼(Ⅵ)、钨(Ⅵ)含氧酸盐易溶于水。在可溶性的钨酸盐或钼酸盐中，增加酸度往往形成聚合的酸根离子。在 $(NH_4)_2MoO_4$ 和 Na_2WO_4 的溶液中分别加入适量的盐酸，则析出难溶于水的钼酸 H_2MoO_4 和钨酸 H_2WO_4。

$$(NH_4)_2MoO_4 + 2HCl \longrightarrow H_2MoO_4(s，白色) + 2NH_4Cl$$

$$Na_2WO_4 + 2HCl \longrightarrow 2H_2WO_4(s，黄色) + 2NaCl$$

MoO_4^{2-} 和 WO_4^{2-} 可以与 H_2S 作用，生成硫化物。

$$MoO_4^{2-} + 3H_2S + 2H^+ \longrightarrow MoS_3(s) + 4H_2O$$

$$WO_4^{2-} + 3H_2S + 2H^+ \longrightarrow WS_3(s) + 4H_2O$$

MoS_3 和 WS_3 能溶于 $(NH_4)_2S$ 中形成硫代酸盐。

$$MoS_3 + S^{2-} \longrightarrow MoS_4^{2-}$$
$$WS_3 + S^{2-} \longrightarrow WS_4^{2-}$$

用硝酸酸化的钼酸铵溶液，加热至 50℃，再加入 Na_2HPO_4，生成 $(NH_4)_3PO_4 \cdot 12MoO_3 \cdot 6H_2O$ 黄色沉淀，这一反应常用来检查溶液中是否含有 MoO_4^{2-}，也可用来鉴定溶液中的 PO_4^{3-}。

$$12MoO_4^{2-} + HPO_4^{2-} + 3NH_4^+ + 23H^+ \longrightarrow (NH_4)_3PO_4 \cdot 12MoO_3 \cdot 6H_2O(s) + 6H_2O$$

4.4.4　实验用品

4.4.4.1　仪器和材料

性质实验常用仪器，离心机，水浴锅，坩埚，酒精灯，KI 淀粉试纸，pH 试纸。

4.4.4.2　试剂

HCl（2.0mol/L 、6mol/L 、浓），H_2SO_4（1.0mol/L）、$NaOH$（2mol/L 、6mol/L），HNO_3（2mol/L），$NH_3 \cdot H_2O$（浓、2.0mol/L），$K_2Cr_2O_7$（0.1mol/L），$BaCl_2$（0.1mol/L），$Pb(NO_3)_2$（0.1mol/L），$CuSO_4$（0.1mol/L），$CuCl_2$（0.5mol/L），$AgNO_3$（0.1mol/L），$Zn(NO_3)_2$（0.1mol/L），$Cd(NO_3)_2$（0.1mol/L），$Hg(NO_3)_2$（0.1mol/L），$Hg_2(NO_3)_2$（0.1mol/L），$NaCl$（0.1mol/L），$NaBr$（0.1mol/L），KI（0.1mol/L），$Na_2S_2O_3$（0.2mol/L），Na_2S（0.5mol/L），Na_2SO_3（0.5mol/L），葡萄糖(10%)，钼酸铵（饱和），NH_4Cl（0.1mol/L），$MnSO_4$（0.1mol/L），$(NH_4)_2MoO_4$（s），$NaCl$（s），$NaBiO_3$（s），铜箔，锌粒，固体石蜡。

4.4.5　实验步骤

要求解释实验现象并写出有关反应式。

4.4.5.1　氢氧化物和氧化物的性质

(1) 取 5 支试管分别加入 0.1mol/L 的 $CuSO_4$、$AgNO_3$、$Zn(NO_3)_2$、$Cd(NO_3)_2$ 溶液 10 滴，然后向各试管中加入 3～5 滴 2.0mol/L 的 NaOH 溶液，除 $AgNO_3$ 试管外，将其余 4 支试管放于水浴中加热，观察各试管中的沉淀有何变化。

(2) 取 3 支试管分别加入 0.1mol/L 的 $CuSO_4$、$Zn(NO_3)_2$、$Cd(NO_3)_2$ 溶液 5 滴，慢慢向试管中滴加 6.0mol/L 的 NaOH 溶液，同时摇动试管，观察并记录沉淀的生成和溶解情况，若加入 NaOH 溶液 15 滴仍不溶解就不要多加。

(3) 取少量钼酸铵固体在坩埚中灼烧，观察并记录固体颜色的变化。将产物分成 3 份，放入 3 支试管中分别试验它与浓盐酸、2.0mol/L NaOH 和水的作用。

4.4.5.2　配合物的性质

(1) 取 5 支试管分别加入 0.1mol/L 的 $CuSO_4$、$AgNO_3$、$Zn(NO_3)_2$、$Cd(NO_3)_2$、$Hg(NO_3)_2$ 溶液 5 滴，然后向各试管中分别加入 2.0mol/L 的 $NH_3 \cdot H_2O$ 溶液，直到沉淀完全溶解。把所得清液分为两份，一份加热至沸，另一份逐滴加入 1.0mol/L 的 H_2SO_4，观察并记录各有何变化。

(2) 取 6 支试管，分别加入 1mL 0.1mol/L 的 $AgNO_3$ 溶液。在其中两支试管加入 0.1mol/L NaCl，另两支试管中加入 0.1mol/L NaBr，另两支试管中加入 0.1mol/L KI，观察氯化银、溴化银和碘化银沉淀的生成。再将各沉淀分别与 2.0mol/L 的 $NH_3 \cdot H_2O$ 和 0.2mol/L 的 $Na_2S_2O_3$ 溶液作用，观察并记录沉淀溶解的情况。

(3) 取 2 支试管分别加入 0.1mol/L 的 $Hg(NO_3)_2$ 和 $Hg_2(NO_3)_2$ 溶液各 5 滴，逐滴加入

0.1mol/L 的 KI 溶液，观察并记录现象。

（4）在 10mL 0.5mol/L 的 $CuCl_2$ 溶液中加入固体 NaCl，观察并记录溶液颜色的变化。取 4 滴该溶液用水稀释，观察并记录变化。

4.4.5.3　硫化物的性质

取 5 支试管分别加入 0.1mol/L 的 $CuSO_4$、$AgNO_3$、$Zn(NO_3)_2$、$Cd(NO_3)_2$、$Hg(NO_3)_2$ 溶液各 5 滴，然后向各试管中逐滴加入 0.5mol/L 的 Na_2S 溶液，观察并记录沉淀生成和溶解的情况。向溶解的试管中慢慢滴加 2mol/L 的 HCl 溶液，有何现象？

将试管中的 CuS、CdS、ZnS 沉淀和溶液分别倒入 3 支离心管中离心分离，吸去清液，再水洗 1 次，然后向各离心管的沉淀中加入 2mol/L 的 HCl 溶液，观察沉淀的溶解情况。

4.4.5.4　氧化还原性质

（1）在离心试管中加入 10 滴 0.2mol/L 的 $CuSO_4$ 溶液，再加入过量的 6.0mol/L NaOH 溶液，使生成的沉淀完全溶解。再向此清液中加入 10% 葡萄糖溶液，混匀后微热，观察并记录现象。沉淀离心分离后用蒸馏水洗涤，分别试验沉淀与浓氨水和 1.0mol/L H_2SO_4 溶液的作用，记录现象。

（2）在离心试管中加入等体积的 0.1mol/L 的 $CuSO_4$ 溶液和 0.1mol/L 的 KI 溶液，搅拌，离心分离后观察并记录沉淀和溶液颜色。将上层清液转移至另一试管中，加入淀粉液，观察并记录现象。

（3）向 0.1mol/L 的 $CuSO_4$ 溶液中，滴加 0.5mol/L 的 Na_2SO_3 溶液，观察并记录溶液颜色变化。向此溶液中加入 2mol/L 的 H_2SO_4 溶液，观察并记录现象。离心分离，将上层清液转移至另一试管，滴加浓氨水，观察并记录溶液的颜色。

（4）将饱和钼酸铵溶液用盐酸酸化后，加一小粒锌，振荡，观察并记录溶液的颜色有什么变化？用饱和钨酸钠溶液代替钼酸铵溶液进行与上面同样的试验，观察并记录现象。

（5）向盛有 5 滴 0.1mol/L 的 $Hg(NO_3)_2$ 溶液的试管中逐滴加入 0.1mol/L 的 KI 溶液，直至生成的沉淀又溶解，观察并记录现象。向获得的溶液中加入 6mol/L 的 NaOH 溶液 10 滴，摇匀后，再加入 3~5 滴 0.1mol/L 的 NH_4Cl 溶液，观察有何现象发生。

4.4.5.5　离子的鉴定

（1）向盛有 2 滴 0.1mol/L 的 $MnSO_4$ 溶液的试管中加入 3mL 2mol/L 的 HNO_3，再加入少许 $NaBiO_3$ 固体，搅拌，微热试管，观察并记录颜色变化。这个反应可用来鉴定 Mn^{2+}。

（2）在装有 0.1mol/L $K_2Cr_2O_7$ 的 3 支试管中分别加入 0.1mol/L 的 $BaCl_2$，0.1mol/L 的 $Pb(NO_3)_2$、0.1mol/L 的 $AgNO_3$，观察并记录铬酸钡、铬酸铅和铬酸银的生成及它们的颜色。向这 3 支试管中分别加入 2mol/L 的 HCl，检验其溶解性。这些反应可用来鉴定 Ba^{2+}、Pb^{2+}、Ag^+。

4.4.5.6　制备印刷线路板

用砂纸去除 Cu 箔表面的氧化物，再用固体石蜡将 Cu 箔封成所需的图案，投入 $FeCl_3$ 溶液中放置一段时间后取出，观察并记录现象。

4.4.5.7　混合离子的鉴定

（1）已知未知溶液中含有 Ag^+、Zn^{2+}、Cd^{2+}、Hg^{2+} 这四种离子中的一种离子，请鉴定出来是含有哪种离子。

（2）向离心试管中加入 Cu^{2+} 和 Hg^{2+} 混合溶液 10 滴，利用本实验的试剂将其分离成单独的 Cu^{2+} 和 Hg^{2+} 的难溶化合物。

4.4.6　习题

（1）为什么硫酸铜溶液中加入 KI 时，生成碘化亚铜，加 KCl 产物是什么？

（2）久置的 $[Ag(NH_3)_2]^+$ 碱性溶液，有产生氮化银 Ag_3N 的危险，应采用什么办法来破坏 Ag_3N？

备注：$TiOSO_4$ 溶液的制备：在 2mL $TiCl_4$ 液体中加入 30mL 6mol/L 的 H_2SO_4，用水稀释至 200mL 即得。

4.5　氧化还原反应与配位化合物

4.5.1　实验目的

（1）掌握介质酸碱性对氧化还原反应的影响。

（2）了解配合反应和沉淀反应对氧化还原反应的影响。

（3）比较配合物的稳定性，了解配合物的性质。

4.5.2　思考题

（1）电极反应中离子浓度变化如何影响电极电势？

（2）Co^{3+} 在水溶液中不存在，为什么 $[Co(en)_3]^{3+}$ 在溶液中可以稳定存在？

（3）如何鉴定混合溶液中的 Fe^{3+} 和 Co^{2+}？

4.5.3　实验原理

水溶液中电解质的氧化还原反应是生产和科研中经常遇到的重要化学反应，它所涉及的基本问题有三个，即氧化还原反应进行的方向性、氧化还原反应的限度和氧化还原反应的速度问题。

在电解质水溶液中，两种物质能否发生氧化还原反应可根据电极电势来判断。电极电势低的还原型物质与电极电势高的氧化型物质之间能够发生反应。反之，则不能进行反应。若某一元素具有不同价态的物质，其最高价态的物质只能作氧化剂，最低价态的物质只能作还原剂，中间价态的物质既可作氧化剂也可作还原剂。若一种还原剂与两种或以上的氧化剂反应（或一种氧化剂与两种或以上的还原剂反应），则还原剂优先与电极电势高的氧化剂反应（氧化剂优先与电极电势低的还原剂反应）。

在氧化还原反应中，当反应条件改变或物质状态改变时，可使氧化还原反应发生方向性的变化。这是由于反应条件或物质状态的改变引起电极电势的变化，从而改变氧化还原反应的方向。

4.5.3.1　反应物浓度对氧化还原反应方向的影响

例如，金属 Sn 能与 $Pb(NO_3)_2$ 浓溶液反应置换出金属 Pb，但与 $Pb(NO_3)_2$ 稀溶液就不能反应，因为：

$$Sn^{2+} + 2e \longrightarrow Sn \qquad E^{\ominus} = -0.136V$$

$$Pb^{2+} + 2e \longrightarrow Pb \qquad E^{\ominus} = -0.126V$$

根据标准电极电势判断反应是能够进行的。但若 $c(Pb^{2+}) = 0.01mol/L$ 时，则：

$$E = E^{\ominus} + \frac{0.0592}{2}\lg c(Pb^{2+}) = -0.126 + \frac{0.0592}{2}\lg 10^{-2} = -0.185V$$

此时，$E(Pb^{2+}/Pb)$ 低于 $E^{\ominus}(Sn^{2+}/Sn)$，所以置换反应不能进行。

一般说来，反应物浓度对氧化还原反应方向的改变并不是很重要的。因为上述情况必须在电极电势相差很小、同时浓度变化很大时才能发生。

4.5.3.2 溶液酸碱性对氧化还原反应方向的影响

例如，AsO_4^{2-} 在酸性溶液中能将 S^{2-} 氧化为单质 S，而在碱性溶液中则不能。这可根据下面电极电势看出：

$$S + 2e \longrightarrow S^{2-} \qquad E^{\ominus} = -0.48V$$
$$H_3AsO_4 + 2H^+ + 2e \longrightarrow HAsO_2 + 2H_2O \qquad E_a^{\ominus} = +0.550V$$
$$AsO_4^{2-} + 2H_2O + 2e \longrightarrow AsO_2^- + 4OH^- \qquad E_b^{\ominus} = -0.67V$$

4.5.3.3 难溶物质对氧化还原反应的影响

例如，将氯水加入 Co^{2+} 溶液中并不能将 Co^{2+} 氧化成 Co^{3+}，这是因为：

$$Cl_2 + 2e \longrightarrow 2Cl^- \qquad E^{\ominus} = 1.359V$$
$$Co^{3+} + e \longrightarrow Co^{2+} \qquad E^{\ominus} = 1.84V$$

但若向 Co^{2+} 溶液中加入 NaOH 溶液使其变为 $Co(OH)_2$ 沉淀，再加氯水则很容易将 $Co(OH)_2$ 氧化成棕黑色的 $Co(OH)_3$ 沉淀。因为：$Co(OH)_2$ 的 $K_{sp}^{\ominus} = 1.6 \times 10^{-15}$，$Co(OH)_3$ 的 $K_{sp}^{\ominus} = 1.6 \times 10^{-44}$。若含有 $Co(OH)_2$ 和 $Co(OH)_3$ 沉淀的溶液中 $c(OH^-) = 1mol/L$，则溶液中 $c(Co^{2+}) = 1.6 \times 10^{-15}mol/L$，$c(Co^{3+}) = 1.6 \times 10^{-44}mol/L$，代入能斯特公式：

$$E = E^{\ominus} + 0.0592\lg\frac{c(Co^{3+})}{c(Co^{2+})} = 1.84 + 0.0592\lg\frac{1.6 \times 10^{-44}}{1.6 \times 10^{-15}} = 0.13V$$
$$Co(OH)_3 + e \longrightarrow Co(OH)_2 + OH^- \qquad E^{\ominus} = 0.13V$$

配位化合物是由一定数目的离子或分子与中心原子或离子以配位键相结合，按一定的组成和空间构型所形成的化合物，如 $[Cu(NH_3)_4]SO_4$。与中心原子直接相连的原子称为配位原子。配位原子的个数称为配位数。在 $[Cu(NH_3)_4]SO_4$ 中 N 原子为配位原子，配位数是 4。

复盐与配盐的主要区别是在水溶液中的电离情况。复盐在水溶液中完全电离成各组分离子，而配盐在水溶液中存在着配离子及其离解平衡。

在元素周期表中几乎所有的金属元素都可以作为配合物的中心原子，但生成配合物的能力不同。一般周期表中两端的元素形成配合物的能力较弱，尤其是碱金属、碱土金属，一般只能形成少数稳定螯合物。位于中部的元素形成配合物能力最强，特别是第Ⅷ族元素以及与其相邻的 Cu、Mn、Cr 等副族元素。

一种金属离子在水溶液中能与不同配合剂形成不同配合物，当配离子形成时，常伴随溶液颜色改变。例如：

$$Cu^{2+} + 4NH_3 \longrightarrow [Cu(NH_3)_4]^{2+} \qquad （蓝 \longrightarrow 深蓝）$$
$$Fe^{2+} + 6CN^- \longrightarrow [Fe(CN)_6]^{4-} \qquad （淡绿 \longrightarrow 黄）$$
$$Ni^{2+} + 6NH_3 \longrightarrow [Ni(NH_3)_6]^{2+} \qquad （绿 \longrightarrow 蓝）$$
$$Fe^{3+} + 6F^- \longrightarrow [FeF_6]^{3-} \qquad （黄 \longrightarrow 无色）$$

另一个重要现象为配合反应发生时，可能发生沉淀的生成或沉淀溶解，如丁二肟与镍离子反应，生成螯合物为难溶红色沉淀。另外许多沉淀由于生成配离子而溶解，利用该现象可以进行物质的分析分离。

水溶液中金属离子加入配合剂形成配离子后，使金属离子的浓度大大降低，金属离子就不易还原为金属。相反，金属在配合剂存在下容易氧化进入溶液中。对于变价金属离子，因高价金属离子配合能力一般较低价金属离子强，所以形成配离子后电极电位明显下降，这样使高价金属离子不易还原为低价金属离子，而低价金属离子容易氧化为高价。金属离子形成配合物后的电极电势可根据配合物的稳定常数数值和能斯特方程进行计算。

4.5.4   实验用品

4.5.4.1   仪器和材料

性质实验常用仪器，pH 试纸，小铁钉（长约 2cm），天平，显微镜，载玻片，离心机，称量纸。

4.5.4.2   试剂

$AgNO_3$（0.1mol/L），$Co(NO_3)_2$（0.1mol/L），$CuSO_4$（0.1mol/L），$Fe(NO_3)_3$（0.1mol/L），KI（0.1mol/L），KBr（0.1mol/L），KIO_3（0.1mol/L），$K_2Cr_2O_7$（0.1mol/L），$K_2S_2O_8$（0.1mol/L），$MnSO_4$（0.1mol/L），NH_4SCN（0.1mol/L），$Na_2C_2O_4$（0.1mol/L），$NaClO$（0.1mol/L），Na_2SO_3（0.1mol/L），Na_2S（0.1mol/L），Na_3AsO_4（0.1mol/L），$NaCl$（0.1mol/L），$EDTA$（0.1mol/L），H_2SO_4（3mol/L、1mol/L），HNO_3（2mol/L、6mol/L），$NaOH$（2mol/L、6mol/L），硫磷混酸（1mol/L），$NH_3 \cdot H_2O$（2mol/L），$SnCl_2$（0.5mol/L），H_2O_2（5%），$KMnO_4$（0.01mol/L），0.2%淀粉液，$BaCl_2$（0.05mol/L），$Fe(NO_3)_3$（0.05mol/L），$Na_2S_2O_3$（0.5mol/L），Na_2SO_3（0.5mol/L），NH_4CNS（0.5mol/L），NH_4F（0.5mol/L），$(NH_4)_2C_2O_4$ 饱和溶液，亚硝酸铜铅钠（$[Na_2PbCu(NO_2)_6]$）溶液，乙二胺（0.1mol/L 、1mol/L），CCl_4，奈斯勒试剂，$NH_4Fe(SO_4)_2 \cdot 12H_2O(s)$，$K_3Fe(C_2O_4)_3 \cdot 2H_2O(s)$，CNS 型阴离子交换树脂。

4.5.5   实验步骤

要求解释实验现象并写出相关反应方程式。

4.5.5.1   氧化还原反应与电极电势

(1) 取 20 滴 0.1mol/L $CuSO_4$ 溶液，加入一个新的小铁钉，振荡数分钟后，将溶液倒入回收瓶，观察铁钉表面的现象。

(2) 取 0.1mol/L KI 溶液 5 滴，加入 3mol/L H_2SO_4 溶液 10 滴，再加入 0.1mol/L NaClO 溶液 5 滴，最后再加入 2 滴 0.2%淀粉液，观察现象。

(3) 取 0.1mol/L KI 溶液 5 滴和 2 滴 0.2%淀粉液，再加入 3mol/L H_2SO_4 5 滴，最后慢慢滴加 5% H_2O_2 2 滴，观察有何现象。

(4) 取 0.1mol/L $Fe(NO_3)_3$ 溶液 5 滴和 0.1mol/L NH_4SCN 溶液 1 滴，然后慢慢滴加 0.5mol/L $SnCl_2$ 溶液，观察溶液颜色变化现象。

(5) 取 0.01mol/L $KMnO_4$ 3 滴和 3mol/L H_2SO_4 5 滴，然后慢慢滴加 5% H_2O_2，观察现象。

(6) 取 0.01mol/L $KMnO_4$ 2 滴和 0.1mol/L $K_2Cr_2O_7$ 3 滴，再加入 3mol/L H_2SO_4 5 滴，然后慢慢滴加 0.1mol/L Na_2SO_3 溶液，观察颜色的变化。

4.5.5.2   影响氧化还原反应方向的因素

(1) 取 0.1mol/L KI 溶液 5 滴和 0.2%淀粉液 2 滴，再加入 0.1mol/L Na_3AsO_4 溶液 10 滴，然后慢慢滴加 3mol/L H_2SO_4 溶液，并振荡试管直到溶液出现颜色，然后再滴加 6mol/L NaOH，观察现象。

(2) 取 0.1mol/L $Co(NO_3)_2$ 溶液 10 滴，加入 6mol/L NaOH 溶液 10 滴，再加入 5% H_2O_2 5 滴，观察现象。

4.5.5.3 影响氧化还原反应速率的因素

（1）取 0.1mol/L $K_2S_2O_8$ 20 滴和 2mol/L NaOH 5 滴，最后加入 0.1mol/L Na_2S 溶液 2 滴，摇匀后放置观察现象。

（2）取 0.1mol/L $K_2S_2O_8$ 20 滴和 1mol/L H_2SO_4 5 滴，最后加入 0.1mol/L Na_2S 溶液 2 滴，摇匀后放置观察现象并与（1）比较。

（3）取 0.01mol/L $KMnO_4$ 2 滴和 1mol/L H_2SO_4 10 滴，再加入 0.1mol/L $Na_2C_2O_4$ 20 滴，观察有无变化，然后水浴加热，再观察现象。

（4）取 0.1mol/L $K_2S_2O_8$ 溶液 40 滴，加入 0.1mol/L $MnSO_4$ 溶液 1 滴和 1mol/L 硫磷混酸 10 滴，再加入 0.1mol/L $AgNO_3$ 2 滴，水浴加热，观察现象。

4.5.5.4 复盐与配盐在水溶液中的性质比较

（1）称 0.25g 硫酸铁铵固体，溶于 10mL 去离子水中进行下述实验：

1）取上述溶液 1mL，加入 2 滴奈斯勒试剂，观察现象。

2）取上述溶液 1mL，滴加 0.05mol/L $BaCl_2$ 溶液 2 滴，观察是否有沉淀产生。

3）取上述溶液 1mL，滴加 0.5mol/L NH_4CNS 溶液 2 滴，观察溶液颜色。

上述实验能得出什么结论。

（2）称取 0.25g 草酸铁钾固体，溶于 10mL 去离子水中并进行下述实验：

1）在载玻片上滴 1 滴上述溶液，用试管夹夹住载玻片在石棉网上小火加热，当液体边缘出现固体痕迹撤离火焰，稍冷后向载玻片加 1 滴亚硝酸铜铅钠溶液，放置 6min，在显微镜下观察亚硝酸铜铅钾的结晶形状和颜色。

2）取上述溶液 1mL，加入 0.5mol/L NH_4CNS 溶液 2 滴，有何现象，然后再加入 0.05mol/L $BaCl_2$ 溶液 2~3 滴，观察现象。

3）取上述溶液 1mL，加入 2mol/L NaOH 溶液 2 滴，有何现象，为什么？

4）取上述溶液 1mL，加入 0.05mol/L $Pb(NO_3)_2$ 溶液 2~3 滴，观察现象。

上述实验现象能否证明两种难溶盐哪个溶度积常数更小些，该盐是何种颜色？

4.5.5.5 配合物的稳定性

（1）取 0.1mol/L $Fe(NO_3)_3$ 溶液 10 滴，加入 0.5mol/L NH_4CNS 溶液，观察现象。然后慢慢滴加 2mol/L NH_4F 溶液，观察现象。最后滴加饱和 $(NH_4)_2C_2O_4$ 溶液，观察现象。

（2）取 0.1mol/L $CuSO_4$ 溶液 10 滴，滴加 0.1mol/L 乙二胺，观察溶液颜色，最后再慢慢滴加 0.1mol/L EDTA 溶液，观察现象。

（3）取 CNS 型阴离子交换树脂少许，放入点滴板的凹坑中，加 0.1mol/L $Co(NO_3)_2$ 溶液 1~2 滴，用玻璃棒搅动后观察树脂颜色变化，再加 1 滴 0.1mol/L $Fe(NO_3)_3$ 溶液如何，然后加入 1 滴 0.1mol/L NH_4F 溶液，用玻璃棒搅动溶液，观察树脂颜色变化。

4.5.5.6 配合物与酸碱反应

（1）取 0.1mol/L $Fe(NO_3)_3$ 溶液 10 滴，加入 0.5mol/L NH_4CNS 2 滴至溶液显色，再慢慢加入饱和 $(NH_4)_2C_2O_4$ 至溶液变色，然后滴加 6mol/L HNO_3 溶液，观察溶液颜色变化。

（2）取 0.1mol/L $CuSO_4$ 溶液 10 滴，慢慢滴加 2mol/L $NH_3 \cdot H_2O$，有什么现象产生；最后慢慢滴加 6mol/L HNO_3，又有什么现象发生。

4.5.5.7 配合反应与沉淀反应

（1）取 0.1mol/L $AgNO_3$ 溶液 3 滴，加入 0.1mol/L NaCl 溶液 3 滴，观察现象，然后慢慢加入 2mol/L 氨水，观察溶液变化。

（2）取 0.1mol/L AgNO$_3$ 溶液 3 滴，加入 0.1mol/L KBr 溶液 3 滴，观察现象，然后慢慢加入 0.5mol/L Na$_2$S$_2$O$_3$ 溶液，观察溶液变化。

（3）取 0.1mol/L AgNO$_3$ 溶液 3 滴，加入 0.5mol/L Na$_2$SO$_3$ 溶液，有何现象，继续加入 Na$_2$SO$_3$ 溶液，观察溶液变化。

4.5.5.8　配合反应与氧化还原反应

（1）向两支试管中分别加入 0.1mol/L Fe(NO$_3$)$_3$ 溶液 5 滴，然后向其中一支试管加饱和 (NH$_4$)$_2$C$_2$O$_4$ 5 滴，向另一支试管加入去离子水 5 滴，最后都加入 0.1mol/L KI 溶液 5 滴和 CCl$_4$ 5 滴，充分摇动试管，观察现象。

（2）向两支试管中分别加入 0.1mol/L Co(NO$_3$)$_2$ 溶液 5 滴，然后向其中一支试管滴加 1mol/L 乙二胺 5 滴，向另一支试管加入去离子水 5 滴，最后都加入 5% H$_2$O$_2$ 溶液 5 滴，摇动试管，观察都有什么现象发生。

4.5.5.9　扩展实验

（1）利用本实验中提供的 KMnO$_4$、K$_2$Cr$_2$O$_7$、H$_2$O$_2$、SnCl$_2$、Na$_2$SO$_3$、H$_2$SO$_4$、NaOH 及去离子水，设计五个与本实验不同的氧化还原反应，写出实验步骤、现象。

（2）选择下列试剂使其先生成一种难溶盐的沉淀，然后加入配合剂使难溶盐沉淀溶解，最后改变溶液酸碱性使难溶盐沉淀再度出现。

0.1mol/L AgNO$_3$，2mol/L NH$_3$·H$_2$O，0.1mol/L KI，0.1mol/L KIO$_3$，2mol/L HNO$_3$，饱和 (NH$_4$)$_2$C$_2$O$_4$ 溶液。

（3）选择下列试剂进行实验，说明配合反应对氧化还原反应的影响。

0.1mol/L Fe(NO$_3$)$_3$，0.1mol/L EDTA，0.1mol/L KI，0.1mol/L NH$_4$F，2mol/L NH$_3$·H$_2$O，CCl$_4$。

4.5.6　习题

（1）向含 Fe^{3+} 的溶液中加入 NH$_4$SCN，要使血红色不出现，应先加入何试剂？

（2）Cu^{2+}—乙二胺配合物与 Cu^{2+}—EDTA 配合物相比，哪个更稳定，为什么？

4.6　未知固体的鉴定

4.6.1　实验目的

（1）熟悉常见阴、阳离子的分离方法和鉴定方法。

（2）了解未知固体化合物鉴定的一般步骤。

（3）进一步掌握试管实验的基本实验技能。

4.6.2　思考题

（1）若溶液中存在 Cr^{3+} 和 Mn^{2+}，应如何分离鉴定？

（2）已知 S^{2-}、SO$_4^{2-}$ 阴离子混合液，如何分离和鉴定？

4.6.3　实验原理

4.6.3.1　Fe^{3+}、Co^{2+}、Ni^{2+}、Mn^{2+}、Al^{3+}、Cr^{3+}、Zn^{2+} 的分离与鉴定

实验原理如下面的流程图所示：

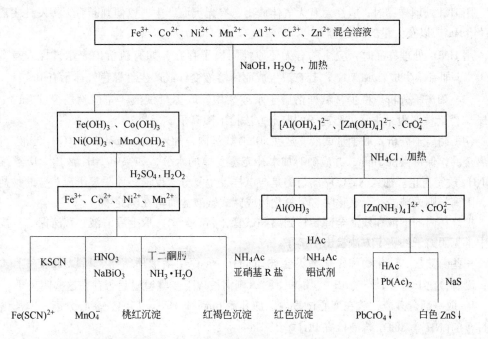

4.6.3.2 未知物鉴定步骤

固体未知物的定性分析，通常分为以下几个步骤：

(1) 外表观察。观察试样在常温时的状态，如果是固体要观察它的晶形。通常结晶形的固体为盐类，粉末状的固体为氧化物。再观察它的颜色。常见的无机化合物的颜色列举如下：

黑色：MnO_2，FeO，FeS，Fe_3O_4，CoS，NiS，NiO，CuO，CuS，Ag_2S，HgS，Hg_2S，PbS，Bi_2S_3。

褐色：Ag_2S，CdO，Hg_2O，PbO_2，Bi_2O_3。

蓝色：水合铜盐如 $CuSO_4 \cdot 5H_2O$，无水 $CoCl_2$。

红色：Fe_2O_3，Cu_2O，Pb_3O_4，HgI_2，Ag_2CrO_4。

粉红色：$CoCl_2 \cdot 6H_2O$，$MnSO_4$。

紫色：$KMnO_4$。

黄色：HgO，CdS，PbO，$BaCrO_4$，$PbCrO_4$，AgI。

绿色：镍盐，水和亚铁盐，铬盐，$CuCO_3$，$CuCl_2$。

白色：$BaCl_2$，$CaCl_2$，K_2SO_4，$Mn(NO_3)_2$，NH_4NO_3，$Pb(NO_3)_2$，$ZnSO_4$，$NaBr$，Na_2S，$Na_2S_2O_3$，Na_2SO_3，KNO_2，$K_2C_2O_4$ 等。

有些化合物，如铵盐和汞盐，在灼热时可以挥发或升华，可取少量固体放入干燥试管内用小火加热，观察它是否分解或升华。

外表观察之后，把样品分成4份，分别用于以下四步试验。

(2) 溶解性试验。在试管中加少量试样和1mL去离子水，振荡，放在水浴中加热。如果看不出显著的溶解，可取上层清液放在表面皿上，小火蒸干，若表面皿上无明显残迹即可判断试样不溶于水。对可溶于水的试样，应检查溶液的酸碱性。

溶于水的包括：一般的钠盐、钾盐、铵盐、硝酸盐、亚硝酸盐以及醋酸盐。

不溶于水的试样，依次用稀 HCl、浓 HCl、稀 HNO_3、浓 HNO_3 和王水试验其溶解性，然后取最容易溶解的酸作溶剂。

用 HCl 处理样品时，应注意有无气体放出，有无沉淀产生，以便判断有无挥发性阴离子和 Ag^+、Hg_2^{2+} 以及大量的 Pb^{2+}。

用 HNO_3 处理样品时，应注意有无还原性阴离子存在，如有硫析出表示试样中有 S^{2-} 或 $S_2O_3^{2-}$；如有碘生成，示有 I^-；若有溴生成而使溶液变红或产生红棕色气体示有 Br^-。

（3）阳离子分析。将少量试样溶解于水或酸中，取少量试液，先检验是否有 Na^+、K^+、NH_4^+，然后按照附录中常见阳离子的鉴定方法检出阳离子。

（4）阴离子分析。取少量试液，放在 50mL 烧杯内，加入 3mL 2mol/L Na_2CO_3 溶液，搅拌，加热至沸，保持微沸 5min，并应随时加水补充蒸发掉的水分，如果有 NH_3 放出，应继续煮沸至 NH_3 放完为止。加入 Na_2CO_3 的目的是与试样发生复分解反应，使阴离子成对应的钠盐而溶解，阳离子则成碳酸盐、氧化物、氢氧化物或碱式碳酸盐而留在沉淀中。

把烧杯内的溶液和残渣全部转移到离心试管，离心分离，取上层清液，残渣保留。按照附录中常见阴离子的鉴定方法检出阴离子。

一些磷酸盐、硫化物和卤化物不会被 2mol/L Na_2CO_3 溶液所溶解，所以如果在上述清液中，没有检出 PO_4^{3-}、S^{2-}、Cl^-、Br^-、I^-，则需按以下步骤检验是否存在这些阴离子：

1）取一部分残渣，放在离心试管内，加几滴 6mol/L HNO_3 加热，离心分离，取清液，加入过量的 $(NH_4)_2MoO_4$ 溶液检查 PO_4^{3-}。

2）另取一些残渣放入离心试管，加少量 Zn 粉，4 滴去离子水，4 滴 2mol/L H_2SO_4，搅拌，用湿的 $Pb(Ac)_2$ 试纸放在试管口检查 H_2S，离心分离，取清液检查 Cl^-、Br^-、I^-。

由于制备试样中引入大量的 CO_3^{2-}，所以试样中有无 CO_3^{2-} 要取原始样品来鉴定。

（5）分析结果的判断。将阴、阳离子的鉴定结果与外表观察、溶解性实验结合起来，判断结果是否合理，如有不合理之处，例如样品溶于水，但检出 Ba^{2+}、SO_4^{2-}，应分析原因，重新检验。

如果找不到与阳离子对应的阴离子，说明试样可能是氧化物或氢氧化物。如果只检出阴离子，说明原样品是酸或酸性氧化物。

4.6.4　实验用品

4.6.4.1　仪器
离心机，离心试管，$Pb(Ac)_2$ 试纸，pH 试纸。

4.6.4.2　试剂
H_2SO_4（2mol/L、浓），HNO_3（2mol/L、浓），HCl（2mol/L、浓），HOAc（2mol/L、6mol/L），NaOH（2mol/L、6mol/L），$NH_3 \cdot H_2O$（2mol/L、6mol/L），$AgNO_3$，KI，$Na_2S_2O_3$，$Sr(NO_3)_2$，$FeCl_3$，$CoCl_2$，$NiCl_2$，$MnCl_2$，$Al_2(SO_4)_3$，$CrCl_3$，$ZnCl_2$，$K_4[Fe(CN)_6]$（以上各物质的浓度均为 0.1mol/L），$BaCl_2$（0.5mol/L），$KMnO_4$（0.01mol/L），$(NH_4)_2CO_3$（12%），$Na_2[Fe(CN)_5NO]$（1%），KSCN（1.0mol/L），NH_4OAc（3mol/L），NH_4SCN（饱和溶液），$Pb(Ac)_2$（0.5mol/L），Na_2S（2mol/L），$NaBiO_3$，NH_4F，NH_4Cl，H_2O_2（3%），丙酮，丁二酮肟，铝试剂，HCl（1mol/L、6mol/L），HNO_3（2mol/L、6mol/L、浓），HOAc-NH_4OAc 缓冲溶液，双硫腙四氯化碳溶液，品红溶液，饱和氯水，饱和钼酸铵溶液，K_2CrO_4（0.2mol/L），饱和 $(NH_4)_2C_2O_4$，Na_2S（1mol/L），Na_2CO_3（2mol/L），$AgNO_3$（0.1mol/L），$BaCl_2$（0.1mol/L），$CaCl_2$（0.1mol/L），四氯化碳。

固体 $NaBiO_3$，Zn 粉，固体 $FeSO_4$，$Pb(Ac)_2$ 试纸，$CdCO_3$ 固体，Zn 粉。

4.6.5 实验步骤

解释实验现象并写出相关的反应方程式。

4.6.5.1 Fe^{3+}、Co^{2+}、Ni^{2+}、Mn^{2+}、Al^{3+}、Cr^{3+}、Zn^{2+}混合离子的分离与鉴定

按照步骤(1)~步骤(9)将 Fe^{3+}、Co^{2+}、Ni^{2+}、Mn^{2+}、Al^{3+}、Cr^{3+}、Zn^{2+}混合离子分离并鉴定。

(1) Fe^{3+}、Co^{2+}、Ni^{2+}、Mn^{2+} 与 Al^{3+}、Cr^{3+}、Zn^{2+} 的分离。往试液中加入 6mol/L NaOH 溶液至呈强碱性,逐滴加入 3% H_2O_2 溶液,每加 1 滴 H_2O_2 溶液,即用玻璃棒搅拌。加完后继续搅拌 3min,加热使过剩的 H_2O_2 完全分解至不再产生气泡为止。离心分离,将上清液转移至另一支离心试管中,按照步骤(7)处理。沉淀用热水洗 1 次,离心分离。

(2) 沉淀的溶解。向步骤(1)产生的沉淀中加入 10 滴 2mol/L H_2SO_4 和 2 滴 3% H_2O_2 溶液,搅拌后,放置水浴中加热至沉淀全部溶解、H_2O_2 全部分解为止,把溶液冷至室温,进行以下试验。

(3) Fe^{3+} 的检出。取 1 滴步骤(2)所得的溶液加到点滴板穴中,加 1 滴 0.1mol/L $K_4[Fe(CN)_6]$溶液,产生蓝色沉淀,示有 Fe^{3+}。

取 1 滴步骤(2)所得的溶液加到点滴板穴中,加 1 滴 1.0mol/L KSCN 溶液,溶液变成血红色,示有 Fe^{3+}。

(4) Mn^{2+} 的检出。取 1 滴步骤(2)所得的溶液,加 3 滴蒸馏水和 3 滴 3.0mol/L HNO_3 溶液及 1 小勺 $NaBiO_3$ 固体,搅拌,溶液变紫红色,示有 Mn^{2+}。

(5) Co^{2+} 的检出。在试管中加 2 滴步骤(2)所得的溶液和 1 滴 3mol/L NH_4OAc 溶液,再加入 1 滴亚硝基 R 盐溶液,溶液呈红褐色,示有 Co^{2+}。

在试管中加 2 滴步骤(2)所得的溶液和少量 NH_4F 固体,再加入等体积丙酮,然后加入饱和 NH_4SCN 溶液。溶液呈蓝色(或蓝绿色),示有 Co^{2+}。

(6) Ni^{2+} 的检出。在离心管中加 2 滴步骤(2)所得的溶液,加入 2mol/L 的氨水至呈碱性,如果有沉淀生成,还需离心分离,取上清液加 1~2 滴丁二酮肟,产生桃红色沉淀,示有 Ni^{2+}。

(7) $Al(III)$ 和 $Cr(VI)$、$Zn(II)$ 的分离及 Al^{3+} 的检出。向步骤(1)所得的清液中加 NH_4Cl 固体,加热,产生白色絮状沉淀,即为 $Al(OH)_3$,离心分离,把清液转移至另一支离心试管,按照步骤(8)和步骤(9)处理。沉淀用 2mol/L 氨水洗 1 次,离心分离,洗涤液并入清液。向沉淀中加入 4 滴 6mol/L HOAc,加热使沉淀溶解,再加 2 滴蒸馏水、2 滴 3mol/L NH_4OAc 溶液和 2 滴铝试剂,搅拌后微热,产生红色沉淀,示有 Al^{3+}。

(8) Cr^{3+} 的检出。如果步骤(7)所得清液为淡黄色,则有 CrO_4^{2-},用 6mol/L HOAc 酸化试液,再加 2 滴 0.5mol/L $Pb(Ac)_2$ 溶液,产生黄色沉淀,示有 Cr^{3+}。

(9) Zn^{2+} 的检出。取步骤(7)所得的清液,滴加 2mol/L Na_2S 溶液,产生白色沉淀,示有 Zn^{2+}。

4.6.5.2 未知固体的鉴定

领取 0.5g 未知试样,为两种盐的混合物,其阳离子为 Fe^{3+}、Co^{2+}、Ni^{2+}、Mn^{2+}、Al^{3+}、Cr^{3+}、Zn^{2+} 7 种阳离子中两种,阴离子为 11 种阴离子中两种。将鉴定结果填在卡片上,由老师检查后离开实验室。

4.6.6　习题

（1）一混合溶液中含有 Mg^{2+}、Fe^{3+}、Zn^{2+}，应如何分离鉴定？

（2）你在实验中遇到哪些问题？

4.7　分子结构和晶体结构模型

4.7.1　实验目的

（1）通过亲手构建分子和晶体的结构模型，加深对价键理论和杂化轨道理论的理解及对空间结构模型的认识。

（2）进一步了解金属晶体的密堆积构型。

（3）熟悉部分晶体的空间构型。

4.7.2　思考题

（1）BCl_3 分子与 NH_3 分子的空间构型是否相同，试用杂化轨道理论解释。

（2）影响离子晶体的晶格能的因素有哪些？

4.7.3　实验原理

4.7.3.1　价键理论

共价键的概念是美国人路易斯（G. N. Lewis）于 1916 年首先提出的。路易斯认为，分子中每个原子都具有形成类似于惰性原子的稳定电子结构的倾向，并通过原子间"共用"电子对的方式结合成分子，由此形成的化学键称为共价键，这种分子称为共价分子。

价键理论的要点：

（1）电子配对成键原理。参与形成共价键的两个原子，各自都必须提供一个未成对电子，这两个未成对电子在自旋相反的条件下，配对形成一个共价键。如果原子中没有未配对电子，一般不能形成共价键，已配对成键的电子不能再参与形成新的共价键。

（2）轨道最大重叠原理。在满足电子配对成键原理的前提下，两个自旋相反电子的电子云重叠形成共价键，电子云重叠区域越大，体系能量降得越低，形成的共价键越稳定。

共价键的特点：

（1）共价键具有方向性。共价键的方向性是由轨道最大重叠原理决定的。因为要实现轨道的最大重叠，必须在核间距不变的情况下，两轨道沿其极值最大的方向重叠才是最大的重叠。由于共价键在分子中的相对取向是确定的，那么由共价键连接的原子在分子中的相对位置也是确定的，即分子的几何构型是确定的。在多原子分子中，共价键的方向性有着重要作用，它不仅决定了分子的几何构型，而且还影响着分子的极性和对称性等性质。

（2）共价键具有饱和性。共价键的饱和性是由电子配对成键原理决定的。由于每种元素的原子所能提供的价轨道数和未成对电子数是一定的，所以只要能确定某个原子的未成对电子数（包括激发后形成的未成对电子数），就能推算出该原子可能形成的最多共价键数。

根据电子云的重叠方向、方式及重叠后电子云分布的对称性，可将常见的共价键分为两类，即 σ 键和 π 键两类。根据共价键中共用电子对的来源不同，又可以将共价键分为普通共价键和配位共价键两类。如果各参与成键的电子云，沿键轴（即成键两原子核间的连线）方向以"头碰头"方式重叠，重叠部分围绕键轴呈圆柱形对称分布，形成的共价键称为 σ 键。如果各参与成键的电子云，相对过键轴的平面呈对称分布，以"肩并肩"方式重叠，重叠后的电子云仍然保留这种对称性，这样形成的共价键称为 π 键。

4.7.3.2 杂化轨道理论

当原子结合成分子时，原子中的价电子不仅要受自身中心力场的作用，还要受到键合原子电场的作用。因此，在键合原子电场作用下，自由原子价电子层中的某个电子所处的状态（原子轨道）将会发生改变。为此，在量子化学中进行如下处理：将自由原子中的原子轨道进行线性组合（叠加）产生一个新的波函数，用它表示成键后的原子轨道。这种新的波函数称为杂化原子轨道，简称杂化轨道。在分子 AX_m 中，A 原子称为中心原子，X 原子称为端原子，轨道杂化一般发生在中心原子中，而端原子不杂化。

杂化轨道理论要点：

（1）能量相近原则。中心原子价电子层能量相近的原子轨道，在另一个原子（端原子）的作用下，才能发生杂化。中心原子中能够杂化的原子轨道，常见的有以下几组：

a 组：$ns\ np$，称为 s-p 型杂化，包括 sp，sp^2 和 sp^3 杂化。

b 组：$(n-1)d\ ns\ np$，称 d-s-p 型杂化，包括 dsp^2，d^2sp^3 等杂化。

c 组：$ns\ np\ nd$ 称 s-p-d 型杂化，包括 sp^3d^2 等杂化。

（2）轨道数目守恒原则。原子中参与杂化的原子轨道数 N 等于形成的杂化轨道数。例如，在 CH_4 分子中，C 原子有 4 个原子轨道（即 1 个 2s、3 个 2p 轨道）形成的 sp^3 杂化轨道数也是 4 个。

（3）能量重新分配原则。杂化前各原子轨道具有确定的能量，而杂化原子轨道的能量，只有平均值，并且各杂化轨道能量平均值可以相等（等性杂化），也可不相等（不等性杂化），这决定于具体分子的条件。

（4）最大重叠原则。原子轨道的杂化可以提高它的成键能力，形成更加稳定的共价分子。这是因为在核间距不变的情况下，经过杂化的中心原子的电子云与键合原子电子云的重叠区比未杂化的要大得多，满足电子云最大重叠原理的要求，因而提高了成键能力。

（5）杂化轨道对称性分布原则。各个杂化轨道在核外空间要采取最对称的空间分布方式，以使成键电子之间的排斥力最小。

s-p 型杂化包括 sp、sp^2 和 sp^3 三种杂化形式，简要归纳于表 4.3。

表 4.3 s-p 杂化与分子几何构型

杂化类型	sp	sp^2	sp^3		
			等性杂化	不等性杂化	
杂化轨道几何构型	直线型	三角形	四面体	四面体	四面体
杂化轨道中孤对电子数	0	0	0	1	2
分子几何构型	直线型	正三角形	正四面体	三角锥	折线（V）型
键角	180°	120°	109.28°	107.18°	104.45°
分子极性	无	无	无	有	有

4.7.3.3 晶体的结构

按照占据晶格结点的质点种类及质点间相互作用力的不同划分为四类，晶体类型及性质如

表4.4所示。

表 4.4　晶体类型及性质

晶体类型	组成粒子	粒子作用力	物 理 性 质			例
			熔沸点	硬度	熔融导电性	
金属晶体	原子、离子	金属键	高或低	大或小	好	Cr、K
原子晶体	原子	共价键	高	大	差	SiO_2
离子晶体	离子	离子键	高	大	好	NaCl
分子晶体	分子	分子间力	低	小	差	干冰

(1)金属晶体的结构。金属晶体是金属原子或离子彼此靠金属键结合而成的。金属晶体中,晶格结点上排列的粒子就是金属原子。为了形成稳定的金属结构,金属原子将尽可能采取紧密的方式堆积起来,所以金属一般密度较大,而且每个原子都被较多的相同原子包围着。金属键没有方向性,金属晶体内原子以高配位数为特征。金属晶体中粒子的排列方式常见的有三种:六方最密堆积(hcp),面心立方最密堆积(ccp),体心立方密堆积(bcc)。

(2)离子晶体的结构。依靠阴、阳离子间引力结合而成的晶体统称为离子晶体。离子晶体中阴、阳离子在空间的排列情况是多种多样的,下面主要介绍 AB 型离子晶体中三种典型的结构类型:

1)NaCl 型。NaCl 型是 AB 型离子晶体中最常见的结构类型。它的晶胞形状是正立方体,阳、阴离子的配位数均为6。许多晶体如 KI、LiF、NaBr、MgO、CaS 等均属 NaCl 型。

2)CsCl 型。CsCl 型晶体的晶胞也是正立方体,其中每个阳离子周围有八个阴离子,每个阴离子周围同样也有八个阳离子,阴、阳离子的配位数均为8。许多晶体如 TlCl、CsBr、CsI 等均属 CsCl 型。

3)立方 ZnS 型。立方 ZnS 型晶体的晶胞也是正方体,但粒子排列较复杂,阴、阳离子配位数均为4。BeO、ZnSe 等晶体均属于立方 ZnS 型。

4.7.4　实验用品

彩色塑料棒,彩色塑料圆球,椭圆球,彩色橡皮泥。

4.7.5　实验步骤

(1)填表4.5~表4.7。

表 4.5　分子或离子的空间构型

物　　质	杂化方式	杂化轨道数	杂化轨道夹角	空间构型
$BeCl_2$				
BCl_3				
CH_4				
CH_3Cl				
NH_3				
H_2O				

表 4.6　晶体的空间构型

物　质	晶体构型	晶格结点上粒子	粒子间作用力	空间构型
CsCl				
NaCl				
立方 ZnS				
石　墨				
干　冰				
金刚石				

表 4.7　金属晶体的密堆积

堆积方式	配位数	空间利用率	实　例
面心立方堆积			
休心立方堆积			
密集六方堆积			

（2）组装分子结构和晶体结构模型：

1）用塑料球代表原子，塑料棒代表化学键，椭圆球代表孤对电子，组装表 4.5 中分子的空间构型。

2）用塑料球代表原子，塑料棒代表化学键，组装表 4.6 中各类晶体的空间构型。

3）将橡皮泥搓成球形，代表金属晶体中的粒子，组装表 4.7 中的金属晶体空间结构模型。

4.7.6　习题

（1）简述 AB 型离子晶体的空间结构特征。

（2）用离子极化理论解释物质熔点 $NaCl > MgCl_2 > AlCl_3$ 的原因。

5 无机化合物的合成与提纯

无机合成是无机化学的一个重要分支,其目的是合成与制备新化合物或新材料。无机合成主要研究新的合成反应、合成方法和合成技术。目前已知的化学物质,绝大多数是用人工方法合成的。无机合成从不同角度有多种分类方法。按制备物质的类型可分为单质、氧化物、氢化物、盐、配合物、金属有机化合物、原子簇化合物、非计量化合物等。按反应物的状态可分为均相反应(气相反应、液相反应)和多相反应(气-固反应、液-固反应、气-液反应、固相反应)。按制备反应的介质分类可分为水溶液合成和非水合成。按制备物质的典型方法可分为氢还原、碳还原、热分解、电解、卤化、硫化、氮化等。按制备的技术可分为高温合成、低温合成、高压合成、真空合成、光化学合成等。随着科学技术的发展,出现了新的无机合成方法,如化学气相沉积法、溶胶-凝胶法、水热法、电化学沉积法、等离子体法等。

无机合成所制备的产物通常含有杂质,为了得到合乎要求的产品,需要进行分离和提纯。常用的分离和提纯方法有蒸馏、重结晶、萃取、离子交换和化学反应分离。

5.1 海盐制备试剂级氯化钠

5.1.1 实验目的

(1)通过提纯海盐,熟悉盐类溶解度的知识及其在无机物提纯中的应用。

(2)掌握加热、溶解、过滤(常压过滤和减压过滤)、蒸发、结晶和干燥等有关的基本操作。

(3)学习目视比色和比浊进行限量分析的原理和方法。

5.1.2 思考题

(1)制备过程中涉及哪些基本操作?

(2)怎样检验 Ca^{2+}、Mg^{2+} 和 SO_4^{2-} 离子?

5.1.3 实验原理

较高纯度的氯化钠(例如试剂级和医用级别)是由粗食盐提纯制备的。粗食盐中含有泥沙和 K^+、Ca^{2+}、Mg^{2+}、Fe^{3+}、SO_4^{2-} 和 CO_3^{2-} 等杂质。不溶性杂质可用溶解和过滤除去。由于氯化钠的溶解度随温度的变化很小,难以用重结晶的方法纯化,需用化学方法进行离子分离。通过选用合适的试剂将 Ca^{2+}、Mg^{2+}、Fe^{3+} 和 SO_4^{2-} 等可溶性杂质离子生成不溶性化合物而除去。具体方法是先在粗食盐的饱和溶液中加入稍微过量的 $BaCl_2$ 溶液,则:

$$Ba^{2+} + SO_4^{2-} \longrightarrow BaSO_4 \downarrow$$

将溶液过滤,除去 $BaSO_4$ 沉淀。再在溶液中加入 Na_2CO_3 溶液,则:

$$Ca^{2+} + CO_3^{2-} \longrightarrow Ca_2CO_3 \downarrow$$

$$2Mg^{2+} + 2CO_3^{2-} + H_2O \longrightarrow [Mg(OH)]_2CO_3 \downarrow + CO_2 \uparrow$$

$$2Fe^{3+} + 3CO_3^{2-} + 3H_2O \longrightarrow 2Fe(OH)_3 \downarrow + 3CO_2 \uparrow$$

$$Ba^{2+} + CO_3^{2-} \longrightarrow BaCO_3 \downarrow$$

过滤溶液，不仅除去 Ca^{2+}、Mg^{2+}、Fe^{3+}，还将前面过量的 Ba^{2+} 一起除去。过量的 Na_2CO_3 用 HCl 中和后除去。其他少量可溶性杂质（如 KCl）和上述沉淀剂不起作用，但由于 KCl 的溶解度比 NaCl 大，将母液蒸发浓缩后，NaCl 析出，而 KCl 留在母液中。

提纯后的 NaCl 还要进行杂质 Fe^{3+} 和 SO_4^{2-} 的限量分析。限量分析是将被分析物配成一定浓度的溶液，与标准系列溶液进行目视比色或比浊，以确定杂质含量范围。如果被分析溶液颜色或浊度不深于某一标准溶液，则杂质含量就低于某一规定的限度，这种分析方法称为限量分析。

在上述目视比色法中标准系列法较为常用。其方法是利用一套由相同玻璃质料制造的一定体积和形状的比色管，把一系列不同量的标准溶液依次加入到各比色管中，并分别加入等量的显色剂和其他试剂，再稀释至等同体积，配成一套颜色由浅至深的标准色阶。把一定量的被测物质加入同规格的比色管中，在同样条件下显色，并稀释至同等体积，摇匀后将比色管的塞子打开，与标准色阶进行比较。比较时应从管口垂直向下观察，这样观察的液层比从比色管侧面观察的液层要厚得多，能提高观察的灵敏度。如被测溶液与标准系列中某一溶液深度相同，则被测溶液的浓度就等于该溶液的浓度。若介于相邻两种标准溶液之间，则可取这两种标准溶液的平均值。

5.1.4 实验用品

5.1.4.1 仪器

托盘天平，离心机，烧杯，玻璃棒，滴管，研钵，长颈漏斗，布氏漏斗，吸滤瓶，蒸发皿，洗瓶，移液管，比色管，滤纸，剪刀，火柴，pH 试纸。

5.1.4.2 试剂

粗食盐，$BaCl_2$（1mol/L、25%），Na_2CO_3（20%），KSCN（25%），HCl（3mol/L、2mol/L）。

5.1.5 实验步骤

5.1.5.1 试剂级氯化钠的制备

（1）除去 SO_4^{2-}。在托盘天平上称取 20g 粗食盐，研细后倒入 150mL 烧杯中，加水 65mL，用玻璃棒搅拌，并加热使其溶解。然后趁热边搅拌边逐滴加入 1mol/L $BaCl_2$ 溶液，将溶液中全部的 SO_4^{2-} 都转化为 $BaSO_4$ 沉淀。由于 $BaCl_2$ 的用量随粗食盐的来源不同而不同，所以应通过实验确定最少用量。

为了检验沉淀是否完全，用离心试管取 2mL 溶液，在离心机上离心分离，分离后在上层清液中加入一滴 $BaCl_2$ 溶液，如仍有沉淀产生，表明 SO_4^{2-} 尚未除尽，需向烧杯中补加 $BaCl_2$ 溶液。如此操作并反复检验，直到向上层清液中加入一滴 $BaCl_2$ 溶液后，不再产生白色沉淀时为止，表明 SO_4^{2-} 已除尽，记录所用 $BaCl_2$ 溶液的量。沉淀完全后，继续加热 5min，以使沉淀颗粒长大而易于沉降，用长颈漏斗常压过滤。

（2）除去 Ca^{2+}、Mg^{2+}、Ba^{2+}。将滤液加热至沸，用小火保持微沸，边搅拌边滴加 20% Na_2CO_3 溶液，使 Ca^{2+}、Mg^{2+}、Ba^{2+} 都转化为难溶碳酸盐或碱式碳酸盐沉淀，用上述检验

SO_4^{2-} 是否除尽的方法检验 Ca^{2+}、Mg^{2+}、Ba^{2+} 是否完全沉淀，如不再生成沉淀时，记录 Na_2CO_3 溶液的用量。在此过程中注意补充蒸馏水，保持原体积，防止 NaCl 析出。当沉淀完全后，进行第二次常压过滤。

（3）除去多余的 CO_3^{2-}。向滤液中滴加 2mol/L HCl，调 pH 值约为 6，记录所用 HCl 的体积。将滤液倒入蒸发皿中，微火蒸发使 CO_3^{2-} 转化为 CO_2 逸出。

（4）蒸发浓缩制备试剂级 NaCl。将蒸发皿中的溶液微火蒸发、浓缩至稠粥状（切勿蒸干），趁热进行减压过滤，将 NaCl 结晶尽量抽干。

（5）干燥。将结晶移于蒸发皿中，在石棉网上用小火烘炒，用玻璃棒不断翻动，防止结块。当无水蒸气逸出后，改用大火烘炒数分钟，即得到洁白、松散的 NaCl 晶体。冷却至室温。产品称重，计算产率。

5.1.5.2 产品纯度的检验

实验只就 Fe^{3+}、SO_4^{2-} 进行限量分析。

（1）Fe^{3+} 的限量分析。在酸性介质中，Fe^{3+} 与 SCN^- 生成血红色配合物 $[Fe(SCN)]^{2+}$，颜色的深浅与 Fe^{3+} 浓度成正比。

在托盘天平上称取 3.00g NaCl 产品，放入 25mL 比色管中，加 10mL 蒸馏水使之溶解，再加入 2mL 25% KSCN 溶液和 2mL 3mol/L HCl，然后稀释到 25mL（比色管刻度线），摇匀。

按以下用量配制标准系列（由实验室提供）。在 3 支编号的 25mL 比色管中，分别加入浓度为 0.01mg/mL 的 Fe^{3+} 标准溶液 0.30mL、0.90mL 和 1.50mL，并加入 25% KSCN 2.00mL 和 3mol/L HCl 2.00mL，用蒸馏水稀释至刻度并摇匀，即得 Fe^{3+} 标准系列溶液。试剂等级不同，Fe^{3+} 含量不同：优级纯（一级）试剂，内含 0.003mg Fe^{3+}；分析纯（二级）试剂，内含 0.009mg Fe^{3+}；化学纯（三级）试剂，内含 0.015mg Fe^{3+}。

将试样溶液与标准溶液进行目视比色，确定试剂的等级。

（2）SO_4^{2-} 限量分析。试样中微量的 SO_4^{2-} 与 $BaCl_2$ 溶液作用，生成白色难溶的 $BaSO_4$，溶液发生浑浊。溶液的浑浊度与 SO_4^{2-} 浓度成正比，因此借助比浊法可以对 SO_4^{2-} 进行限量分析。

称取 1.00g NaCl 产品，放入 25mL 比色管中，加入 10mL 蒸馏水使之溶解，再加入 1mL 3mol/L HCl 和 3.00mL 25% $BaCl_2$ 溶液，用水稀释至刻度，摇匀。

按以下用量配制标准系列（由实验室提供）。在 3 支编号的 25mL 比色管中，分别加入浓度为 0.01mg/mL 的 SO_4^{2-} 标准溶液 1.00mL、2.00mL 和 5.00mL，并加入 25% 的 $BaCl_2$ 3mL 和 3mol/L HCl 1mL，用蒸馏水稀释至刻度并摇匀，即得 SO_4^{2-} 标准系列溶液。优级纯（一级）试剂，内含 0.01mg SO_4^{2-}；分析纯（二级）试剂，内含 0.02mg SO_4^{2-}；化学纯（三级）试剂，内含 0.05mg SO_4^{2-}。

将试样溶液与标准溶液进行目视比色，确定试剂的等级。

5.1.6 习题

（1）除去 Ca^{2+}、Mg^{2+} 和 SO_4^{2-} 时，为什么先加 $BaCl_2$ 溶液，然后要将 $BaSO_4$ 过滤掉后再加 Na_2CO_3 溶液，在什么情况下 $BaSO_4$ 可能转化为 $BaCO_3$？

（2）如何除去过量的 $BaCl_2$、Na_2CO_3？

（3）在蒸发浓缩结晶时为什么不能将溶液蒸干？

（4）在检验产品纯度时，能否用自来水来溶解 NaCl，为什么？

5.2 重铬酸钾的制备

5.2.1 实验目的

了解由铬铁矿制备重铬酸钾的原理,进一步理解有关铬的化合物的性质。

5.2.2 预习与思考题

(1) 请查出下列物质在20℃和100℃时的溶解度:Na_2CrO_4、$Na_2Cr_2O_7$、Na_2SO_4、K_2CrO_4、$K_2Cr_2O_7$、K_2SO_4。

(2) 为什么铬铁矿采用碱熔而不用酸熔,碱熔在操作上应注意哪些问题?

(3) 在矿粉氧化灼烧时,加入少量白云石的目的是什么,如果加入量过多,对实验结果会有什么影响?

5.2.3 实验原理

铬铁矿是生产重铬酸钾的主要原料。它的主要成分是 $FeO \cdot Cr_2O_3$ 或 $Fe(CrO_2)_2$。其中含有 Cr_2O_3 约 35% ~ 45%。除铁外还含有硅、铝、镁和钙等杂质。铬铁矿在碱性介质中易被氧化,可采用 Na_2CO_3 作为介质,在空气中高温熔融生成可溶于水的六价铬酸盐。

$$4FeO \cdot Cr_2O_3 + 8\,Na_2CO_3 + 7O_2 \longrightarrow 8Na_2CrO_4 + 2Fe_2O_3 + 8CO_2 \uparrow$$

在实验室中为了降低熔点,常加入 NaOH 作助溶剂,以便在较低温度下(800℃以下)实现上述反应,并加入少量 Na_2O_2(或 $NaNO_3$ 或 $KClO_3$)作氧化剂加速其氧化,还可加入少量白云石粉作填充剂,以减少矿粉在液态 Na_2CO_3 中结块,有利于矿粉氧化和熔融物浸取。

$$2FeO \cdot Cr_2O_3 + Na_2CO_3 + 7Na_2O_2 \longrightarrow 4Na_2CrO_4 + Fe_2O_3 + 4Na_2O + CO_2 \uparrow$$

在灼烧过程中同时发生下列反应,即 SiO_2、Fe_2O_3 和 Al_2O_3 与 Na_2CO_3 反应生成可溶性盐:

$$SiO_2 + Na_2CO_3 \longrightarrow Na_2SiO_3 + CO_2 \uparrow$$

$$Fe_2O_3 + Na_2CO_3 \longrightarrow 2NaFeO_2 + CO_2 \uparrow$$

$$Al_2O_3 + Na_2CO_3 \longrightarrow 2NaAlO_2 + CO_2 \uparrow$$

以上这些氧化物还可与碱性氧化物 MgO、CaO 反应生成难溶盐。

$$CaO + SiO_2 \longrightarrow CaSiO_3$$

$$CaO + Al_2O_3 \longrightarrow Ca(AlO_2)_2$$

$$CaO + Fe_2O_3 \longrightarrow Ca(FcO_2)_2$$

$$MgO + Fe_2O_3 \longrightarrow Mg(FeO_2)_2$$

用水浸取熔融物时,$NaFeO_2$ 强烈水解生成 $Fe(OH)_3$ 沉淀与其他不溶物及未反应的矿粉形成残渣过滤除去。调节滤液 pH 值为 7 ~ 8,使 Na_2SiO_3 和 $NaAlO_2$ 水解析出 $SiO_2 \cdot xH_2O$ 和 $Al(OH)_3$,过滤除去,再将滤液酸化,使铬酸盐转为重铬酸盐。

$$2CrO_4^{2-} + 2H^+ \longrightarrow Cr_2O_7^{2-} + H_2O$$

加入 KCl 使 $Na_2Cr_2O_7$ 和 KCl 发生复分解生成 $K_2Cr_2O_7$。

$$Na_2Cr_2O_7 + 2KCl \longrightarrow K_2Cr_2O_7 + 2NaCl$$

将溶液浓缩后冷却，则有 $K_2Cr_2O_7$ 晶体析出。

5.2.4　实验用品

5.2.4.1　仪器

铁坩埚，铁棒，酒精喷灯，蒸发皿，托盘天平，水浴锅，长颈漏斗，抽滤装置，滤纸，pH 试纸。

5.2.4.2　试剂

铬铁矿粉，$Na_2O_2(s)$，$NaOH(s)$，$Na_2CO_3(s)$，$KCl(s)$，冰醋酸，$H_2SO_4(3mol/L)$，白云石(s)。

5.2.5　实验步骤

5.2.5.1　氧化灼烧

称取铬铁矿粉 6.0g，Na_2O_2 5.0g 和白云石 1.0g 混合均匀。另取 Na_2CO_3 和 NaOH 各 4.5g 于铁坩埚中混匀后，小火加热至熔融。将矿粉分几次加入，并不断搅拌，以避免熔融物喷溅，加完矿粉后，逐渐加大火焰灼烧半小时，稍冷，将坩埚置于冷水中骤冷。

5.2.5.2　浸取

先将熔块捣碎取出，用少量蒸馏水于坩埚中加热至沸后倾入烧杯。再加水、加热，如此反复几次至浸出全部熔块。然后将烧杯中的溶液及熔块加热煮沸，并不断搅拌以加速溶解，待溶解完稍冷后抽滤，滤渣用少量水洗涤，滤液控制在 40mL 左右。

5.2.5.3　中和除铝

将滤液加热近沸，再用冰醋酸(或硫酸)调解滤液 pH 值为 7~8，继续加热煮沸数分钟，使 $Al(OH)_3$ 沉淀析出，趁热过滤，滤液转移到蒸发皿中，用冰醋酸(或硫酸)调解 pH 值为 4~5，使铬酸盐转化为重铬酸盐。

5.2.5.4　复分解和结晶

在重铬酸盐溶液中加入 2.5g KCl，搅拌使之溶解。将蒸发皿置于水浴上浓缩，这时如果晶体析出(是什么)，应先分离出晶体，再将滤液继续蒸发至表面有少量晶膜出现，冷却至室温 (10~20℃)后抽滤，用滤纸吸干晶体并称重。母液回收处理。

粗产品重结晶按 $K_2Cr_2O_7$:H_2O = 1:1.5(质量比)加水并加热使 $K_2Cr_2O_7$ 粗晶溶解，趁热过滤(若无不溶性杂质则不需过滤)。冷却，结晶，抽滤，将抽干的晶体在 40~50℃ 温度烘干，称量，计算产率。

5.2.6　习题

(1) 铬酸盐用水浸取过程中 $NaFeO_2$ 水解时 AlO_2^-、SiO_3^{2-} 是否同时水解？

(2) 如果煅烧后的熟料成分还有未反应的 CaO 和 MgO 残渣，它们可能在哪一步骤以什么形式被除去？

(3) 试分析：通常选用冰醋酸或硫酸进行酸化而不用 HCl，为什么，酸化时，pH 值控制在多少为宜，酸度太小或太大对实验结果是否有影响？

(4) 为什么用硫酸酸化后，必须先将 $Na_2Cr_2O_7$ 溶液进行蒸发浓缩，除去晶体后再进行复分解反应？

5.3 硫代硫酸钠的制备

5.3.1 实验目的

熟悉以 Na_2S 和 Na_2SO_3 为原料制备 $Na_2S_2O_3 \cdot 5H_2O$ 的基本原理和实验方法，了解复反应的基本特点。

5.3.2 思考题

（1）已知下列化合物的 $\Delta_f G_m^{\ominus}(kJ/mol)$：

$H_2S(g)$	$S^{2-}(aq)$	$SO_2(g)$	$SO_3^{2-}(aq)$	$CO_2(g)$	$CO_3^{2-}(aq)$	$H_2O(l)$
-33.65	+85.5	-300.19	-486.6	-394.36	-527.9	-237.18

试通过计算说明，SO_2 气体能分别从 Na_2S 和 Na_2CO_3 溶液中置换出 $H_2S(g)$ 和 $CO_2(g)$ 而生成 Na_2SO_3。

（2）本实验利用复相反应实现酸→盐转化或酸→酸转化，试分析说明。

（3）如果应用本实验的原理回收工业上的 SO_2 气体制备 $Na_2S_2O_3$，则分别可用 NaOH、Na_2CO_3 或 Na_2SO_3 等与 Na_2S 混合来吸收 SO_2，你可能会选择哪一个混合体系，为什么？

5.3.3 实验原理

工业上制备硫代硫酸钠通常用亚硫酸钠溶液在沸腾温度下直接与硫粉化合，从溶液中结晶得到硫代硫酸钠（$Na_2S_2O_3 \cdot 5H_2O$），俗称大苏打或海波。

$$Na_2SO_3 + S \longrightarrow Na_2S_2O_3$$

实验设计是先用浓盐酸与固体亚硫酸钠反应生成 SO_2 气体：

$$Na_2SO_3(s) + 2HCl(浓) \longrightarrow SO_2 \uparrow + 2NaCl + H_2O$$

反应生成的 SO_2 气体通入 Na_2S 和 Na_2SO_3 的混合溶液中，SO_2 被吸收：

$$S^{2-}(aq) + H_2O(l) + SO_2(g) \longrightarrow SO_3^{2-}(aq) + H_2S(aq) \qquad \Delta G_{298}^{\ominus} = -62.63kJ/mol$$

$$2H_2S(aq) + SO_2(g) \longrightarrow 3S(s) + 2H_2O(l) \qquad \Delta G_{298}^{\ominus} = -118.6kJ/mol$$

$$S(s) + SO_3^{2-}(aq) \longrightarrow S_2O_3^{2-}(aq)$$

总反应为：

$$2Na_2S(aq) + Na_2SO_3(aq) + 3SO_2(g) \longrightarrow 3Na_2S_2O_3(aq)$$

实际上，也可以把 SO_2 气体通入 Na_2S 和 Na_2CO_3 的混合溶液中，这时部分 SO_2 气体与 Na_2CO_3 反应转化为 Na_2SO_3：

$$CO_3^{2-}(aq) + SO_2(g) \longrightarrow SO_3^{2-}(aq) + CO_2(g) \qquad \Delta G_{298}^{\ominus} = -52.87kJ/mol$$

总反应为：

$$2Na_2S(aq) + Na_2CO_3(aq) + 4SO_2(g) \longrightarrow 3Na_2S_2O_3(aq) + CO_2(g)$$

反应是定量进行的，反应过程中溶液的 pH 值逐渐下降，至接近中性（pH≥7.0）时即可停止通入 SO_2 气体，溶液经浓缩、冷却结晶，抽滤即可得到 $Na_2S_2O_3 \cdot 5H_2O$。

$Na_2S_2O_3$ 对酸不稳定，故控制好体系酸度是实验能否成功的关键。

5.3.4 实验用品

实验装置和所需试剂如图 5.1 所示。

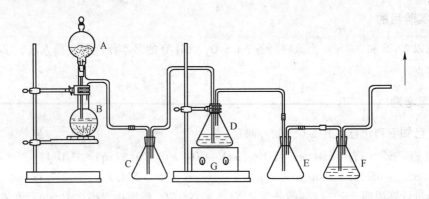

图 5.1 硫代硫酸钠制备实验装置

A—HCl(浓)50mL；B—Na$_2$SO$_3$(s)约25g；C，E—缓冲瓶；D—Na$_2$S·6H$_2$O 25g(或 Na$_2$S·9H$_2$O 33g) +
Na$_2$SO$_3$ 8.5g(或 Na$_2$CO$_3$ 7.1g) + 蒸馏水 150mL；F—3mol/L NaOH 约 100mL；G—磁力搅拌器

5.3.5 实验步骤

按图 5.1 所示装置，根据制备规模要求定量配置好原料和辅助药品，检查并确保装置密闭性。开启电磁搅拌器并加热 D 瓶溶液，温度控制在 333～353K 范围。小心开启分液漏斗 A 的活塞，让 HCl 缓慢滴下，控制 HCl 的滴加速度使 B 瓶反应生成 SO$_2$ 缓慢而均匀的通入反应瓶 D 中。D 瓶开始出现浑浊，随反应的进行，D 瓶溶液又逐渐变清，这预示 D 瓶中反应接近终点。反应后期可适当加热 B 瓶。当 D 瓶溶液刚好完全变清晰透明时停止通 SO$_2$(先分别断开 C 瓶与 D 瓶，及 D 瓶与 E 瓶的连接，再把 C 瓶与 E 瓶接上，等待后处理)。检查 D 瓶溶液 pH 值(若 pH < 7.0，用适量 Na$_2$CO$_3$ 溶液调节，确保溶液 pH≥7.0)，提高加热温度使 D 瓶溶液近沸腾，趁热抽滤。滤液转移入蒸发皿蒸发浓缩至溶液表面出现晶膜(注意浓缩过程要搅拌)，静置冷却，抽滤得结晶 Na$_2$S$_2$O$_3$·5H$_2$O。在 315K 以下烘干 40～60min，称量，计算产率。并作产品定性鉴定。

回收处理反应瓶 B 残留物和吸收瓶 F 废液。

5.3.6 注意事项

(1) 安装实验装置时，在各连接处(尤其是磨砂接口)涂上适量凡士林，可增强系统气密性和易于拆装。

(2) D 瓶中气体导管应尽量插入溶液底部。

(3) 如果反应一开始 D 瓶就有大量 S 析出，表明 SO$_2$ 生成的反应速度过快，应适当减慢 HCl 滴入速度。

(4) 注意避免倒吸。

(5) 二氧化硫具有刺激性气味，对人体及环境带来毒害与污染，主要对人体造成黏膜及呼吸道损害，引起流泪、流涕、咽干、咽痛等症状及呼吸系统炎症，大量吸入会导致窒息死亡。因此凡涉及产生二氧化硫的反应都要采取相应措施，减少二氧化硫逸出并在通风橱内进行。

5.3.7　习题

(1) 为什么投料时，浓盐酸和 B 瓶中的 Na_2SO_3 固体用量要比理论量多？

(2) 如果反应结束后 $Na_2S_2O_3$ 溶液的 pH 小于 7.0，如果没有调节 pH 值便直接蒸发浓缩，会有什么不良后果？

(3) 在什么情况下，系统容易发生倒吸，当有倒吸的迹象时应如何处理？

(4) 本实验为什么不把盐酸直接滴加到 Na_2SO_3 混合溶液中来制备 $Na_2S_2O_3$？

5.4　三氯化六氨合钴(Ⅲ)的制备

5.4.1　实验目的

(1) 了解三氯化六氨合钴的制备原理及其组成的测定方法。
(2) 加深理解配合物的形成对三价钴的影响。

5.4.2　预习

(1) 钴氨配合物的性质。
(2) 碘量法测定金属离子的原理及实验方法。

5.4.3　实验原理

根据标准电极电势，在酸性介质中，二价钴盐比三价钴盐稳定，而在他们的配合物中，大多数的三价钴配合物比二价钴配合物稳定。所以常采用空气或过氧化氢氧化 Co(Ⅱ)配合物来制备 Co(Ⅲ)配合物。

本实验用活性炭作催化剂，用过氧化氢作氧化剂，氯化亚钴溶液与过量氨和氯化铵溶液作用制备三氯化六氨合钴(Ⅲ)。其总反应如下：

$$2CoCl_2 + 2NH_4Cl + 10NH_3 + H_2O_2 \longrightarrow 2[Co(NH_3)_6]Cl_3 + 2H_2O$$

三氯化六氨合钴(Ⅲ)溶解于酸性溶液中，通过过滤可将混在产品中的大量活性炭除去，然后在高浓度盐酸中使三氯化六氨合钴结晶。

三氯化六氨合钴(Ⅲ)为橙黄色单斜晶体。固态的 $[Co(NH_3)_6]Cl_3$ 在 488K 转变为 $[Co(NH_3)_5Cl]Cl_2$，高于 523K 则被还原为 $CoCl_2$。

三氯化六氨合钴(Ⅲ)可溶于水不溶于乙醇，在 293K 水中的溶解度为 0.26mol/L。在强碱作用下(冷时)或强酸的作用下基本不被分解，只有在沸热条件下才被强碱分解：

$$2[Co(NH_3)_6]Cl_3 + 6NaOH \longrightarrow 2Co(OH)_3 + 12NH_3 + 6NaCl$$

分解逸出的氨可用过量的标准盐酸溶液吸收，剩余的盐酸用标准氢氧化钠溶液回滴，便可计算出组成中氨的质量分数。

然后，用碘量法测定蒸氨后的样品溶液中的 Co(Ⅲ)：

$$2Co(OH)_3 + 2I^- + 6H^+ \longrightarrow 2Co^{2+} + I_2 + 6H_2O$$

$$I_2 + 2S_2O_3^{2-} \longrightarrow S_4O_6^{2-} + 2I^-$$

用沉淀滴定法(莫尔法)测定样品中 Cl^- 的含量。

5.4.4 实验用品

5.4.4.1 仪器

托盘天平，分析天平，酸式滴定管（50mL），碱式滴定管（50mL），玻璃管，锥形瓶（250mL），支口烧瓶（250mL），水浴锅。

5.4.4.2 试剂

$CoCl_2 \cdot 6H_2O$，$NH_4Cl(s)$，$KI(s)$，活性炭，HCl（6mol/L、浓），HCl（标准溶液0.5mol/L、6mol/L），NaOH（0.5mol/L、10%），H_2O_2（6%），氨水（浓），$Na_2S_2O_3$（0.1mol/L），$AgNO_3$ 溶液（0.1mol/L），K_2CrO_4（5%），冰，淀粉指示剂。

5.4.5 实验步骤

5.4.5.1 制备三氯化六氨合钴

在100mL锥形瓶中加入6g研细的氯化钴，4g氯化铵和7mL蒸馏水。加热溶解后加入0.3g活性炭。冷却，加14mL浓氨水，冷却至283K以下，缓慢加入14mL 6%的过氧化氢，水浴加热至333K左右并恒温20min（适当摇动锥形瓶）。取出，先用自来水冷却，后用冰水冷却。抽滤，将沉淀溶解于含有2mL浓盐酸的50mL沸水中，趁热过滤。在滤液中慢慢加入7mL浓盐酸，冰水冷却，过滤，洗涤，抽干，在真空干燥器中干燥或在378K以下烘干，称重，计算产率。

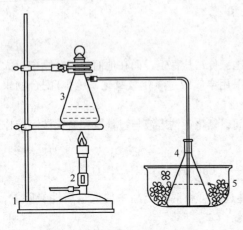

图5.2 测定氨的装置

1—铁架台；2—煤气灯；3—支口烧瓶；
4—三角烧瓶；5—冰水浴锅

5.4.5.2 三氯化六氨合钴组成的测定

（1）氨的测定。在250mL锥形瓶中加入0.2g（准确至0.1mg）待测的三氯化六氨合钴晶体，加入80mL蒸馏水，摇动，溶解，然后加入10mL 10%（质量分数）NaOH。在接收瓶中加入 30.00 ~ 35.00mL 0.5mol/L HCl 标准溶液，接收瓶浸入冰水槽中。将各部分用导管连接，按图5.2安装好。

大火加热样品溶液至沸后，改用小火，微沸50 ~ 60min，使氨全部蒸出，并通过导管被标准溶液吸收，停止加热。取出接收瓶，用少量蒸馏水将导管内外可能黏附的盐酸溶液冲洗入接收瓶内，用0.5mol/L NaOH 标准溶液滴定剩余的盐酸，记录数据。

（2）钴的测定。取下装样品溶液的支口烧瓶，用少量蒸馏水将塞子上黏附的溶液冲洗回瓶内。待样品溶液冷却后加入1g KI 固体，振荡溶解，再加入12mL左右的6mol/L盐酸酸化后放在暗处静置10min，然后加入60 ~ 70mL蒸馏水，用0.1mol/L $Na_2S_2O_3$ 标准溶液滴定，开始滴定速度可以快些，滴定至溶液淡黄色时加入几滴淀粉溶液，继续慢慢滴加溶液，滴定至终点，记录数据。

（3）氯的测定。在锥形瓶中加入样品0.2g（准确至0.1mg），加适量蒸馏水溶解，用沉淀滴定法（莫尔法）测定氯的含量。

5.4.6 数据处理

（1）以表格形式记录有关数据。

（2）计算出样品中氨、钴、氯的质量分数。

（3）确定出产品的实验式。

5.4.7 习题

（1）制备过程中的水浴加热 333K 并恒温 20min 的目的是什么，能否加热至沸？

（2）制备三氯化六氨合钴过程中加入 H_2O_2 和浓盐酸各起什么作用，要注意什么问题？

（3）碘量法测定金属离子钴（Ⅲ）时要注意什么？

5.5　铝钾矾和铬钾矾晶体制备

5.5.1　实验目的

（1）制备铝钾矾、铬钾矾晶体。

（2）了解类质同晶现象。

5.5.2　思考题

（1）复盐与配合物有什么区别？

（2）制备大颗粒晶体的实验条件。

5.5.3　基本原理

从理论上而言，要使盐的晶体从溶液中析出可采用两种方法。图 5.3 所示的溶解度曲线和过溶解度曲线中，$B\text{-}B_1$ 为溶解度曲线，$C\text{-}C_1$ 为过溶解度曲线。溶解度曲线 $B\text{-}B_1$ 的下方为不饱和区域。若从处于不饱和区域的 A 点状态的溶液出发，要使晶体析出，其中的一种方法是采取 $A{\to}B$ 的过程，即保持浓度一定，降低温度的冷却法；另一种办法是采取 $A{\to}B_1$ 的过程，即保持温度一定，增加浓度的蒸发法。用这样的方法使溶液的状态进入到 $B\text{-}B_1$ 线上方区域。一进到这个区域一般就有晶核的产生和成长。但有些物质，在一定条件下，虽处于这个区域，溶液中并不析出晶体，成为过饱和溶液。可是过饱和度是有限度的，一旦达到某种限度时，稍加振动就会有新的、较多的晶体析出（图 5.3 中 $C\text{-}C_1$ 表示过饱和的界限，此曲线称为过溶解度曲线）。$C\text{-}C_1$ 和 $B\text{-}B_1$ 之间的区域为介稳定区域，要使晶体能较大地成长起来，就应当使溶液处于介稳定区域，让它慢慢地成长，而不使细小的晶体析出。

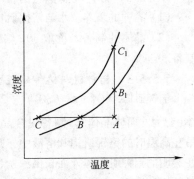

图 5.3　溶解度随温度变化曲线

5.5.4　实验用品

5.5.4.1　仪器和材料

温度计，搪瓷盘，保温杯，广口瓶，烧杯，研钵，图钉（或铜丝），软木塞（配广口瓶），丝线，木垫。

5.5.4.2　试剂

铝钾矾（s），铬钾矾（s），铝钾矾晶种，铬钾矾晶种。

5.5.5　实验步骤

5.5.5.1　铝钾矾晶体的制备

（1）晶种的培养。晶种由实验室预先准备。将配制的比室温高出 20～30℃ 的铝钾矾饱和溶液注入搪瓷盘里（水与铝钾矾的比例为 100g∶20g），液体深约 2～3cm，放于僻静处自然冷却，经过 24h 左右，在盘的底部有许多晶体析出，选择晶形完整的晶体作为晶种。

图 5.4　保温杯冷却装置
1—图钉；2—晶种；
3—热水；4—木垫

（2）晶体的制备。实验装置如图 5.4 所示。称取 10g 铝钾矾研细后放入烧杯中，加入 50mL 蒸馏水，加热使其溶解。冷却到 45℃ 左右时，转移到广口瓶中。待广口瓶中溶液的温度降到 40℃ 时，把预先用线系好的晶种吊入溶液中部位置。此时应仔细观察晶种是否有溶解现象，如果有溶解现象，应立即取出晶种，待溶液温度进一步降低，晶种不发生溶解时，再将晶种重新吊入溶液中。与此同时，在保温杯中加入比溶液温度高 1～3℃ 的热水，而后把已吊好晶种的广口瓶放入保温杯中盖好盖子，静置到次日，观察在晶种上成长起来的大晶体的形状。

5.5.5.2　铬钾矾晶体的制备

（1）晶种的培养。水与铬钾矾比例为 100g∶60g，其余操作同上述铝钾矾晶种的培养。

（2）晶体的制备。称取 30g 铬钾矾，研细后，加入 50mL 水，其余操作同铝钾矾晶体的制备。

5.5.5.3　铝钾矾与铬钾矾混合晶体的制备

铝钾矾 $[K_2SO_4 \cdot Al_2(SO_4)_3 \cdot 24H_2O]$ 与铬钾矾 $[K_2SO_4 \cdot Cr_2(SO_4)_3 \cdot 24H_2O]$ 是类质同晶体（皆为八面体晶体），制备混合晶体的方法与制备单独晶体相同。用铝钾矾晶体作为晶种，吊在高温时的铬钾矾饱和溶液中，则在铝钾矾晶体各个晶面上均匀地生长出铬钾矾的晶体，即在透明的铝钾矾晶体外面长出深紫色的铬钾矾晶体。反之，用铬钾矾作为晶种吊在铝钾矾高温时的饱和液中，则在铬钾矾晶体各个晶面上均匀地生长出铝钾矾的晶体，即在深紫色晶体外面长出透明晶体。

5.5.6　习题

（1）在怎样的条件下可得铝（铬）钾矾的大晶体？
（2）如何检验新制成的溶液就是某温度下的饱和溶液？
（3）画出铝（铬）钾矾晶体结构图。

附注：

培养晶种的另一个方法是将比室温高出 20℃ 的饱和溶液放在烧杯里，再将几段线横悬于溶液的中央，待有晶体在线上析出时，选择其中晶形完整的晶体作为晶种保留在线上，而将线上其余的晶体去掉。把生长晶种的线垂直挂于饱和溶液中。这样可以避免由于条件不适，晶种部分溶解而从悬线上脱落的现象发生。

5.6 氮化硼的制备

5.6.1 实验目的

(1) 了解 B_2O_3 与 NH_3 在高温下进行气-固相反应，制备 BN 的原理和方法。

(2) 熟悉管式炉及温度控制器的使用。

(3) 学习气体钢瓶的使用及气体净化的方法。

5.6.2 思考题

(1) 未反应的氨气如何处理？

(2) 如何检验反应系统是否漏气？

5.6.3 实验原理

5.6.3.1 BN 的结构与性质

BN 为白色粉末，耐高温。晶体结构有六方和立方两种晶型，常见的为六方晶型。在高温高压条件下六方晶型转化为立方晶型。六方晶型的 BN 有类似石墨的层状结构（称为白石墨），立方晶型有类似金刚石的结构。这是由于 BN 共有 12 个电子，与两个碳原子的电子数相等，是碳的等电子体，所以有相似的晶体结构。六方晶型的 BN 结构如图 5.5 所示。这种结构与石墨的不同之处，是层与层之间的异类原子，以及上下一一对应的堆积方式。故 BN 与石墨在性质上有相同点又有不同点。BN 具有良好的润滑性和稳定性。热压的 BN 具有很高的使用温度，在惰性气氛中最高可到 2800℃，在氧化气氛中 800℃ 下仍能稳定存在。因此 BN 是优良的耐高温固体润滑剂。利用冷压或热压的烧结技术可将 BN 制成新型陶瓷材料，具有许多独特的功能。例如它既是热的良导体，又是电的优良绝缘体，有很好的机械加工性能及化学稳定性等。被广泛地用于机械、冶金、电子、化工、原子能和宇宙航行等领域中。

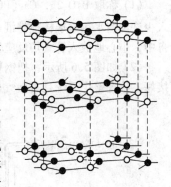

图 5.5 六方 BN 的晶体结构

5.6.3.2 BN 的制备

自 1842 年至今，已有十多种合成 BN 的方法。一般用元素硼或硼的氧化物、卤化物、硼盐，与含氮盐类或在氮气、氨气的气氛中，通过气-固相或气-气相反应合成。本实验利用 B_2O_3、NH_3 为原料，在高温条件下反应制得 BN。

$$B_2O_3 + 2NH_3 \longrightarrow 2BN + 3H_2O$$

根据热力学计算，该反应在室温标准状态下自由能变（$\Delta_r G_m^{\ominus} = 82kJ/mol$）大于零，所以在室温条件下反应不能自发进行。根据吉布斯公式近似计算，当温度高于 980K 时，反应才能自发进行，因此上述合成反应一般被控制在 1000K 以上的高温。

由于反应原料 B_2O_3 的熔点低（玻璃态 294℃，结晶态 450～600℃），在上述温度下变成高黏度的熔体，不利于氨气的流通，使反应变得缓慢且不完全，因此加入高熔点的物质如 $Ca_3(PO_4)_2$ 作填料，以降低 B_2O_3 熔体的黏度。填料本身在反应过程中应是惰性的，而在反应后又容易被除掉。为提高反应效率先将反应物料均匀混合、造粒、干燥后再进行氮化反应。反应完成后，填料可用盐酸浸洗掉。反应不完全剩余的 B_2O_3，用 70℃ 的热酒精浸洗掉，即得到 BN 的产品。但这种产品还含有少量 B_2O_3 及硼的化合物，要想得到纯制的产品应在 1200℃ 以上的高温继续进行氮化。

实验所采用的高温气-固相反应是应用非常广泛的一种合成方法。其操作一般是将固体原料放在耐高温的惰性容器(如瓷舟)中，并将容器放入反应管内(耐高温瓷管或石英管)。反应管用管式炉加热，并通入经过净化、干燥的反应气体，使之与管内的固体物料进行反应。反应管后常安装一个吸收气体的装置，吸收没有参与反应的残余气体或反应生成的气体。

5.6.4　实验用品

5.6.4.1　仪器
电热烘箱，管式炉，氨气钢瓶，氮气的净化装置，真空泵，瓷舟，布氏漏斗，吸滤瓶等。

5.6.4.2　试剂
B_2O_3(C. P.)，$Ca_3(PO_4)_2$(C. P.)，HCl(6mol/L)，乙醇等。

5.6.5　实验步骤

(1) 称取 B_2O_3 2g，$Ca_3(PO_4)_2$ 2.5g，用研体研磨并混合均匀后放到小烧杯或蒸发皿中，加入少许蒸馏水用玻璃棒搅拌混合造粒，放入电热烘箱中在 80~90℃ 下烘干。冷却后转移至瓷舟中，小心地放入管式炉反应管的中部(每个反应管可同时放置两个瓷舟)。

(2) 如图 5.6 所示，把钢瓶、氨气的净化装置、管式炉中的反应管、氨气的吸收装置等连接好，检查整个系统是否漏气(可在各连接处涂肥皂液，先用氮气钢瓶试漏)。

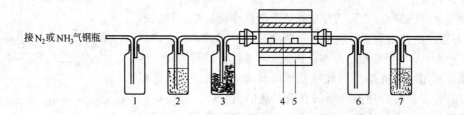

接 N_2 或 NH_3 气钢瓶

图 5.6　实验装置示意图

1,6—缓冲瓶；2—洗气瓶(碱性高锰酸钾溶液)；3—干燥瓶(固体氢氧化钠)；4—反应管；5—管式炉；7—剩余氨吸收瓶(9mol/L 硫酸)

(3) 接通管式炉的电源，将温度控制器调节到 950℃。当温度开始上升后，慢慢打开氨气钢瓶的阀门，流量控制在每秒 2~3 个气泡，待炉温恒定至 950℃ 后，继续通氨反应 2h(最好保温 4~24h)。停止加热，关闭钢瓶的阀门，拔开反应管前后的吸收装置，并将 NaOH 干燥瓶两端的橡皮管用螺旋夹夹紧。

(4) 冷却后，用小铁钩从反应管中取出瓷舟，用研钵将反应后的物料研细，转移至 50mL 的烧杯中。加入 6mol/L HCl 10mL，微热溶解物料中的 $Ca_3(PO_4)_2$ 用倾泻法倒掉上清液，加入 15mL 热蒸馏水搅拌洗涤产物，减压过滤，再用热蒸馏水洗涤。将产物抽干后转移到干燥的小烧杯中，加入 15mL 乙醇，水浴加热至 70℃ 以溶解未反应、残存的 B_2O_3，冷却后减压过滤，将产品放到表面皿上风干(或用蒸馏水洗涤抽干后置于电热烘箱中烘干)。称量，计算产率。

（5）产品性质实验：

1）取少许产品用手搓捻，试验其润滑性能。

2）取已用压片机压制好的 BN 小片，用万用表测量其电阻。

（6）产品的 X 射线衍射分析（选作）。取少量产品放到玛瑙研钵中研细，制样，应用 X 射线粉末衍射仪测定其 X 射线衍射谱，与 BN 的 X 射线粉末衍射标准卡片对照，确定其物相。如存在其他峰，则是产品中含有未反应、未除尽的原料所致，可查找相应的卡片与之对照。如能够在1400℃下继续通氨进行氮化4~6h，将会制得较纯的产品，可对它进行 X 射线衍射分析，并与上述谱图对照比较。

5.6.6 习题

（1）实验中利用 NaOH 作氨气的干燥剂，能否使用无水 $CaCl_2$ 或 P_2O_5 作干燥剂，为什么？

（2）实验中加入 $Ca_3(PO_4)_2$ 的作用是什么，如何操作可将其与产品分离得更好？

6 生活中的化学实验

6.1 海带中提取碘

6.1.1 实验目的

(1) 掌握离子交换法从海带中提取碘单质的原理和实验方法。
(2) 熟悉微型交换柱的安装和使用。
(3) 巩固氧化还原反应基本理论，提高综合分析问题和解决问题的能力。

6.1.2 思考题

(1) 什么是离子交换法？
(2) 实验中使用的离子交换树脂对不同阴离子交换选择性大小的顺序如何？

6.1.3 实验原理

海带中所含的碘一般以 I^- 状态存在。用水浸泡海带，I^- 及其可溶性有机质如褐藻糖胶等都进入浸泡液中。褐藻糖胶妨碍碘的提取，一般采用加碱的方法使其生成褐藻酸钠沉淀除去。由于强碱阴离子树脂对多碘离子 I_3^- 及 I_5^- 的交换吸附量(700~800g/L 树脂)远大于对 I^- 的吸附量(150~170g/L 树脂)，因此在酸性条件下常向海带浸泡液中加入适量氧化剂(如 Cl_2、$NaClO$、H_2O_2、$NaNO_2$ 等)使 I^- 氧化生成 I_3^- 和 I_5^- 离子后，再用树脂交换吸附。反应方程式为：

$$2I^- + 2NO_2 + 4H^+ \longrightarrow I_2 + 2NO + 2H_2O$$

$$I_2 + I^- \longrightarrow I_3^-$$

$$R - OH + I_3^- \longrightarrow R - I_3 + OH^-$$

树脂吸附碘达到饱和呈黑红色，用适当的溶液处理可以将碘洗脱下来。实验用717型强碱性阴离子交换树脂。对不同阴离子交换选择性大小的顺序如下：

$$I_3^- > I^- > HSO_4^- > NO_3^- > Br^- > NO_2^- > Cl^- > HCO_3^- > OH^-$$

先用 Na_2SO_3 将 I_3^- 还原为 I^- 离子，再用高浓度的 $NaNO_3$ 溶液处理的方法，将被树脂吸附的碘洗脱下来。

$$I_3^- + SO_3^{2-} + H_2O \longrightarrow 3I^- + SO_4^{2-} + 2H^+$$

$$R - I + NO_3^- \longrightarrow R - NO_3 + I^-$$

洗脱实际上是交换吸附的逆过程，用高浓度的弱亲和力离子(NO_3^-)逆向取代被交换于树脂上的高亲和力的离子(I_3^-)。由于强碱性阴离子交换树脂对 I_3^- 的吸附能力远大于 NO_3^-，所以树脂不用再生即可反复使用。

I^- 离子经氧化而得到 I_2。粗碘可以通过升华法精制。

6.1.4 实验用品

6.1.4.1 仪器

微型离子交换柱，717型强碱性阴离子交换树脂，螺旋夹，烧杯，量筒，玻璃滴管，多用滴管，井穴板，离心试管，蒸馏烧瓶，玻璃棒，pH试纸，脱脂棉。

6.1.4.2 试剂

$NaOH(40\%)$，$H_2SO_4(6mol/L)$，$NaNO_3(4mol/L)$，$NaNO_2(10\%)$，$Na_2SO_3(0.1mol/L)$。

6.1.5 实验步骤

6.1.5.1 制作微型交换柱

取一支15cm长玻璃滴管，粗端略加扩张成喇叭口，在底部垫上一些脱脂棉（或玻璃棉），装上约5cm长的细乳胶管，再用螺旋夹夹紧。注入蒸馏水，以铁支架和试管夹垂直固定交换柱。取1g干品强碱阴离子交换树脂，置于50mL烧杯中，加水浸泡过夜，使树脂溶胀。然后用一支口径稍大的玻璃滴管吸取树脂悬浊液，把树脂和水滴加到交换柱中。同时放松螺旋夹使交换柱的水溶液缓缓流出，树脂即沉淀到柱底，树脂柱高8~10cm。尽可能使树脂填装紧密，不留气泡。在装柱和实验过程中交换柱中液面应始终高于树脂柱面，如图6.1所示。

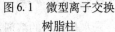

6.1.5.2 制备海带浸泡液

（1）浸泡。取海带适量，加入13~15倍的水浸泡24h，浸泡液碘含量约为0.3g/L。

（2）除褐藻胶。在海带浸泡液中加入40%的NaOH溶液，充分搅拌，控制pH值在12左右，用倾析法分离，清液备用。

图6.1 微型离子交换树脂柱

（3）部分氧化。取澄清的海带浸泡液100mL，用$6mol/L\ H_2SO_4$调节pH值至1.5~2，用胶头滴管逐滴加入10%的$NaNO_2$溶液，搅拌，溶液颜色由浅黄色逐渐变为棕红色即表明I^-离子已转化为多碘离子。

6.1.5.3 交换吸附

用多用滴管将处理好的海带浸泡液注入交换柱中，调节螺旋夹，控制流速在10~15滴/min，用100mL烧杯盛接流出液。流出液颜色为淡黄色或接近无色，若流出液颜色较深说明吸附不完全（如何检验）应调节流速或再循环吸附。

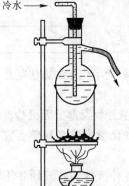

冷水→

6.1.5.4 洗脱

逐滴加入0.1mol/L的Na_2SO_3溶液于交换柱中，控制流速5~8滴/min，至树脂颜色由红棕色变为无色为止。再取4mol/L的$NaNO_3$溶液20mL，用多用滴管滴入交换柱中，控制流速5~8滴/min，此$NaNO_3$洗脱液可收集于50mL烧杯中（洗脱为什么要分两步进行）。

6.1.5.5 碘析（在通风橱中完成）

向洗脱液中加入$6mol/L\ H_2SO_4$使之酸化，再加入10%的$NaNO_2$溶液使碘析出。

6.1.5.6 提纯

图6.2 碘升华装置

将制得的粗碘放入高筒烧杯中，将装有水冷却的烧瓶放在烧杯口上，加热使生成的碘升华（图6.2），碘蒸气在烧杯底部凝聚，当再无紫色碘蒸气生成时，停止加热。取下烧瓶，将瓶底凝聚的固体碘刮到小称量瓶中，称重，计算碘的产量。

6.1.6　习题

（1）如何判断 I^- 离子已转化为多碘离子？

（2）为什么洗脱液要先酸化，再加入 $NaNO_2$ 溶液使碘析出，此时发生什么反应？

（3）海带中碘的含量一般在什么范围？

6.2　水　的　净　化

6.2.1　实验目的

（1）了解自来水中含有的常见杂质离子。

（2）掌握水质检验的原理和方法。

（3）学会电导率仪的正确使用以及一些离子的定性鉴定方法。

6.2.2　思考题

（1）天然水中主要的无机盐杂质是什么，简述离子交换法净化水的原理。

（2）蒸馏水与去离子水是否有区别，制备方法是否相同？

（3）用电导率仪测定水纯度的根据是什么，电导率数值越大，水样的纯度是否越高？

6.2.3　实验原理

水是常用的溶剂，其溶解物质的能力很强，许多物质易溶于水，因此天然水或自来水常含有很多无机和有机杂质。一般水中的杂质按其分散形态不同可分为三类，如表 6.1 所示。

表 6.1　天然水中的杂质

分散物质	杂　　质
悬浮物	泥沙、藻类、植物遗体等
胶体物质	黏土胶粒、溶胶、腐植质体等
溶解物质	Na^+、Ca^{2+}、Mg^{2+}、Fe^{3+}、CO_3^{2-}、SO_4^{2-}、Cl^-、O_2、N_2、CO_2 等

水的纯度直接影响化学实验结果的准确性，了解水的纯度检验、掌握净化水的方法是每个化学工作者应具有的基本知识。

天然水经简单的物理、化学方法处理后得到自来水，虽然除去了悬浮物及部分无机盐，但仍含有较多的杂质（气体及无机盐等）。因而，自来水不能作为纯水在化学实验和科学研究中直接使用。水的处理常采用蒸馏、离子交换和电渗析等净化方法。

蒸馏是物质分离和提纯的最常用的一种方法。在一定温度下，各种液体的蒸气压各不相同，即沸点有差异。因此，可利用加热方法使混合液体先后气化、冷凝而使各组分分离提纯。水样在蒸馏过程中，常是沸点较低的水（溶剂）先气化而与沸点较高的杂质（溶质）分离。经蒸馏而得到的净化水称为蒸馏水。

　　电渗析法是将自来水通过电渗析器，除去水中阴、阳离子，实现净化的方法。电渗析器主要由离子交换膜、隔板、电极等组成。离子交换膜是整个电渗析器的关键部件，其特点是对阴、阳离子的通过具有选择性。阳离子交换膜(阳膜)只允许阳离子通过，阴离子交换膜(阴膜)只允许阴离子通过。所以，电渗析法除去杂质离子的基本原理是在外电场作用下，利用阴、阳离子交换膜对水中阴、阳离子的选择透过性，达到净化水的目的(具体工作原理查阅有关书籍或资料)。

　　离子交换法是基于阴、阳离子交换树脂能与水样中的阴、阳离子进行选择性的离子交换，从而得到净化水的方法。这种方法制得的水称为去离子水。阳离子交换树脂如聚苯乙烯磺酸钠型离子交换树脂 $RSO_3^- Na^+$ 经转型后，可与水样中的 Na^+、Ca^{2+}、Mg^{2+} 等阳离子进行交换。例如：

$$2RSO_3^- H^+ + Mg^{2+} \longrightarrow (RSO_3^-)_2 Mg^{2+} + 2H^+$$

　　阴离子交换树脂如季铵盐型碱性阴离子交换树脂 $R—N^+ X^-$ 经 NaOH 转型后，可与水样中的 Cl^- 等阴离子进行交换。例如：

$$R—N^+ OH^- + Cl^- \longrightarrow R—N^+ Cl^- + OH^-$$

　　经阴、阳离子交换后产生的 H^+ 与 OH^- 结合又生成水。

$$H^+ + OH^- \longrightarrow H_2O$$

　　在制备去离子水时，常使用强酸性和强碱性离子交换树脂，它们具有较好的耐化学腐蚀性、耐热性及耐磨性。在酸性、碱性及中性介质中都可以应用，而且离子交换效果好，对弱酸根或弱盐基离子都可以进行交换。并且经交换而失效的阴、阳离子交换树脂可分别用稀NaOH、稀 HCl 溶液再生。

　　纯水是极弱的电解质，水样中所含有的可溶性杂质常使其导电能力增大。用电导率仪可以测定水样的电导率。例如，一定条件下，经 2 次蒸馏而制得的蒸馏水，在室温时，电导率为10^{-6}S/cm。根据水样的电导率大小可估计水样的纯度。

　　$AgNO_3$、$BaCl_2$ 溶液可分别用以检验水样中的 Cl^-、SO_4^{2-} 离子的存在。铬黑 T、钙指示剂可分别用以检验 Mg^{2+}、Ca^{2+} 离子的存在。在 pH 值为 8~11 时，铬黑 T 能与 Mg^{2+} 离子显红色；在 pH 值大于 12 时，钙指示剂能与 Ca^{2+} 离子显红色，而此时 Mg^{2+} 离子以 $Mg(OH)_2$ 沉淀析出，不干扰 Ca^{2+} 离子的检验。

6.2.4　实验用品

6.2.4.1　仪器

　　电导率仪，蒸馏烧瓶(250mL)，冷凝管，接引管，温度计，酒精灯，铁架，试管，铁夹，石棉网，铁圈，毛细管(一端封闭)，碱式滴定管，蝴蝶夹，T 形玻璃管，交换柱，乳胶管，螺旋止血夹，玻璃纤维。

6.2.4.2　试剂

　　硝酸(1.0mol/L)，氨水(2.0mol/L)，硝酸银(0.1mol/L)，氯化钡(1.0mol/L)，铬黑 T(称取 0.5g 铬黑 T 及 50g 无水 Na_2SO_4，放在研钵中研磨均匀后，装入棕色瓶中，保存在干燥器内)，钙指示剂(称取 0.5g 钙指示剂及 50g 无水 Na_2SO_4，放在研钵中研磨均匀后，装入棕色瓶中，保存在干燥器内)。

6.2.5　实验步骤

6.2.5.1　蒸馏法净化水

A　仪器的安装

按照图6.3安装蒸馏装置。在蒸馏烧瓶中放一些一端封闭的毛细管(或碎白瓷片),使封口的一端向上,毛细管的长度应足以触及蒸馏烧瓶的颈部(毛细管的作用是使水在沸腾时气泡缓慢逸出,且保持液体不会过热,使沸腾平稳)。往蒸馏烧瓶中加入约120mL自来水,将温度计准确插入塞子中央,并使水银球上部与蒸馏烧瓶支管口的下端处在同一水平线上。调节冷凝管的倾斜度使与蒸馏烧瓶的支管一致,使冷凝管的冷却水出口向上,然后仔细地将两者连接好,塞紧塞子。连接时使蒸馏烧瓶的支管插入冷凝管内的深度不应小于3cm,最后接上接引管。

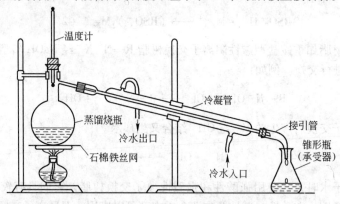

图6.3　净化水蒸馏装置

B　蒸馏

先使冷凝管充满冷却水,并保持冷却水缓缓流动。用酒精灯加热蒸馏烧瓶,待水沸腾时(温度100℃),用烧杯承接蒸馏水,收集30min后停止加热。收集的蒸馏水待检验。需要注意的是蒸馏结束时,应先移去酒精灯,继续通冷却水,待明显不沸腾时,才可以切除水源。蒸馏烧瓶自然冷却后,拆除蒸馏装置,倒出剩余的自来水。

6.2.5.2　离子交换法净化水

A　交换柱的安装

按照图6.4所示,连接好离子交换装置。在已拆除尖嘴的3支碱式滴定管底部塞入玻璃纤维,拧紧下端止血夹。先加入适量去离子水,再分别加入阳离子交换树脂、阴离子交换树脂及质量比为1:1混合的阴、阳离子交换树脂(此种树脂的水溶液pH=7),树脂层高度约25cm(装柱时,尽可能使树脂紧密,不留气泡,否则需要重新装入)。最后用粗乳胶管按照图示连接各个碱式滴定管。

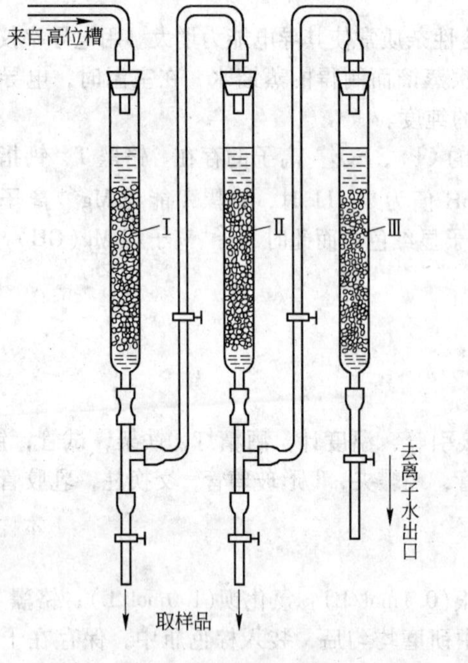

图6.4　离子交换法净化水装置

Ⅰ—阳离子交换柱;Ⅱ—阴离子交换柱;Ⅲ—混合交换柱

B 离子交换

打开自来水龙头及各个交换柱间的螺旋止血夹，使水流过每个交换柱（水流速度不能冲起树脂）。调节每支交换柱底部的止血夹，先控制流速为 25～30 滴/min。放出约 30mL 水后，再调节流速 15～20 滴/min 进行交换（流速大小直接影响净化水的质量，请思考如何影响）。用烧杯分别收集各水样约 30mL，留做检验。

6.2.5.3 水质检验

将实验步骤 6.2.5.1 和 6.2.5.2 所得的水样及取等量的自来水，进行如下检验，并记录结果和现象。

（1）电导率的测定。按照 2.3 节电导率仪的正确使用方法测定水样的电导率值。每次测定前，应以待测"水"冲洗电导电极，并用滤纸条拭干。

（2）Mg^{2+} 离子的检验。取水样 1mL，加入 2 滴 2.0mol/L 氨水及少许铬黑 T，观察和记录实验现象。

（3）Ca^{2+} 离子的检验。取水样 1mL，加入 8 滴 2.0mol/L 氨水及少许钙指示剂，观察和记录实验现象。

（4）Cl^- 离子的检验。取水样 1mL，加入 1 滴 1.0mol/L 硝酸酸化，再加入 1 滴 0.1mol/L 硝酸银，观察和记录实验现象。

（5）SO_4^{2-} 离子的检验。取水样 1mL，加入 1 滴 1.0mol/L 硝酸酸化，再加入 1 滴 1.0mol/L 氯化钡，观察和记录实验现象。

6.2.6 结果与讨论

根据检验结果，比较蒸馏水与去离子水的纯度。

6.2.7 习题

（1）进行蒸馏操作应注意哪些地方？
（2）从各交换柱底部所取水样的质量是否有差别，为什么？
（3）蒸馏实验结束时，可否立即切除水源，为什么？
（4）查阅资料，回答如何筛分混合的阴、阳离子交换树脂？

6.3 利用废铝罐制备明矾

6.3.1 实验目的

（1）认识铝和氢氧化铝的两性。了解明矾的制备方法。
（2）了解利用废弃物的意义及其经济价值。
（3）练习和掌握溶解、过滤、结晶以及沉淀的转移和洗涤等无机制备中常用的基本操作。

6.3.2 思考题

（1）废弃物利用有哪些实际意义？
（2）利用废铝罐制备明矾的原理是什么？
（3）结晶操作时应注意哪些问题？

6.3.3　实验原理

铝是一种两性金属元素，既与酸反应，又与碱反应。将其溶于浓氢氧化钠溶液，生成可溶性的四羟基合铝(Ⅲ)酸钠($Na[Al(OH)_4]$)，再用稀 H_2SO_4 调节溶液的 pH 值，可将其转化为氢氧化铝。氢氧化铝可溶于硫酸，生成硫酸铝。硫酸铝能同碱金属硫酸盐，如硫酸钾在水溶液中结合生成一类在水中溶解度较小的同晶的复盐，称为明矾$[KAl(SO_4)_2 \cdot 12H_2O]$。当冷却溶液时，明矾则结晶出来。制备中涉及的化学反应如下：

$$2Al + 2NaOH + 6H_2O \longrightarrow 2Na[Al(OH)_4] + 3H_2\uparrow$$

$$2Na[Al(OH)_4] + H_2SO_4 \longrightarrow 2Al(OH)_3\downarrow + Na_2SO_4 + 2H_2O$$

$$2Al(OH)_3 + 3H_2SO_4 \longrightarrow Al_2(SO_4)_3 + 6H_2O$$

$$Al_2(SO_4)_3 + K_2SO_4 + 24H_2O \longrightarrow 2[KAl(SO_4)_2 \cdot 12H_2O]$$

矾类$[M^+M^{3+}(SO_4)_2 \cdot 12H_2O]$是一种复盐，能从含有硫酸根、三价阳离子(如：$Al^{3+}$、$Cr^{3+}$、$Fe^{3+}$ 等)与一价阳离子(如：K^+、Na^+、NH_4^+)的溶液中结晶出来，它含有 12 个结晶水，其中 6 个结晶水与三价阳离子结合，其余 6 个结晶水与硫酸根及一价阳离子形成弱的结合。复盐溶解于水后即离解出简单盐类溶解时所具有的离子。

废旧易拉罐的主要成分是铝，实验中采用废旧易拉罐代替纯铝制备明矾，也可采用铝箔等其他铝制品。

6.3.4　实验用品

6.3.4.1　仪器

烧杯(100mL 2 个)，量筒(20mL、10mL)，普通漏斗，布氏漏斗，抽滤瓶，表面皿，蒸发皿，酒精灯，台秤，石棉网，三脚架，易拉罐或其他铝制品(实验前充分剪碎)，pH 试纸(1 ~ 14)，砂纸，比色板，滤纸。

6.3.4.2　试剂

H_2SO_4(3mol/L, 9mol/L)，NaOH(s)，K_2SO_4(s)，无水乙醇，镁试剂，$(NH_4)_2C_2O_4$，$K_4[Fe(CN)_6]$，NH_4SCN，$AgNO_3$，$NH_3 \cdot H_2O$，HNO_3

6.3.5　实验步骤

6.3.5.1　四羟基合铝(Ⅲ)酸钠($Na[Al(OH)_4]$)的制备

在台秤上用表面皿快速称取固体氢氧化钠 1g，迅速将其转移至 100mL 的烧杯中，加 20mL温水使其溶解。称量 0.7g 剪碎的易拉罐，将烧杯置于热水浴中加热(反应激烈，防止溅出)，分次将易拉罐碎屑放入溶液中。待反应完毕冷却后用普通漏斗过滤。

6.3.5.2　氢氧化铝的生成和洗涤

在上述四羟基合铝酸钠溶液中加入 4mL 左右的 3mol/L H_2SO_4 溶液，调节溶液的 pH 值为7 ~ 8。此时溶液中生成大量的白色氢氧化铝沉淀，用布氏漏斗抽滤，并用去离子水洗涤沉淀。

6.3.5.3　明矾的制备

将抽滤后所得的氢氧化铝沉淀转入蒸发皿中，加 5mL 9mol/L H_2SO_4，再加 7mL 水，小火加热使其溶解，加入 2g 硫酸钾继续加热至溶解，将所得溶液在空气中自然冷却后，加入 3mL无水乙醇，待结晶完全后，减压过滤，用 5mL 1:1 的水 - 乙醇混合溶液洗涤晶体两次。将晶体用滤纸吸干，称重，计算产率。

6.3.5.4 定性检验产品纯度(Fe^{3+}、Mg^{2+}、Ca^{2+}、Cl^-)

将制得的明矾溶于水中，取少量液体，分别检测其是否含有 Fe^{3+}、Mg^{2+}、Ca^{2+}、Cl^-，检验方法见附录。

6.3.6 结果与讨论

计算产率，记录产品纯度检验结果，写出相应的反应方程式。

6.3.7 习题

（1）计算用 0.5g 纯的金属铝能生成多少克硫酸铝，这些硫酸铝需与多少克硫酸钾反应，能生成多少克明矾？

（2）若铝中含有少量铁杂质，在本实验中如何去除？

（3）你在实验中遇到了哪些问题，是如何处理的？

6.4 铝的阳极氧化

6.4.1 实验目的

（1）了解铝表面处理工艺技术。

（2）了解电解在生产实际中的应用。

（3）掌握铝的阳极氧化及化学着色技术。

6.4.2 思考题

（1）金属表面除油除污的方法。

（2）如何使氧化膜的形成速度大于溶解速度。

（3）如何检验氧化膜导电性？

（4）电解池阳极的电流密度如何计算？

6.4.3 实验原理

在空气中，铝及铝合金表面容易生成一层极薄的氧化膜（约 $10 \sim 20nm$），在大气中有一定的抗蚀能力。但这层氧化膜是非晶的，它使铝件表面失去光泽。此外，氧化膜疏松、多孔、不均匀，抗蚀能力不强，且容易沾染污迹。因此，铝及铝合金制品通常需要进行表面氧化处理。

用电化学方法可以在铝或铝合金表面生成较厚的致密氧化膜，这个过程称为阳极氧化。氧化膜厚度可达几十到几百微米，使铝及铝合金的抗蚀能力大有提高。同时氧化膜具有高绝缘性和耐磨性，还可以进行着色，提高美观度。

铝的阳极氧化膜的结构如图 6.5 所示。

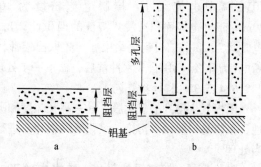

图 6.5 铝的阳极氧化膜结构示意图

a—铝基表面形成的微薄的氧化膜阻挡层；

b—阳极氧化后形成的具有一定孔隙的氧化膜层

阳极氧化的方法有许多，以下介绍硫酸阳极氧化法。

以石墨为阴极，铝为阳极，在一定浓度的硫酸介质中进行电解，发生的电极反应如下：

阴极反应：　　　　　$2H^+(aq) + 2e \longrightarrow H_2(g)$

阳极反应：　　　　　$Al(s) \longrightarrow Al^{3+}(aq) + 3e$

　　　　　　　　　　$Al^{3+}(aq) + 3H_2O \longrightarrow Al(OH)_3(s) + 3H^+$

　　　　　　　　　　$2Al(OH)_3(s) \longrightarrow Al_2O_3 + 3H_2O$

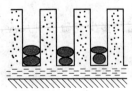

在阳极氧化过程中，硫酸又可以使形成的 Al_2O_3 部分溶解，所以氧化膜的生长与金属的氧化速度和氧化膜的溶解速度有关。要得到一定厚度的氧化膜，必须控制氧化条件，如增大电压、增加溶液的导电能力等，使氧化膜的形成速度大于溶解速度。

着色原理是使溶液中某种粒子进入氧化膜孔隙，在孔隙中发生反应生成不易受腐蚀的物质，从而保护内层的纯铝不受外界物质浸入，增强铝合金表面的耐腐蚀能力（如左图所示）。

6.4.4　实验用品

6.4.4.1　仪器和材料

直流稳压电源，电解槽，万用表，台秤，铝片（50mm × 80mm），温度计，酒精灯，烧杯（500mL 1 个、150mL 4 个），量筒（20mL 1 个），广泛 pH 试纸。

6.4.4.2　试剂

HNO_3（2mol/L），NaOH（5%），HCl（2mol/L），H_2SO_4（20%），$CuSO_4$（0.2mol/L），$K_4[Fe(CN)_6]$（0.1mol/L）。

6.4.5　实验步骤

6.4.5.1　铝片预处理

按照以下顺序预处理铝片：砂纸打磨→水洗→盐酸洗（5～10min）→水洗→碱洗（1min）→水洗→硝酸洗（5～10min）→水洗。清洗后的铝片保存在水中（不可沾污）。

6.4.5.2　阳极氧化

用 20% H_2SO_4 为电解液，以石墨为阴极，2 个铝片为阳极，按图 6.6 连线。先接通电源，连好导线，使铝片带电入槽（为什么）。调节电压 20V，调节电流大小，控制电流密度为 10～20mA/cm²（电极面积按浸入溶液的面积计算），通电时间 30min。阳极氧化结束后，先取出铝片，再断电（为什么）。用自来水冲洗后，做下一步处理。

6.4.5.3　水封和着色

阳极氧化得到的氧化膜，具有高孔隙度和吸附性，很容易被侵蚀、污染。氧化后的铝片要进行适当处理。

（1）水封。镀膜后的铝片在沸水中煮 20min。晾干，检验导电性。

（2）着色。

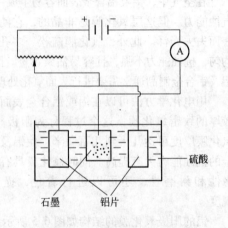

图 6.6　铝阳极氧化实验装置

取镀膜后铝片放入 $CuSO_4$ 溶液中浸泡 $5\sim10min$，取出经水洗后，放入 $K_4[Fe(CN)_6]$ 溶液中浸泡 $5\sim10min$，取出，水洗后如颜色较浅可重复上述操作(写出着色反应方程式)。

用醋酸调节水的 pH 值为 $5.5\sim6.5$(根据具体情况待定)，加热到80℃，放入着色后铝片水封 10min。自然晾干，观察颜色，检验导电性。

6.4.5.4　氧化膜耐腐蚀性

取氧化的未着色的铝片及未氧化的铝片，分别各滴加 1 滴氧化膜质量检验液，观察反应现象。比较两部分产生气泡和液滴变绿时间的快慢(由于检验液中六价铬被铝还原为三价铬，故颜色由橙色变为绿色，绿色出现的时间越长，氧化膜的质量越好)。

6.4.5.5　氧化膜形貌(选做实验)

用金相显微镜观察氧化膜的形貌及特征，并用数码相机拍照记录下来。

6.4.6　结果与讨论

通过对实验所得铝阳极氧化膜性能的测试及同未处理铝片比较，给出铝的阳极氧化在生产实际中的应用价值。

6.4.7　习题

(1) 水封的作用是什么？

(2) 铝表面没有清洗干净，对结果有什么影响？

(3) 铝氧化膜的结构与孔隙大小有何关系？

(4) 为什么阳极氧化时电流密度要控制在一定大小范围？

6.5　由废铜粉制备硫酸铜

6.5.1　实验目的

(1) 掌握废铜粉制备硫酸铜的原理和方法。

(2) 巩固和练习过滤、蒸发、结晶和干燥等基本操作。

6.5.2　思考题

(1) 浓硝酸在本实验中起什么作用，为什么要分批加入？

(2) 为什么精制后的硫酸铜要先滴稀硫酸调节 pH 值为 $1\sim2$，然后再加热蒸发？

(3) 利用所作实验和所学化学理论知识，初步判断本实验的理论产率是多少？

6.5.3　实验原理

$CuSO_4\cdot5H_2O$，俗称胆矾、蓝矾或铜矾，是蓝色三斜晶体。在干燥空气中会缓慢风化，在150℃以上会失去 5 个结晶水，成为无水硫酸铜(白色)。无水硫酸铜具有极强的吸水性，吸水后又显蓝色，因此，常用来检验某些有机液体中是否残留有水分。

$CuSO_4\cdot5H_2O$ 用途广泛，是制取其他固体铜盐和含铜农药如波尔多液的基本原料，在印染工业上，它还用作助催化剂。

纯铜属于不活泼金属，不能溶于非氧化性的酸中。工业上制备 $CuSO_4\cdot5H_2O$ 有多种方法，

例如氧化铜酸化法 – 铜料或废铜经锻烧成氧化铜后与酸反应；硝酸氧化法 – 废铜与硫酸、硝酸反应等。

本实验是利用无机化学实验中产生的副产品——锌粉和铜粉混合物来制备硫酸铜。首先对混合物进行有效处理，将铜进行提纯。提纯的铜与硫酸、浓硝酸作用制备硫酸铜，其中，浓硝酸作氧化剂，反应式为：

$$Cu + 2HNO_3 + H_2SO_4 \longrightarrow CuSO_4 + 2NO_2 \uparrow + 2H_2O$$

溶液中除生成硫酸铜外，还含有一定量的硝酸铜和其他一些可溶性或不溶性的杂质。不溶性杂质可过滤除去，利用硫酸铜和硝酸铜在水中溶解度的不同可将硫酸铜分离提纯。

铜盐在100g H_2O 中的溶解度见表6.2。

表6.2　不同温度下几种铜盐的溶解度　　　　　　　（g）

化学式	0℃	10℃	20℃	30℃	40℃
$CuSO_4 \cdot 5H_2O$	14.3	17.4	20.7	25.0	28.5
$Cu(NO_3)_2 \cdot 6H_2O$	81.8	95.28	125.1	—	—
$CuCl_2 \cdot 2H_2O$	70.7	73.76	77.0	80.34	83.8

由上述表中数据可见，硝酸铜在水中的溶解度，不论是高温还是低温下，都比硫酸铜大得多，因此，当热溶液冷却到一定温度时，硫酸铜首先达到过饱和而开始从溶液中结晶析出。随着温度的不断降低，硫酸铜不断从溶液中析出，剩余小部分的硝酸铜和其他一些可溶性杂质可再经重结晶的方法而被除去，最后达到制备纯硫酸铜的目的。

6.5.4　实验用品

6.5.4.1　仪器和材料
台秤，离心机，水浴锅，塑料离心试管（15mL），量筒（20mL），漏斗，表面皿，吸滤瓶，布氏漏斗，蒸发皿，石棉网，玻棒，药勺，滤纸。

6.5.4.2　药品
HCl（2mol/L），H_2SO_4（1mol/L、3mol/L），浓 HNO_3，$NH_3 \cdot H_2O$（2mol/L、6mol/L），废铜渣。

6.5.5　实验方法

6.5.5.1　铜的提纯
称取4.0g含有铜粉的废渣放入一只干净的100mL的烧杯中，加入20~25mL的2mol/L HCl，搅拌，使铜粉中的锌和HCl反应直至不再有气泡冒出为止。然后，将烧杯中的铜分批转移到15mL的塑料离心试管中，经离心后，用吸管小心地吸出上面的溶液，再添加烧杯中的剩余物，直到将铜全部转移到离心试管中为止。

向离心试管中加入蒸馏水约10mL，搅拌、洗涤、离心后，再吸出上面的清液，这样反复4~5次后，用 $AgNO_3$ 检测上清液中是否有 Cl^- 存在，将经过处理后的单质铜转移到干净的蒸发皿中。

6.5.5.2　五水合硫酸铜的制备
在盛有单质铜的蒸发皿中加入10mL 3mol/L 的 H_2SO_4，然后，缓慢分批加入3mL 浓硝酸

(反应过程中产生大量有毒的 NO_2 气体，操作应在通风橱内进行)。待铜溶解后，趁热用倾析法将溶液转移至一只小烧杯中，不溶性杂质保留。

将硫酸铜溶液转入洗净的蒸发皿中(如溶液无杂质，此过程可不做)。在水浴上蒸发浓缩，至表面出现晶体膜(蒸发过程中不宜搅动)，停止加热，小心取下蒸发皿，放置，让溶液慢慢冷却，$CuSO_4 \cdot 5H_2O$ 即可结晶出来。用减压过滤法滤出晶体，晶体用滤纸吸干，观察晶体的形状和颜色，称重并计算产率。

6.5.5.3 重结晶法提纯五水合硫酸铜

将粗产品按照每克 1.2mL 水的比例，溶于蒸馏水中，加热使 $CuSO_4 \cdot 5H_2O$ 完全溶解。冷却，滴加 3mL 3% H_2O_2，同时在不断搅拌下，滴加 2mol/L $NH_3 \cdot H_2O$，至溶液的 pH 值为 3.5~4.0(除去 Fe^{3+} 杂质)，再加热 10min，趁热抽滤，滤液转入蒸发皿中，用 1mol/L H_2SO_4 酸化，调节 pH 值至 1~2。然后再加热、蒸发浓缩至表面出现晶膜为止。冷却、结晶、抽滤，即可得到精制 $CuSO_4 \cdot 5H_2O$(如无晶体析出，可在水浴上再加热蒸发，使其结晶)。晶体用滤纸吸干，称重，计算产率。母液回收。

6.5.5.4 $CuSO_4 \cdot 5H_2O$ 热分析

按照 2.9 节差热分析仪的操作步骤对产品进行热重分析。操作条件如下：样品质量 10~15mg，升温速度 5℃/min，设定升温温度 50℃。

测定完成后，处理数据，分析此水合硫酸铜分几步失水，每步失水的失水温度，计算样品总失水的质量，产品所含结晶水的百分数，每摩尔水合硫酸铜含多少摩尔结晶水(计算结果四舍五入取整数)，确定出水合硫酸铜的化学式。再计算出每步失掉几个结晶水，最后查阅 $CuSO_4 \cdot 5H_2O$ 的结构，结合热重分析结果说明 $CuSO_4$ 五个结晶水的热稳定性不同的原因。

6.5.6 结果与讨论

根据实验记录数据，计算产率，讨论影响产率的因素。分析 $CuSO_4 \cdot 5H_2O$ 的失水温度。

6.5.7 习题

(1)总结和比较倾析法、常压过滤、减压过滤和热过滤等固液分离方法的优缺点。

(2)$KMnO_4$、$K_2Cr_2O_7$、Br_2、H_2O_2 都可以将 Fe^{2+} 氧化成 Fe^{3+}，你认为选用哪一种氧化剂较为合适，为什么？

(3)如何操作才能较好的除去杂质 Fe^{3+}？

(4)调节溶液的 pH 值为什么常选用稀酸或稀碱，而不用浓酸或浓碱，还可选用哪些物质来调节溶液的 pH 值，选用的原则是什么？

6.6 废铁屑制备 $FeCl_3$(设计实验)

6.6.1 实验目的

(1)查阅文献，自行设计废铁屑制备 $FeCl_3$ 实验方案。

(2)进一步熟悉氯气的制备方法。

(3)练习过滤等基本操作。

6.6.2　实验设计要求

（1）设计合理的制备路线。

（2）确定合适的实验条件。

（3）制取 20g 左右的三氯化铁。

6.6.3　实验提示

（1）三氯化铁是重要的铁的卤化物，无机化学实验中常用的化学试剂，也是印刷电路的良好腐蚀剂，在染色、有机合成、医疗中用途很广。

（2）制备三氯化铁可以利用的廉价原料有废边角铁片或铁屑、工业级盐酸、氯气。可以按照以下路线 $Fe \rightarrow FeCl_2 \rightarrow FeCl_3 \rightarrow FeCl_3 \cdot 6H_2O$ 来制取。

（3）铁片或铁屑应尽可能纯些，但有的可能含有少许铜、铅等杂质，应先分离掉。

6.6.4　参考文献

［1］　蒋碧如，潘润身. 无机化学实验［M］. 北京：高等教育出版社，1989.

［2］　南京大学，大学化学实验教学组. 大学化学实验［M］. 北京：高等教育出版社，1999.

［3］　蔡良珍，虞大红，等. 大学基础化学实验(I)［M］. 北京：化学工业出版社，2000.

6.7　废水处理及化学需氧量的测定

6.7.1　实验目的

（1）了解吸附法处理有色废水的原理和方法。

（2）熟悉化学需氧量的定义。

（3）掌握用高锰酸钾法测定水中化学需氧量(COD)的原理和方法。

6.7.2　思考题

（1）什么是化学需氧量，如何正确表示 COD？

（2）处理有色废水的方法有哪些，简述活性炭吸附法处理染料废水的工艺过程。

（3）受污染水体中的还原性物质为什么会造成水质恶化？

6.7.3　实验原理

受污染的水体中通常含有还原性物质，它们会消耗水中的溶解氧，使水中缺氧而造成水质恶化。水质被污染的程度或水中还原性物质的多少，常用化学需氧量（Chemical Oxygen Demand，简称 COD）来表征。化学需氧量是在一定条件下，用强氧化剂处理水样时所消耗的氧化剂的量，换算成含氧量，以 mg/L 表示。它是表示水体中还原性物质存在量的指标。除特殊水体外，还原性物质以有机质为主。通常以化学需氧量作为衡量水体中有机物含量的综合指标。化学需氧量越大，水质污染越严重。

常用的氧化剂为 $KMnO_4$ 和 $K_2Cr_2O_7$。常用的方法是 $KMnO_4$ 滴定法和 $K_2Cr_2O_7$ 回流法。以

$KMnO_4$ 为氧化剂测得的化学需氧量称为高锰酸钾指数。

酸性高锰酸钾法适用于氯离子含量小于 300mg/L 的水样。当水样的高锰酸钾指数超过 5mg/L 时，应稀释后测定。

测定时加入 H_2SO_4 和一定量的 $KMnO_4$ 溶液，置沸水浴中加热，使其中的还原性物质被氧化，剩余的 $KMnO_4$ 用过量 $Na_2C_2O_4$ 的还原，再以 $KMnO_4$ 反滴定 $Na_2C_2O_4$ 的过量部分。方法的反应式为

$$2MnO_4^- + 5C_2O_4^{2-} + 16 H^+ \stackrel{}{=\!\!=\!\!=} 2Mn^{2+} + 10CO_2 + 8H_2O$$

COD 测定结果按下式计算：

$$COD = \frac{5c_1(V_1 + V_1' - V_0) - 2c_2V_2}{V_s} \times 8000 \tag{6-1}$$

式中　COD——化学需氧量，mg/L；

c_1——$KMnO_4$ 溶液浓度，mol/L；

c_2——$Na_2C_2O_4$ 溶液浓度，mol/L；

V_1——第一次加入的 $KMnO_4$ 溶液体积，mL；

V_1'——滴定水样时消耗的 $KMnO_4$ 溶液体积，mL；

V_0——滴定空白时消耗的 $KMnO_4$ 溶液体积，mL；

V_2——$Na_2C_2O_4$ 溶液的体积，mL；

V_s——水样体积，mL。

处理有机废水的方法很多，活性炭吸附是常用方法之一。污染物质可以被活性炭吸附。活性炭可以再生。

6.7.4　实验用品

6.7.4.1　仪器和材料
电热恒温水浴锅，封闭式电炉，烧杯(250mL 3 个、100mL 3 个)，量筒(100mL、50mL、10mL)，容量瓶(250mL)，移液管(25mL、10mL)，三角烧瓶(250mL)，酸式滴定管(25mL)，砂芯漏斗(3 号)，粒状活性炭。

6.7.4.2　试剂
染料废水，H_2SO_4(2mol/L)，$KMnO_4$(0.02mol/L)，$Na_2C_2O_4$。

6.7.5　实验步骤

6.7.5.1　标准溶液配制和标定
0.005 mol/L $Na_2C_2O_4$ 标准溶液配制。将 $Na_2C_2O_4$ 于 $100 \sim 105℃$ 干燥 2h，在干燥器中冷却至室温，准确称取 0.17g 于 50mL 烧杯中，加水溶解后，定量转移至 250mL 容量瓶中，以水稀释至刻度，计算准确浓度(该标准液已由实验室配好)。

0.002mol/L $KMnO_4$ 溶液配制。吸取 0.02mol/L $KMnO_4$ 标准溶液 25.00mL 置于 250mL 容量瓶中，以新煮沸且冷却的去离子水稀释至刻度。

0.002mol/L $KMnO_4$ 溶液标定。移取 0.005mol/L $Na_2C_2O_4$ 溶液 10.00mL，置于 250mL 三角烧瓶中，加入 10mol/L H_2SO_4 10mL，在水浴上加热到 $75 \sim 85℃$，保持时间 5min。取出，趁热用 0.002mol/L 高锰酸钾滴定。直到溶液呈现微红色并持续半分钟内不褪色即为终点。平行测

定 2~3 次，计算 KMnO$_4$ 溶液的浓度。

6.7.5.2 活性炭吸附处理废水

分别称 1.00g 活性炭置于 3 个 250mL 烧杯中，各加入 100mL 废水，立即放置在磁力搅拌器上搅拌，搅拌时间 10min、20min、30min，静置片刻（1min 之内），立即倾倒出上面水样于 100mL 烧杯中待用（思考为什么先取出水样）（但要事先编好号，不然容易弄混）。

6.7.5.3 COD 测定

取原水样 10mL，置于 250mL 三角烧瓶中补加去离子水去至 100mL，加 10mL H$_2$SO$_4$，再准确加入 10mL 0.002mol/L KMnO$_4$ 溶液，立即加热至沸。从冒第一个气泡开始计时，用小火（调节旋钮控制）煮沸 10min。取下三角烧瓶，趁热加入 10.00mL 0.005mol/L Na$_2$C$_2$O$_4$ 标准溶液，摇匀，此时溶液应当由红色转为无色。用 0.002mol/L KMnO$_4$ 标准溶液滴定至淡红色，并持续 30s 不褪色。平行测定 2~3 次，取平均值。

取经过处理后的水样大约 20~30mL（每次取水样体积保持一致），重复上述操作，平行测定 2~3 次，取平均值。

取 100mL 去离子水代替水样，重复上述操作，求得空白值。

6.7.5.4 计算

按式(6-1)计算原水样和处理后水样的 COD 值，并计算 COD 去除率。

6.7.6 注意事项

（1）水样需要稀释时，应取适量水样的体积，一般要求在测定中回滴过量的草酸钠标准溶液所消耗的高锰酸钾溶液的体积在 4~6 mL 左右。如果所消耗的体积过大或过小，都要重新再取适量的水样进行测定。

（2）6.7.5.3 节中加热煮沸 10min 以后，溶液仍应保持淡红色，如红色很浅或全部褪去，说明高锰酸钾的用量不够。此时，应将水样稀释倍数加大后再测定。

（3）在酸性条件下，草酸钠和高锰酸钾的反应温度应保持在 60~80℃，所以滴定操作必须趁热进行，若溶液温度过低，需适当加热。

6.7.7 结果与讨论

绘制表格，填写测定数据，计算 COD 的去除率。

6.7.8 习题

（1）实验中加热的作用是什么？
（2）讨论影响 COD 去除率的因素。
（3）测定水样的 COD 有何意义，有哪些测定方法？
（4）水样加入 KMnO$_4$ 溶液煮沸后，若红色褪去，说明什么，应采取什么措施？

6.7.9 补充说明

实验室预先配制：

（1）0.02mol/L KMnO$_4$ 溶液：称取 KMnO$_4$ 固体约 1.6g 溶于 500mL 水中，盖上表面皿，加热至沸并保持微沸腾状态 1h，冷却后，用微孔玻璃漏斗过滤。滤液储存于棕色试剂瓶中。将溶液在室温条件下静置 2~3 天后过滤，配制成溶液。

（2）废水：万分之一的甲基红或甲基橙水溶液。

6.8　由废铝箔制备聚碱式氯化铝

6.8.1　实验目的

（1）了解制备聚碱式氯化铝的原理和方法。
（2）掌握沉淀分离、洗涤的基本操作方法。
（3）提高废物利用和水质净化等环保意识。

6.8.2　思考题

（1）聚碱式氯化铝净化水适合什么水样？
（2）你还了解哪些水处理剂？

6.8.3　实验原理

·混凝处理是自来水厂或一般工业废水处理必须进行的重要步骤，它可以去除水中的固体悬浮物或通过反应去除重金属离子及部分有机物。天然水或废水通过混凝处理后，再经过过滤、消毒或其他深度处理后，便可达到排放标准。

混凝剂按化学组成可分为无机混凝剂和高分子混凝剂，无机混凝剂又可分铝系和铁系，例如人们所熟悉的明矾就是一种无机混凝剂，现在又发展了很多聚合产品，如聚合氯化铝等。无机混凝剂主要是通过水解，在一定温度和酸度条件下，形成多羟基化合物，混凝成长链及网状物沉淀下来。在形成沉淀的过程中把水中微小固体悬浮物及经过反应或直接能与该絮状物结合的其他物质一起去除，使水质迅速变得清澈透明。高分子混凝剂则利用高分子长链的官能团与废水中的有毒物质反应，再通过自身的团聚包裹作用。沉淀去除水中有毒物质时，可将无机与高分子混凝剂混合使用，高分子混凝剂会在无机絮团之间形成一种"架桥"作用，进一步增强混凝效果。

聚碱式氯化铝是一种应用广泛的高效净水剂，它是由介于 $AlCl_3$ 和 $Al(OH)_3$ 之间的一系列中间水产物聚合而成的高分子化合物，其化学通式为：$[Al_m(OH)_n(H_2O)_x] \cdot Cl_{3m-n}$（$m = 2 \sim 13, n \leqslant 3m$）。聚碱式氯化铝是黄色或无色树脂状固体，易溶于水，由于它是通过羟基架桥聚合而成的一种多羟多核配合物，有较一般絮凝剂如 $Al_2(SO_4)_3$、明矾或 $FeCl_3$ 等大得多的式量，且有桥式结构，所以它有很强的吸附能力。另外，它在水溶液中形成许多高价配阳离子，如 $[Al_2(OH)_2(H_2O)_8]^{4+}$、$[Al_3(OH)_4(H_2O)_{18}]^{5+}$ 等，能显著降低水中泥土胶粒上的负电荷，因此在水中凝聚效果显著，能快速除去水中的悬浮颗粒和胶状污染物，还能有效地除去水中的微生物、细菌、藻类及高毒性重金属铬、铅等。经研究发现其作用效果最佳的聚合形态是 $[Al_3(OH)_4(H_2O)_{18}]^{5+}$。

废铝箔来源于香烟、食品及药品包装等，其主要成分是金属铝。铝溶于 6 mol/L 盐酸中，过滤除去不溶物，再用氨水调节溶液的 pH 值为 $6.0 \sim 6.5$，将其转化为 $Al(OH)_3$ 沉淀与其他物质分离。然后，用 HCl 溶液溶解 $Al(OH)_3$ 沉淀，得到 $AlCl_3$ 溶液，此时溶液的 pH 值为 $6.3 \sim 6.5$，经适当的水解聚合得聚碱式氯化铝。

6.8.4　实验用品

6.8.4.1　仪器

微型吸滤装置，台秤，烘箱，量筒，废铝箔，烧杯（50mL 3 个）。

6.8.4.2　试剂

$HCl(6\ mol/L)$，$NH_3 \cdot H_2O(6\ mol/L)$。

6.8.5　实验步骤

（1）称取 3g 废铝箔（自备），剪成小块置于 50mL 烧杯中，加 15mL 6mol/L HCl，小火加热并搅拌使箔片上的铝完全溶解。然后过滤，把溶液转入烧杯中。将二分之一的 $AlCl_3$ 溶液转移至另一烧杯中，再加 5mL 水稀释，在不断搅拌下慢慢滴入 6mol/L $NH_3 \cdot H_2O$，至溶液的 pH 值为 6.0～6.5 为止。过滤 $Al(OH)_3$，用蒸馏水洗至无氨味，滤液留下回收 NH_4Cl（如何回收）。

（2）把 $Al(OH)_3$ 转移到一个 50 mL 烧杯中，加入剩余的 $AlCl_3$（上述另一份）溶液，加热搅拌，至混合物溶解透明后，于 60℃ 保温聚合 8～12h（也可置于烘箱中保温），聚合后的产品置于烘箱中 90℃ 干燥 1h，产品为淡黄色固体。产品易吸潮，置于干燥器中保存。

（3）取两个 50mL 烧杯，各加入 0.5g 泥土，加水至 50mL，搅拌。在一烧杯中加入聚合好的产品少许，搅拌均匀，观察现象，与另一烧杯对比记录溶液澄清所需时间。

6.8.6　习题

（1）请写出制备过程涉及的有关化学方程式。

（2）废水治理的方法很多，本实验方法有什么特点？

（3）实验过程中，哪几步操作起来较为费劲和费时，你认为做实验应该有什么样的态度？

6.9　日常生活中的化学

6.9.1　实验目的

（1）熟悉化学实验中有关基础操作技能。

（2）运用化学知识及化学实验技术，分析、解决生活中一些化学问题。

（3）掌握 Mg^{2+}、Ca^{2+}、SO_4^{2-}、$Cr(\text{VI})$ 离子的鉴别方法。

6.9.2　思考题

（1）市售加碘盐中碘的浓度为多少，是否符合国家对于加碘盐的碘含量要求？

（2）如何制备碘标准样品？

（3）如何证明 $NaNO_2$ 在酸性介质中与 KI 发生了什么反应？

6.9.3　实验原理

人体缺碘时，会诱发引起多种疾病。预防缺碘病主要是以食用加有碘因素的盐为主进行补碘。国际上制备碘盐的材料有 KI 和 KIO_3 两种碘剂。KIO_3 化学性质较稳定，常温下不易挥发，不吸水，易保存。KI 有苦味、易挥发和潮解，见光分解析出游离碘而显黄色等缺点，我国使用碘酸盐加工食用盐。

KIO_3 为无色结晶，其含碘量为 59.3%，无臭无味可溶于水。其晶体常温下较稳定，加热至 560℃ 开始分解：

$$2KIO_3 \longrightarrow 2KI + 3O_2 \uparrow$$

或 $$12KIO_3 + 6H_2O \longrightarrow 6I_2 + 12KOH + 15O_2 \uparrow$$

KIO_3 在酸性介质中是较强的氧化剂，其标准电极电势较高，遇到还原剂，如食品中常含有的 Fe^{2+} 和 $C_2O_4^{2-}$，容易发生反应析出 I_2。

$$2IO_3^- + 12H^+ + 10e \longrightarrow I_2 + 6H_2O \quad E^{\ominus}(IO_3^-/I_2) = 1.20V$$

单质碘因易升华而损失。纯 KIO_3 晶体是有毒的，但在治疗剂量范围（不大于 60mg/kg）内对人体无毒害。

碘盐的检测试剂是由酸性介质中还原剂 KCNS 组成，其反应如下：

$$6IO_3^- + 5CNS^- + H^+ + 2H_2O = 3I_2 + 5HCN + 5SO_4^{2-}$$

用1%淀粉溶液显色，可半定量检测 KIO_3 含量。

6.9.4 实验用品

6.9.4.1 仪器

台秤，干燥箱，烧杯，酒精灯，研钵，多孔点滴瓷板，吸量管，吸耳球等。

6.9.4.2 试剂

食用碘盐，$NaNO_2$，$NaCl$，$HOAc(2mol/L)$，$H_2C_2O_4(2mol/L)$，标准碘（KIO_3）溶液（含碘量为200mg/L），$KI(0.1mol/L)$，新配制的淀粉溶液，铬黑T指示剂，$Pb(Ac)_2(0.05mol/L)$，饱和 $BaCl_2$ 溶液，饱和 $(NH_4)_2C_2O_4$ 溶液，NH_3-NH_4Cl 缓冲溶液，碘检测试剂（400mL 1%淀粉，4mL $H_3PO_4(85\%)$，7g KCNS 制得的溶液），格氏试剂（0.5g 对氨基苯磺酸，0.05g α-萘胺，4.5g 酒石酸，研磨均匀，密封于广口瓶）。

6.9.5 实验步骤

6.9.5.1 测定碘盐的含碘浓度（半定量分析法）

（1）碘盐标准样品制备。取5个干洁烧杯，各放入 NaCl 5g，分别加入200mg/L的标准碘（KIO_3）溶液 0.25mL、0.5mL、0.75mL、1.0mL、1.25mL。搅匀后，放入干燥箱内105℃烘干1h，取出冷却，研细。配制成系列标准碘盐，计算含碘量（含碘量应分别为 10mg/kg、20mg/kg、30mg/kg、40mg/kg、50mg/kg）。

（2）制备标准色板。取碘标准样品 10mg/kg、20mg/kg、30mg/kg、40mg/kg、50mg/kg 各1g，分别放入多孔点滴瓷板的孔中，压平后，各加入2滴碘检测试剂和8滴去离子水，制成标准色板。

（3）碘盐检测。取1g市售碘盐放入多孔点滴板的孔中，压平后加入2滴点检测试剂和8滴去离子水，显色后约30s，根据标准色板，用目视比色法确定碘盐的浓度。

6.9.5.2 碘盐和NaCl试剂中 Mg^{2+}、Ca^{2+}、SO_4^{2-} 离子的检验

分别取1g市售碘盐和NaCl试剂放入两个烧杯中，加入约10mL去离子水，配成检测液。

（1）Mg^{2+} 离子检验。各取1mL氯化钠和食用碘盐检测液，分别滴加2滴 NH_3-NH_4Cl 缓冲溶液和1~2滴铬黑T指示剂，对比观察溶液颜色（若有 Mg^{2+} 离子存在显红色，否则为蓝色）。

（2）Ca^{2+} 离子检验。各取1mL氯化钠和食用碘盐检测液，分别滴入5滴饱和 $(NH_4)_2C_2O_4$ 溶液，对比观察实验现象。

（3）SO_4^{2-} 离子检验（自行设计）

6.9.5.3 影响碘盐稳定性的因素

取3支干燥试管，各加入1g碘盐，在第一支试管中加入1滴 2mol/L HOAc 溶液，在第二

支试管中加入 1 滴 2mol/L HOAc 和 1 滴 2mol/L $H_2C_2O_4$ 溶液，第三支试管作为空白。3 支试管都用酒精灯加热至干，取出样品，按实验步骤 6.9.5.1 半定量分析法测定碘盐的含碘量。

6.9.5.4　亚硝酸盐与食盐的鉴别

（1）取 3 支试管分别加入少量 $NaNO_2$ 固体、NaCl 固体和市售碘盐，各加入 2mL 去离子水，再加入 2mol/L HOAc 和 0.1mol/L KI，观察 3 支试管中的不同的实验现象，再加入新配制的淀粉溶液，观察实验现象。

（2）取 3 支试管分别加入少量 $NaNO_2$ 固体、NaCl 固体和市售碘盐，2mL 去离子水，格氏试剂一小匙，摇匀。数分钟后观察现象。

6.9.5.5　火柴梗中 $K_2Cr_2O_7$ 的鉴定

取两根火柴，把火柴压碎后，放入试管中，加约 1mL 水和少量酸，用 $Pb(OAc)_2$ 检验。

6.9.6　习题

（1）自制碘盐浓度实验值和理论值产生差别的原因是什么？

（2）影响碘盐稳定性的因素有哪些？

（3）烹制菜肴时，什么时候放入含碘盐最为合适，说明理由。

6.10　动、植物体中微量元素的检测

6.10.1　实验目的

（1）掌握 Ca^{2+}、PO_4^{3-}、Zn^{2+}、Fe^{3+} 的特征鉴定反应。

（2）了解目视比色法测定铁含量的分析方法。

（3）熟悉高温电炉、坩埚的使用方法。了解化学中对复杂试样进行预处理的办法。

6.10.2　思考题

（1）查阅相关材料，设计检测 Ca^{2+}、PO_4^{3-}、Zn^{2+}、Fe^{3+} 的实验方案。

（2）在 PO_4^{3-} 的鉴定反应中，为使磷钼酸铵沉淀完全，可采取哪些措施？

（3）在用 $(NH_4)_2C_2O_4$ 鉴定 Ca^{2+} 的反应中应注意哪些问题？

（4）预习比色法测定物质含量的分析方法。

6.10.3　实验原理

生物体中含有钙、铁、磷、锌等微量元素。这些微量元素在生命活动中发挥着重要作用，任何一种元素的缺乏，都会导致生命活动失去平衡。对这些元素的检测，也显着尤为重要。

将植物的叶子或动物的骨头及人的头发灰化，然后用硝酸将其氧化为相应离子而进入溶液，再利用这些离子的特征鉴定反应，就可将其检出。若再辅之以特殊的化学手段，便可实现定量的检测。例如通过原子吸收分光光度法可定量测定人体头发中锌元素的含量。

比色分析是通过测量同一束光经过标准溶液和待测试液后透色光强度比较来确定试样含量的方法。一般经过显色和比色两个步骤。显色即是用显色剂与待测离子反应生成有色物质；比色是测量有色化合物对光的吸收强度，可用眼睛观察（目视比色法），也可用光电仪器测量。

本实验利用目视比色法。

目视颜色深浅的方法有三种。一是眼睛由比色管口沿中线向下注视；二是将标准色阶放在眼前，由管侧直视；三是比色管下层装有一镜条，将镜旋转45°，从镜面上观察比色管底端的颜色深度(不宜在强光下进行比色，易使眼睛疲劳，可用白纸作为背景进行比色)。

标准色阶的配制。取一套材质相同的比色管，编上号码，按照顺序加入浓度按一定梯度逐增的标准溶液，加入相同体积的试剂(包括显色剂、缓冲试剂和掩蔽剂)，然后稀释到相同体积，摇匀，即形成标准色阶。另取相同的比色管，加入一定体积的试样溶液及与标准色阶相同体积的试剂，并稀释到同一体积、摇匀，然后与标准色阶比较。当与标准色阶中某一比色管的颜色相同时，二者浓度相等；若颜色介于两标准色阶颜色深度之间，则试液浓度为两标准色阶浓度的平均值。

6.10.4 实验用品

6.10.4.1 仪器

吸量管(1mL、2mL、5mL)，比色管(25mL 6 支)，容量瓶(50mL)，高温电炉，坩埚，坩埚钳，三脚架，酒精灯，镊子。

6.10.4.2 试剂

HNO_3 (浓)，$NH_3 \cdot H_2O$ (2mol/L)，NaOH (0.1mol/L、2mol/L)，KSCN (2mol/L)，$(NH_4)_2C_2O_4$(饱和)，$K_4[Fe(CN)_6]$(0.1mol/L)，饱和钼酸铵溶液，二苯硫腙，四氯化碳，$NH_4Fe(SO_4)_2 \cdot 12H_2O$，$H_2SO_4$(9mol/L)，$HClO_4$。

6.10.5 实验步骤

6.10.5.1 样品

取树叶、鸡蛋黄、骨头、头发四种样品中一种。

6.10.5.2 样品的预处理

称取一定重量的树叶(或骨头、煮熟的鸡蛋黄)，用镊子夹取直接在酒精灯上加热燃烧至炭化，转移到坩埚中。将坩埚放入高温电炉中，在 600 ~ 700℃下加热数分钟，灰化完全。向坩埚内加入浓硝酸、少量水，过滤。此滤液可检出 Ca^{2+}、PO_4^{3-}、Fe^{3+}。

头发取 0.2g 依次用洗涤剂、自来水、去离子水漂洗，放入 100℃烘箱中烘干 10min，冷却。放在 50mL 小烧杯内，加入 5mL 浓硝酸，盖上表面皿，在通风橱内小火加热，保持微沸。当溶液体积减少至一半时，停止加热，冷却。加入 2mL $HClO_4$，加热保持微沸，直至剩下 2mL，冷至室温，加入水。此滤液可检出 Zn^{2+}。

6.10.5.3 离子鉴定

取上述处理后的滤液 1mL，鉴定是否存在 Ca^{2+}、PO_4^{3-}、Zn^{2+} 和 Fe^{3+}，实验方法可参照附录自行设计检测方案。

6.10.5.4 铁含量的测定

(1)铁标准溶液的配制。准确配制浓度为 5×10^{-4}mol/L $NH_4Fe(SO_4)_2$ 溶液。

首先计算上述标准溶液所需 $NH_4Fe(SO_4)_2 \cdot 12H_2O$ 的量，用电子天平准确称量之。溶于少量去离子水中，并加入 1mL 9mol/L H_2SO_4。然后转入 50mL 容量瓶中，并稀释至刻度备用。

(2)标准色阶的配制和试样的测定。分别取 1mL、2mL、3mL、4mL、5mL 的 Fe^{3+} 标准溶液于 5 支 25mL 的比色管中。

在样品管加入 2mL 待测液，然后向样品管和 5 支标准色阶管中分别加入 2mL KSCN 溶液，用蒸馏水稀释至刻度，摇匀后比色。

（3）样品浓度的计算。当与标准色阶中某一比色管的颜色相同时，二者浓度相等；若颜色介于两标准色阶颜色深度之间，则试液浓度为两标准色阶浓度的平均值。

6.10.6　习题与讨论

（1）Zn^{2+} 的鉴定，除用二苯硫腙法，还可以用哪些方法？

（2）你的实验中出现过哪些问题？

（3）在用 $K_4[Fe(CN)_6]$ 或 KSCN 鉴定 Fe^{3+} 的反应中，如果硝酸的浓度很大，会对鉴定反应有何影响？

6.11　原子吸收分光光度法测定头发中锌元素的含量

6.11.1　实验目的

（1）熟悉和掌握原子吸收分光光度法进行定量分析的实验方法。

（2）理解样品的湿消化或干灰化技术。

（3）了解原子吸收分光光度计的使用。

6.11.2　思考题

（1）原子吸收光谱的理论依据是什么？

（2）干灰化法和湿消化法在操作上有什么不同？

（3）什么原因能够导致人体缺锌？

6.11.3　实验原理

原子吸收分光光度法是基于物质所产生的原子蒸气对特征谱线（即待测元素的特征谱线）的吸收作用来进行定量分析的一种方法。该法具有灵敏度高、选择性好、操作简便、快速和准确度好等特点，因此被广泛用于测定微量元素的首选方法。一般情况下，其相对误差大约在 1% ~ 2% 之间，可用于 70 种元素的微量测定。此法的缺点是分析不同元素时，必须换用不同元素的空心阴极灯，因而目前多元素同时分析还比较困难。

若使用锐线光源，待测组分为低浓度的情况下，基态原子蒸气对共振线的吸收符合如下公式：

$$A = \lg \frac{l}{T} = \lg \frac{I_0}{I} = alN_0 \qquad (6\text{-}2)$$

式中　A——吸光度；

　　　T——透射比；

　　　I_0——入射光强度；

　　　I——经原子蒸气吸收后的透射光强度；

　　　a——比例系数；

l——样品的光程长度；

N_0——基态原子数目。

当用于试样原子的火焰温度低于3000K时，原子蒸气中基态原子数目实际上非常接近原子的总数目。在固定的实验条件下，待测组分原子总数与待测组分浓度的比例是一个常数，故上式又可写成：

$$A = kcl \tag{6-3}$$

式中，k 为比例常数，当 l 以 cm 为单位，c 以 mol/L 为单位表示时，k 称为摩尔吸收系数，单位为 L/(mol·cm)。此式就是朗伯-比尔定律数学表达式。如果控制 l 为定值，则式(6-3)就是原子吸收分光光度法的定量基础。定量的方法可用标准加入法或标准曲线法。

锌(Zn)广泛分布于有机体的所有组织中，是多种与生命活动密切相关的酶重要成分。例如，锌是叶绿体内碳酸酐酶的组成成分，能促进植物的光合作用。锌对许多植物，尤其是玉米、柑橘和油桐的生长发育和产量有极为重大的影响。当土壤中有效 Zn 低于 1mg/kg(水浸)时，施用锌肥有良好的增产效果。因此，锌的测定是土壤肥力和植物营养的经常检测项目之一。

对于人和动物，缺锌会阻碍蛋白质的氧化以及影响生长素的形成。其症状表现为食欲不振，生长受阻，严重时甚至会影响繁殖机能。因此，锌元素也是人和动物营养诊断的检测项目之一。

从毛发中锌含量(简称"发 Zn")可以确定 Zn 营养的正常与否，为此，发 Zn 是医院，特别是儿童医院常用的诊断手段。正常人发 Zn 的含量为 100～400mg/kg。

人和动物的毛发，用湿消化法或干灰化法处理成溶液后，溶液对波长为 213.9nm 的光(锌元素的特征吸收谱线)的吸光度与毛发中 Zn 的含量呈线性关系，故可直接用标准曲线法测定毛发中 Zn 含量。

6.11.4 实验用品

6.11.4.1 仪器

原子吸收分光光度计(WYX-402 型或其他型号)，无油空气压缩机，钢瓶(乙炔或空气)，高温电炉(干灰化法)，控温电热板(湿消化法)，吸量管(5mL)，聚乙烯试剂瓶(500mL)，烧杯(200mL)，容量瓶(50mL、500mL)，瓷坩埚(30mL)(干灰化法用)，锥形瓶(100mL)(湿消化法用)。

6.11.4.2 试剂

Zn 标准储备溶液(1.000g/L)，Zn 标准工作溶液(10mg/L)，HCl(1%、10%)(干灰化法用)，HNO_3-$HClO_4$ 混合溶液(浓 HNO_3($\rho = 1.42$) – $HClO_4$(60%)以 4:1 的比例混合而成)湿消化法用。

6.11.5 实验步骤

6.11.5.1 样品的采集

用不锈钢剪刀取 1～2g 头发，剪碎至 1cm 左右。在烧杯中用普通洗发剂浸泡 2min，然后用水冲洗至无泡，以保证洗去头发样品上的污垢和油腻。最后，发样用蒸馏水冲洗三次，晾干，放入烘箱中于 80℃时干燥至恒重(大约 6～8h)。

采取下面两种方法中任一种处理发样。

6.11.5.2　干灰化法处理发样

准确称取 0.1000g 混匀的发样于 300mL 瓷坩埚中，先于酒精灯上炭化，再置于高温电炉中，升温至 500℃左右，直至完全灰化。冷却后用 5mL 10% HCl 溶解，用 1% HCl 溶液定容至 50.0mL，待测。

6.11.5.3　湿消化法处理发样

将 0.1000g 混匀的发样置于 100mL 锥形瓶中，加入 5mL HNO_3-$HClO_4$ 混合溶液，上加弯颈小漏斗，在控温电热板上加热消化，温度控制至 140～160℃，待大约剩余 0.5mL 清亮液体，停止加热，冷却后，用 H_2O 定容至 50.0mL，待测。

6.11.5.4　标准系列溶液的配制

在 5 支 50mL 容量瓶中，分别加入 1.00mL、2.00mL、3.00mL、4.00mL、5.00mL Zn 的标准工作溶液，加 H_2O 稀释至刻度，摇匀。

6.11.5.5　测量

按照原子吸收分光光度计的操作步骤，开动机器，选定测定条件：波长 213.9nm，空心阴极灯的灯电流 3mA，灯高 4 格，光谱通带 0.2nm，燃助比 1:4。由于仪器的型号不同，上述测定条件仅供参考。

用蒸馏水调节仪器的吸光度为 0，按由稀到浓的次序测量标准系列溶液和未知试样的吸光度。

6.11.6　结果与讨论

(1)绘制标准曲线。绘制 Zn 的标准工作曲线，由未知试样的吸光度，求出毛发中的 Zn 含量。

(2)根据测定结果进行判断。由正常人发 Zn 含量范围，判断提供发样的人是否缺锌或者生活在锌污染区中(仅供初步判断)？

6.11.7　习题

(1)原子吸收分光光度法中，吸光度与样品浓度之间具有什么样关系，当浓度较高时，一般能出现什么情况？

(2)测定"发 Zn"具有什么实际意义？

(3)影响测定结果准确性的因素有哪些？

7 综合性实验

7.1 化学反应热的测定及活性氧化锌的制备

7.1.1 实验目的

(1)了解化学反应焓变测定的原理和实验方法。
(2)练习电子天平的使用和溶液的配制。
(3)了解活性氧化锌的制备方法。

7.1.2 实验原理

化学反应通常是在恒压条件下进行的,恒压下进行的化学反应的热效应称为恒压热效应。在化学热力学中,用焓变 ΔH 来表示。放热反应体系能量降低 ΔH 为负值,吸热反应体系能量增加 ΔH 为正值。

本实验在绝热条件下(实验装置如图 7.1 所示),使 Zn 粉和 $CuSO_4$ 溶液在量热计中反应,反应方程式如下:

$$Cu^{2+} + Zn \longrightarrow Cu + Zn^{2+} \qquad \Delta H^{\ominus} = -216.8 \ kJ/mol$$

量热计中溶液温度升高的同时也使量热计的温度相应的提高。因此,反应放出的热量可按式(7-1)计算。

$$\Delta H = -\frac{mc_s + C_p}{1000n}\Delta T \qquad (7\text{-}1)$$

式中 ΔH——反应的焓变,kJ/mol;
m——溶液的质量,g;
c_s——溶液的比热容,J/(g·K);
c_p——量热计的热容,J/K;
n——反应溶液中发生反应的物质的量;
ΔT——温度差,K。

在使用绝热反应器、测定精度要求不高时,用水的比热容代替溶液的比热容。则反应焓变可由式(7-2)计算。

$$\Delta H = -\frac{mc_s + C_p}{1000n}\Delta T = \left(\frac{mc_s}{1000n} + \frac{C_p}{1000n}\right)\Delta T \quad (7\text{-}2)$$

式(7-2)中 $n = 0.2000 \times 100/1000 = 0.02000$,$m \approx 100g$,$c_s \approx c_{水} = 4.18 J/(g·K)$,即:

$$\Delta H = (20.9 + C_p/20)\Delta T$$

量热计的热容是指量热计温度升高 1K 所需的热量。在测定反应焓变之前必须先确定所用量热计的热容,否则 ΔH 测定值偏低。测定方法大致如下:在量热计中加入一定质量的冷水 G(如 50g),测定其温度为 T_1,加入相同质量温度为 T_2 的热水,混合后的温度为 T_3,即:

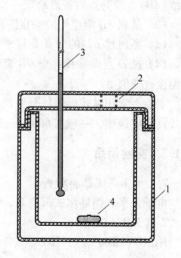

图 7.1 简易量热计示意图
1—有机玻璃保温杯;2—锌粉加料口;
3—温度计;4—搅拌子

$$热水失热 = (T_2 - T_3) \times G \times c_s$$
$$冷水得热 = (T_3 - T_1) \times G \times c_s$$
$$量热计得热 = (T_3 - T_1) \times C_p$$

因为热水失热与冷水得热之差即为量热计得热，故量热器的热容：

$$C_p = \frac{(T_2 - T_3) \times G \times c_s - (T_3 - T_1) \times G \times c_s}{T_3 - T_1}$$

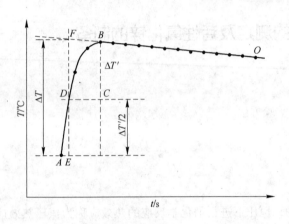

图 7.2　反应时间与反应温度的关系

由于反应后的温度需要经过一段时间才能升到最高数值，而实验所用量热器又非严格的绝热体系（虽然绝热性能很好），在实验中，量热器不可避免地会与环境发生少量热交换，再加上 1/10 刻度温度计中水银柱的热惰性等，故采用外推法可适当消除这一影响。外推法原理如图 7.2 所示。

（1）以温度为纵坐际，以时间为横坐标作图，得到温度随着时间变化曲线 ABO，B 点是观测到最高温度读数点，A 点是未加锌粉时溶液的恒定温度读数点。加锌粉后各点至最高点为一曲线（AB），最高点后各点绘成一直线（BO）。

（2）量取 AB 两点间的垂直距离为反应前后温度变化值 $\Delta T'$。

（3）画通过 $\Delta T'$ 的中点 C 且平行于横坐标的直线，交 AB 曲线于 D 点。

（4）过 D 点做垂线，交 OB 直线延长线于 F 点。A 点和 F 点的垂直距离 EF 为校正后的真正温度改变值 ΔT。

工业上常用碱式碳酸锌分解法制活性氧化锌。理论上碱式碳酸锌加热 300℃ 以上即分解，为提高反应速率，一般在 600℃ 热分解。

7.1.3　实验用品

7.1.3.1　仪器和材料

电子天平，循环水式真空泵，台秤，量热计，马弗炉，秒表，布氏漏斗，坩埚。

7.1.3.2　试剂

H_2SO_4（2mol/L），H_2O_2（5%），NaOH（2mol/L），HCl（6mol/L），NH_4SCN（0.5mol/L），$CuSO_4 \cdot 5H_2O$（s），Na_2CO_3（s），锌粉。

7.1.4　实验步骤

7.1.4.1　硫酸铜溶液配制

精确称量 $CuSO_4 \cdot 5H_2O$，配制 0.2000mol/L $CuSO_4$ 溶液 250mL。

7.1.4.2　测定量热计热容 C_p

（1）用量筒取 50mL 去离子水放入干燥的量热计中，盖好盖子，缓慢搅拌，几分钟后观察温度，若连续 3min 温度没有变化，说明体系温度已达到平衡，记下此时温度 T_1（精确到 0.1℃）。

（2）准备好 50mL 约比 T_1 高 20~30℃的热水，准确读出其温度 T_2，迅速将此热水倒入量热计中，盖好盖子，并不断搅拌，开始时每 15s 记录温度一次，当温度升到最高点 T_3 后（在温度下降期间也不停搅拌），继续观测 3min（每 30s 记录一次）。作出温度-时间曲线图，求出 ΔT。

7.1.4.3 反应焓变的测定

（1）用台秤称取 3g 锌粉。

（2）用 50mL 移液管准确量取已配好的 $CuSO_4$ 溶液 100mL，注入已经用水洗净且干燥的量热计中。

（3）$CuSO_4$ 溶液的温度稳定，记下温度后，迅速加入 3g 锌粉，立即盖好盖子，按下秒表，不断搅拌，并每隔 15s 记录一次温度。记录到最高温度后，再继续按上述方式（即每隔 15s 记录一次温度），测定温度 3min。

（4）溶液倒入烧杯，用于制备活性氧化锌。

（5）按图 7.2 所示，用作图法求出温度差 ΔT，按式（7-2）计算反应焓变，并与理论值比较，计算误差并讨论。

7.1.4.4 制备活性氧化锌

（1）活性氧化锌的制备。测定焓变后的混合物过滤，固体回收，滤液用 2mol/L H_2SO_4 酸化，调节至 1 < pH < 2，滴 10 滴 5% H_2O_2，搅拌，用 2mol/L NaOH 调节到 pH = 4，过滤得到经过纯化的 $ZnSO_4$ 溶液。分批加入 2.2g Na_2CO_3 固体，使产生大量白色胶状沉淀。稍热，减压过滤，洗涤沉淀。沉淀转移到坩埚中，在马弗炉中恒温 600℃ 灼烧 15~20min。冷却后，称重，计算产率。做溶解性和纯度检验。

（2）氧化锌溶解性、纯度检验。取 3 支试管，各加少许固体 ZnO 粉末，分别加入去离子水、6mol/L NaOH 和 6mol/L HCl，观察溶解情况。取适量酸溶后的溶液，加入 0.5mol/L NH_4SCN 溶液，检验 Fe^{3+}，并写出反应式。

7.1.5 习题

（1）用水的比热容代替溶液的比热容，对实验结果有何影响？

（2）去除杂质铁，应先将 Fe^{2+} 氧化为 Fe^{3+}，再加氢氧化钠。应用何种氧化剂，最后 pH 值为多少？

（3）影响焓变测定的误差因素有哪些？

7.2 从钒渣中提取五氧化二钒及[VO(AcAc)$_2$]的合成

7.2.1 实验目的

（1）了解从钒渣中提取五氧化二钒的原理和方法。

（2）熟悉钒的化合物的性质，学习制备钒（Ⅳ）的一种四方锥体内配盐。

（3）熟悉分液漏斗的使用及萃取、抽滤等基本操作。

7.2.2 思考题

（1）五氧化二钒的酸碱性和氧化性。

（2）水溶液中 VO^{2+}、V^{3+}、V^{2+} 离子的颜色。

(3)根据氧化数的变化判断 C_2H_5OH 在由 V_2O_5 转变为 VO^{2+} 的反应中所起的作用，并配平此反应方程式。

7.2.3　实验原理

钒在自然界中比较分散，很少有钒的富集矿。钒在工业上用于制造合金钢和铸铁，钒可提高其延性和抗震性。因此钒的分离和提纯就显得尤为重要。本实验采取溶剂萃取法提纯，可得到纯度为 99.5% 的 V_2O_5。实验原料为含钒矿渣。在此矿渣中钒主要呈铁钒尖晶石状态 $(Fe,Mn)\cdot O \cdot (V,Cr,Fe)_2O_3$，此外还有 TiO_2（约5% ~11%），SiO_2（约19% ~31%）等。

实验前首先将钒渣磨细，与适量 Na_2CO_3、$NaCl$ 混合后灼烧。灼烧的主要反应为：

$$2(FeO\cdot V_2O_3)+4NaCl+7/2O_2 \longrightarrow 4NaVO_3 + Fe_2O_3 + 2Cl_2\uparrow$$

$$2(FeO\cdot V_2O_3)+2Na_2CO_3+5/2O_2 \longrightarrow 4NaVO_3 + Fe_2O_3 + 2CO_2\uparrow$$

钒从 +3 价氧化到 +5 价。灼烧反应在氧化气氛中进行。灼烧后的熟料，粉碎磨细后，以水煮沸浸出 $NaVO_3$。在浸出液中会含有少量 Na_2SiO_3 杂质，应先进行脱硅反应：

$$Na_2SiO_3 + MgCl_2 \longrightarrow MgSiO_3\downarrow + 2NaCl$$

将沉淀过滤后，得 $NaVO_3$ 水溶液，进行液-液萃取纯化。

实验所用萃取剂为 N263，化学式为 $[R_3NCH_3]^+Cl^-$，其中 R 为 8 ~ 10 个碳的烷基。N263 可以与 VO_3^- 发生下面交换反应：

$$[R_3NCH_3]^+Cl^- + VO_3^- \longrightarrow [R_3NCH_3]VO_3 + Cl^-$$

经过上面交换反应，VO_3^- 进入有机相，与水相分离。再向有机相中加入浓 $NaCl$ 溶液，这时 VO_3^- 又会重新回到水相，交换反应为：

$$[R_3NCH_3]VO_3 + Cl^- \longrightarrow [R_3NCH_3]^+Cl^- + VO_3^-$$

经过上述萃取-反萃取操作，得到较纯的 $NaVO_3$ 水溶液，同时萃取剂再生，可重复使用。

将此纯 $NaVO_3$ 水溶液用浓 H_2SO_4 酸化，调节 pH 值至2 左右，加热煮沸可得到较纯的橙红色含水 V_2O_5 沉淀，反应式为：

$$2NaVO_3 + 2H_2SO_4 \longrightarrow (VO_2)_2SO_4 + Na_2SO_4 + 2H_2O$$

$$(VO_2)_2SO_4 + (x+1)H_2O \longrightarrow V_2O_5\cdot xH_2O\downarrow + H_2SO_4$$

V_2O_5 是两性氧化物，以酸性为主。在较强酸性条件下，V_2O_5 以 VO_2^+ 形式存在。VO_2^+ 为中等强度氧化剂，25℃时 $E^\ominus(VO_2^+/VO^{2+}) = 0.999V$。因此 V_2O_5 与乙醇在浓硫酸存在下可发生下面氧化-还原反应，反应式为：

$$V_2O_5 + 2H_2SO_4 + C_2H_5OH \longrightarrow 2VOSO_4 + 3H_2O + CH_3CHO$$

得到的 VO^{2+} 离子是钒与氧所形成的双原子离子中最稳定的一种，$V = O$ 键为双键。VO^{2+} 可与一些配体形成五配位的正方锥体配合物或六配位的畸变八面体配合物，例如：$[VO(bipy)_2Cl]^+$、$[VO(AcAc)_2]$、$[VO(NCS)_4]^{2-}$ 等。我们选择 VO^{2+} 与乙酰丙酮（分子式为 $CH_3COCH_2COCH_3$，英文缩写为 AcAc）所形成的五配位的 $[VO(AcAc)_2]$ 作为目标合成产物。X 射线分析确定了 $[VO(AcAc)_2]$ 的晶体结构，见左图。

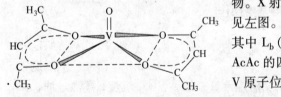

其中 $L_b(V = O) = 157pm$；$L_b(V—O) = 197.1pm$；AcAc 的四个氧原子位于平面正方形的四个顶点上，V 原子位于平面正方形中间上方约 50pm 处。

VO^{2+}离子与乙酰丙酮在弱碱性条件下，可直接发生配合反应，生成[VO(AcAc)$_2$]。反应方程式为：

$$VO^{2+} + 2AcAc \longrightarrow [VO(AcAc)_2]$$

在乙酰丙酮液体中存在下列酮式和烯醇式的互变异构平衡：

$$CH_3COCH_2COCH_3 \Longleftrightarrow CH_3COCH = C(OH)CH_3$$

在配合反应中，乙酰丙酮是以其烯醇式负一价离子（离子式为：[CH$_3$—CO—CH=CO—CH$_3$]$^-$）和VO^{2+}形成配合物。

[VO(AcAc)$_2$]为蓝绿色单斜晶体，可溶于氯仿，微溶于醚类，利用其在两种溶剂中溶解度的差异，可对[VO(AcAc)$_2$]进行结晶纯化。

测定[VO(AcAc)$_2$]的红外光谱，可找到1600cm^{-1}左右C=O吸收峰，1000cm^{-1}左右V=O吸收峰及480cm^{-1}左右V—O吸收峰。

测定[VO(AcAc)$_2$]的磁化率，可计算出形成体V（Ⅳ）d轨道上未成对电子数。

有条件的学校还可测定X射线衍射光谱，进一步确定[VO(AcAc)$_2$]的晶体结构。

7.2.4　实验用品

7.2.4.1　仪器

分液漏斗（150mL），pH试纸，碘化钾淀粉试纸，研钵，布氏漏斗，吸滤瓶，水流抽气泵，红外分光光度计，古埃磁天平。

7.2.4.2　试剂

HCl（2mol/L、浓），H$_2$SO$_4$（12mol/L、3mol/L、浓），NaOH（2mol/L），MgCl$_2$（20%），N263煤油溶液，碱性NaCl溶液，H$_2$C$_2$O$_4$（s），Zn粒，NaCO$_3$（s），NaCl（s），钒渣（炼钢富钒炉渣），三氯甲烷，无水乙醇，石油醚。

7.2.5　实验步骤

（1）NaVO$_3$的浸出。称取实验室灼烧、粉碎后的钒渣熟料6g放入200mL烧杯中，加入去离子水140mL，加热并不断搅拌，沸腾后继续搅拌10min。停止加热，趁热过滤，得到黄色滤液，测定pH值约为8~9，其中含有大量NaVO$_3$及少量Na$_2$SiO$_3$等杂质。

（2）NaVO$_3$的萃取纯化：

1）脱硅。向黄色滤液中滴加20% MgCl$_2$溶液约2mL，不断搅拌下加热至沸，趁热过滤，保留滤液。

2）萃取-反萃取。取250mL分液漏斗，加入1）中滤液和溶有N263萃取剂的煤油溶液80mL，上下摇动分液漏斗，使二者充分接触。静置分层，待分界面清晰后，从分液漏斗下口慢慢地将水相放入一个小烧杯中。

向分液漏斗的有机相中，加入80mL浓NaCl溶液，上下摇动分液漏斗，静置分层，待分界面清晰后，从分液漏斗下口慢慢地将水相放入一个200mL干净烧杯中。从分液漏斗上口将有机相倒入回收瓶中，萃取剂可循环使用。

（3）反萃取液酸化制V$_2$O$_5$。向装有NaVO$_3$水溶液的烧杯中，逐滴加入12mol/L较浓的H$_2$SO$_4$溶液，不断搅拌至溶液pH值为5左右，改用0.5mol/L稀H$_2$SO$_4$溶液，不断搅拌至溶液pH值为1.5~2。然后将此溶液煮沸，直到出现大量橙红色V$_2$O$_5$沉淀，趁热过滤，用去离子水洗涤沉淀 2 次。将沉淀晾干，减压干燥。

（4）V_2O_5 的还原。取 3g 自制 V_2O_5 固体放入 250mL 烧杯中，加入 10mL 去离子水，5mL 98% 的浓 H_2SO_4 及 25mL 乙醇后，加热至沸，溶液由浑浊、发暗至变为绿色，最后变为亮蓝色，整个过程约需 30min，停止加热。溶液冷却后抽滤，将滤液移入另一个烧杯中。

（5）$[VO(AcAc)_2]$ 的合成。向（4）的滤液中，加入 8mL 乙酰丙酮。再取一个 200mL 烧杯加入 10g Na_2CO_3 固体，125mL 去离子水，搅拌使 Na_2CO_3 全部溶解。在不断搅拌下，将此 Na_2CO_3 溶液缓慢加入到含有 VO^{2+} 和乙酰丙酮的溶液中，注意加料速度，避免 Na_2CO_3 加入过量而出现泡沫。产生蓝绿色沉淀，沉淀抽滤，减压干燥，称重。

（6）$[VO(AcAc)_2]$ 的重结晶。将粗产品倒入 100mL 烧杯，用少量氯仿溶解，过滤掉不溶物，滤液转移至另一个干净烧杯，加入适量石油醚，搅拌至晶体出现，过滤，干燥，称重。

（7）$[VO(AcAc)_2]$ 的红外光谱测定。取（6）中结晶后样品 1mg，加入 300mg 无水 KBr，在玛瑙研钵中研细、混匀后，上压片机压片，测定红外光谱。具体操作可参考红外光谱仪的使用。

（8）$[VO(AcAc)_2]$ 的磁化率测定。测定样品管的体积，然后测定标准样品的磁化率，求出样品管的校正系数 β，再测定样品的比磁化率。具体操作可参考古埃磁天平的使用。

7.2.6　习题

（1）写出从钒渣到 $[VO(AcAc)_2]$ 的流程图。

（2）已知：$VO_2^+ + 2H^+ + e \longrightarrow VO^{2+} + H_2O$，$E^\ominus = 0.994V$；$Cl_2 + 2e \longrightarrow 2Cl^-$，$E^\ominus = 1.36V$。通过计算说明当溶液中 $c(H^+) = 12mol/L$，$c(VO_2^+) = 1mol/L$，$c(VO^{2+}) = 10^{-4}mol/L$，$c(Cl^-) = 12mol/L$ 时，V_2O_5 能否把 Cl^- 氧化为 Cl_2？

（3）试绘出 $[VO(AcAc)_2]$ 的空间构型，并标出配体中的所有配位原子。

7.3　金属氧化物无机材料的合成、表征和性能研究

目前全球面临着严重的环境污染。工业的发展带来的废水、废气、农业农药和旅游、生活垃圾等污染物剧增，使人类赖以生存的环境、空气和水受到严重的污染。这些污染物可归为三大类：（1）有机污染物；（2）无机污染物；（3）有害金属离子和有害的氮氧化合物。这些污染物的无害化处理，成为环境保护的研究课题。传统的污染处理措施，如空气分离、活性炭吸附等只是对污染物的一种转移、转化、稀释处理，并没有从根本上将其分解为无毒物质。采用臭氧氧化方法，有时会造成环境的二次污染。自从 1972 年，A. Fujishima 等发现受辐射的 TiO_2 表面能发生对水的持续氧化、还原反应以来，以纳米 TiO_2 为代表的半导体光催化在环境污染治理中的应用，引起了人们的普遍关注。与传统的污染处理措施比较，光催化法的优点是可将污染物彻底氧化分解为 CO_2 和 H_2O 等无毒物质。Mattthews 等人曾对 30 多种有机物的光催化分解进行了研究，发现光催化法可将烃类、卤化物、羧酸、染料、表面活性剂、含氮有机物、有机农药等完全氧化为 CO_2 和 H_2O 等无毒物质。光催化剂还可用于无机物的脱毒降解，空气净化，包括油烟气、工业废气、汽车尾气、氟利昂及氟利昂替代物的光催化降解。目前，利用光催化来治理环境污染已成为国内外的研究热点。

根据 TiO_2 的光催化机理，光催化过程的实质是迁移到 TiO_2 颗粒表面的光生电子和空穴与表面吸附的有机分子发生氧化还原反应，所以迁移到 TiO_2 颗粒表面的光生电子和空穴的浓度及有机分子在 TiO_2 颗粒表面的吸附决定了 TiO_2 的光催化活性。TiO_2 颗粒的大小、分散性、比

表面积，表面性质、表面活性位的多少以及晶体结构包括晶型、晶化程度、缺陷的浓度及分布等，都会影响 TiO_2 的光催化活性。

纳米材料用于金属离子分离富集起步较晚，Vassileva 等在 1996 年研究了纳米 TiO_2 作为固相萃取吸附剂对重金属离子的吸附性能，结果表明：锐钛矿 TiO_2 具有高吸附容量、多元素同时吸附、能有效地吸附及良好的重现性能。

为了制备性能较高的纳米 TiO_2，人们发展了各种物理方法和化学方法，其中化学方法制备纳米 TiO_2 由于设备简单、周期短、反应条件易于控制而被广泛研究。下面主要应用纳米 TiO_2 的化学制备方法制备 TiO_2 纳米晶，并研究其热力学、光催化和纳米吸附等性能。

7.3.1 实验目的

(1) 了解金属氧化物无机材料制备的主要化学方法。

(2) 了解材料结构的物理检测技术。

(3) 掌握无机材料热分析技术及实验方法。

(4) 了解 TiO_2 纳米材料的吸附性能和光催化活性，并掌握实验方法。

(5) 对于实验中发现的问题，进行分析，提高解决问题的能力。

7.3.2 预习与思考题

(1) 了解纳米材料的主要化学制备技术，重点了解化学沉淀法和水热法。

(2) 查阅相关参考文献，了解纳米 TiO_2 的制备技术和光催化活性。

(3) 熟悉热重分析仪、紫外-可见分光光度计等仪器的原理和操作办法。

7.3.3 实验用品

7.3.3.1 仪器和材料

热重分析仪，紫外-可见分光光度计，鼓风式干燥箱，光催化反应装置（自制），高速离心机，普通离心机，循环水式真空泵，箱式电阻炉，磁力搅拌器（4 台），恒温振荡器，加热套（4 个），坩埚（8 个），烧杯（250mL16 个，25mL16 个），量筒（10mL4 个），搅拌棒，容量瓶（25mL10 个），具塞试管（10mL28 个），滴管（16 个），离心试管等玻璃仪器，保鲜膜，样品袋（若干），标签纸。

7.3.3.2 试剂

钛酸四丁酯（分析纯），无水乙醇（分析纯），甲基橙水溶液（15mg/L），NaCl（0.1mol/L）。

7.3.4 实验

7.3.4.1 TiO_2 纳米材料的合成

本实验提供三种纳米 TiO_2 的合成方法，可选择其中一种方法，也可采用两种方法，进行结果对比。请同学根据参考文献和参考实验方案，设计具体的实验方法。

A 低温水热合成法

低温水热合成法制备 TiO_2 是将钛的有机醇盐或无机盐在一定的温度下，发生水解，生成 TiO_2。水热合成法由于是在相对较高的温度和压力下进行，通常可直接得到晶化产物。水热温度、水热反应时间和水醇比是影响 TiO_2 结构的重要参数。

(1) 准备两个干燥的 250mL 烧杯。在一个烧杯中加入 100mL 无水乙醇和 10mL 钛酸四丁酯，搅拌使其混合均匀。另取 250mL 烧杯，加入 100mL 水，HNO_3 调节 pH 值为 1，加热到 70℃。不断搅拌将两种溶液充分混合，可观察到钛酸四丁酯水解，产生白色凝胶，在 70℃ 干燥箱中静置 1h。

（2）将沉淀离心分离。沉淀用去离子水充分洗涤后，置于干燥箱中干燥。干燥后的粉末收集于样品袋中，留作下面的实验。

B　水解沉淀法

水解沉淀法制备 TiO_2 是将钛的有机醇盐或无机盐在水溶液中水解，直接产生无定形的 TiO_2 沉淀。水溶液的 pH 值、乙醇和水的相对物质的量的比、水解温度等实验条件都会影响到产物 TiO_2 颗粒的尺寸、粒径等结构参数。

实验可依据参考文献或参考方案，设计不同的水和醇的相对物质的量，变换反应温度条件，制备不同的水解产物 TiO_2，用于下面的实验，从中可以得到水解条件对 TiO_2 颗粒结构和性质的影响。由于钛酸四丁酯极易水解，所以此过程所用的玻璃仪器需要绝对干燥。

（1）准备两个干燥的 250mL 烧杯。在一个烧杯中加入 100mL 无水乙醇和 10mL 钛酸四丁酯，搅拌使其混合均匀。另取 250mL 烧杯，加入 100mL 水，HNO_3 调节 pH 值为 1。在室温下，不断搅拌将两种溶液充分混合。可观察到钛酸四丁酯水解，产生白色沉淀，静置 10min。

（2）将沉淀离心分离。沉淀用去离子水充分洗涤后，置于干燥箱中干燥。干燥后的粉末收集于样品袋中，留作下面的实验。

C　微波水热法

微波水热合成纳米 TiO_2 是利用微波加热源，在 $T \geq 100℃$ 条件下，使得钛酸四丁酯在醇水体系中水热条件下水解，生成纳米 TiO_2 微粉。水热温度、水热反应时间以及醇水比例对于纳米 TiO_2 的结构产生影响。

（1）熟悉常压微波合成仪和微波化学工作站的工作原理和操作办法。

（2）准备两个干燥的 250mL 烧杯。在一个烧杯中加入 100mL 无水乙醇和 10mL 钛酸四丁酯，搅拌使其混合均匀。另取 250mL 烧杯，加入 100mL 水，HNO_3 调节 pH 值为 1，不断搅拌将两种溶液充分混合。转移入微波合成仪反应罐，控制反应温度 100~200℃，水热反应时间 0.5~1h。

（3）将沉淀离心分离。沉淀用去离子水充分洗涤后，置于干燥箱中干燥。干燥后的粉末收集于样品袋中，留作下面的实验。

7.3.4.2　TiO_2 纳米材料的热化学性质研究及合成 TiO_2 纳米晶体

物质在加热或冷却过程中可能发生诸如状态变化、晶型转变、异构化、水合物脱水、热分解、氧化还原反应等物理或化学变化。所有这些变化都伴随着热效应，有的还产生质量变化、体积变化或其他物理化学性能变化。每种物质在一定的实验条件下均有其特征的变化规律，热分析就是通过测量物质的这些变化达到对物质的定性、定量表征的一种实验方法。

基于研究目的的不同，热分析有许多具体方法，如差热分析法、差示扫描量热法、热重法等。差热分析法的工作原理是记录在同等条件下加热的样品与基准物之间的温度差 ΔT 与炉温度 T 的关系曲线。当样品和基准物在同一条件下加热或冷却时，如果样品没有热效应产生，二者的温差几乎等于零。若样品有热效应发生，即使是很微弱的热效应，其温差将在热曲线上明显地反映出来。本实验是用差热-热重联合分析仪测定 7.3.4.1 中制得的 TiO_2 粉在室温~800℃温度区间内的热力学性质。

根据热曲线，我们可以得出自制 TiO_2 粉在加热过程中有几个热效应发生，是吸热还是放热，热效应的温度范围等信息，从而判断自制 TiO_2 粉的晶相转变温度。

TiO_2 晶体的基本结构单元是钛氧八面体($Ti-O_6$)，$Ti-O_6$ 八面体的连接方式不同构成了锐钛矿、金红石和板钛矿三种同质变体。其中，锐钛矿属于正方晶系，空间群为 $D_{4h}^{19}-I4_1/amd$，$a=b=0.3782nm$，$c=0.9502nm$，晶体中每个 $Ti-O_6$ 八面体与相邻的三个 $Ti-O_6$ 八面体各有一个共用棱。金红石属于正方晶系，空间群为 $D_{4h}^{14}-P_{42}/mnm$，$a=b=0.4584nm$，$c=0.2953nm$。晶体中 $Ti-O_6$ 八面体沿 c 轴呈链状排列，并与其上下的 $Ti-O_6$ 八面体各有一条棱共用，链间由 $Ti-O_6$ 八面体共顶连接。板钛矿属于斜方晶系，空间群为 $D_{2a}^{15}-P_{bca}$，$a=0.5436nm$，$b=0.9166nm$，$c=0.5135nm$。每个 $Ti-O_6$ 八面体与相邻的 3 个 $Ti-O_6$ 八面体各有一个共用棱，构成与 c 轴平行的锯齿状链，链与链平行于晶体(100)面连接成层。锐钛矿和板钛矿都属于亚稳相，在高温下向金红石转变。

（1）取少量自制 TiO_2 粉置于特制的坩埚内，按照一定升温速度升温（$10℃/min$），测定 TiO_2 粉的差热曲线（DTA）。对 DTA 曲线结果进行分析，判断 TiO_2 从无定形到锐钛矿相，从锐钛矿相到金红石相的相转变温度。

（2）根据 DTA 曲线的分析结果，确定自制 TiO_2 的烧结温度。分别制取锐钛矿相 TiO_2、混晶结构 TiO_2 和金红石相 TiO_2。

TiO_2 烧结的升温速率 $2.5℃/min$，保持温度时间为 $1h$。

7.3.4.3　纳米 TiO_2 对水中 Cu^{2+} 的吸附活性研究

本实验将纳米 TiO_2 用于吸附分离水中痕量 Cu^{2+}。溶液 pH 值、吸附剂纳米 TiO_2 的量、吸附时间以及 Cu^{2+} 的起始浓度等因素都会影响 Cu^{2+} 在纳米 TiO_2 上的吸附率。Cu^{2+} 的洗脱可以采取 $0.1mol/L$ 的 HNO_3 溶液，洗脱时间为 $0.5h$。同学可参考给出的实验条件，变换其中的变量，测定不同吸附条件下的吸附率，小组之间将实验结果进行对比，探讨影响 Cu^{2+} 在纳米 TiO_2 表面吸附率的条件因素。溶液中 Cu^{2+} 浓度的测定采用国家标准方法（GB 4702.10—85）。pH 值为 9.0，利用 Cu^{2+} 与铜试剂（二乙基二硫代氨基甲酸钠）生成黄色络合物，用三氯甲烷萃取，于分光光度计 430nm 处测定其吸光度。

（1）Cu^{2+} 标准溶液配制。准确量取 10mL $125\mu g/mL$ Cu^{2+} 标准溶液，配置成 50mL 溶液。

（2）Cu^{2+} 工作曲线的测定。分别准确移取 1mL、2mL、4mL、6mL、8mL Cu^{2+} 标准溶液入 125mL 分液漏斗中，加水至 50mL，加入 50mL NH_3-NH_4Cl 缓冲溶液，摇匀。加入 5mL 铜试剂，摇匀，静置 5min，加入 10mL CCl_4 振荡 2min，静置分层，用滤纸吸去下端管口水分，塞入脱脂棉，弃去前 $1\sim2mL$，以 CCl_4 为参比，在 440nm 波长测定溶液的吸光度值。

以吸光度为纵坐标，Cu^{2+} 浓度为横坐标，绘制工作曲线。

（3）纳米 TiO_2 颗粒的预处理。将制得的纳米 TiO_2 颗粒浸泡于 $5.0mol/L$ HNO_3 溶液中 30min，然后用二次蒸馏水洗至中性，抽滤后于 100℃ 下烘干备用。

（4）Cu^{2+} 吸附实验。在 25mL 具塞比色管中加入 $25\mu g/mL$ 的 Cu^{2+} 溶液 20mL，NH_3 调节 pH 值为 9.0，定容至 25mL。加入 20.0mg 纳米 TiO_2，搅拌 10min，静置 10min 后离心分离。移取上层清液（A）待测；沉积物充分洗涤后，准确移取 1mol/L HNO_3 30mL，超声 15min，静置后离心分离，移取上层清液（B）。参考步骤（2）测定溶液 A 和 B 的吸光度，根据工作曲线，确定溶液 A 和 B 中 Cu^{2+} 的浓度。

（5）数据处理。根据下式分别计算 Cu^{2+} 在纳米 TiO_2 表面的吸附率及纳米 TiO_2 表面 Cu^{2+} 的洗脱率。

$$Cu^{2+}\text{在纳米}TiO_2\text{表面的吸附率}=[c(Cu^{2+})_{\text{吸附实验前}}-c(Cu^{2+})_{\text{吸附实验后A}}]/c(Cu^{2+})_{\text{吸附实验前}}$$

$$\text{纳米}TiO_2\text{表面}Cu^{2+}\text{的洗脱率}=[c(Cu^{2+})_{\text{B溶液}}]/[c(Cu^{2+})_{\text{吸附实验前}}-c(Cu^{2+})_{\text{吸附实验后A}}]$$

7.3.4.4　TiO₂ 纳米晶体对甲基橙的吸附及光催化活性研究

应用能带模型(band-gap model)可以很好的解释 TiO_2 的光催化机理。锐钛矿 TiO_2 的能带宽度为 3.2eV，在 $\lambda < 400nm$ 的紫外光照射下，产生电子-空穴对：

$$TiO_2 \longrightarrow TiO_2(e^- + h^+)$$

光生空穴(h^+)即可直接与粒子表面吸附的有机分子(RX)反应，电子从有机分子转移给 TiO_2 粒子：

$$TiO_2(h^+) + RX \longrightarrow TiO_2 + RX^+$$

h^+ 还可接受表面吸附的溶剂分子(H_2O 和 OH^-)提供的电子，发生如下的氧化反应：

$$TiO_2(h^+) + H_2O \longrightarrow TiO_2 + HO \cdot + H^+$$

$$TiO_2(h^+) + OH^- \longrightarrow TiO_2 + HO \cdot$$

这两种氧化过程在 TiO_2 光催化降解有机物的实验中都可观察到，由于 TiO_2 粒子表面吸附的 H_2O 分子和 OH^- 的浓度较高，所以第二种氧化过程在有机物的光催化降解过程中起了重要作用。同时实验表明，O_2 分子在 TiO_2 的光催化过程中是一种必不可少的物质，它主要用来接受导带的光生电子，产生超氧离子(O_2^-)。超氧离子(O_2^-)不稳定，发生歧化反应，生成过氧化氢。H_2O_2 还可以接受 TiO_2 导带的光生电子产生氢氧自由基($\cdot OH$)：

$$TiO_2(e^-) + O_2 \longrightarrow TiO_2 + O_2^-$$

$$O_2^- + 2H_2O \longrightarrow 2H_2O_2 + e^-$$

$$TiO_2(e^-) + H_2O_2 \longrightarrow TiO_2 + HO \cdot + OH^-$$

氢氧自由基 $\cdot OH$ 可将吸附在 TiO_2 颗粒表面的大多数的有机物氧化分解为 CO_2 和 H_2O 等无机物。在实验中也发现，将 H_2O_2 加入到 TiO_2 光催化体系可显著提高光催化效率。

根据 TiO_2 的光催化机理，光催化过程的实质是迁移到 TiO_2 颗粒表面的光生电子和空穴与表面吸附的有机分子发生氧化还原反应，所以迁移到 TiO_2 颗粒表面的光生电子和空穴的浓度及有机分子在 TiO_2 颗粒表面的吸附决定了 TiO_2 的光催化活性。TiO_2 颗粒的大小、分散性、比表面积、表面性质、表面活性位的多少以及晶体结构包括晶型、晶化程度、缺陷的浓度及分布等，都会影响 TiO_2 的光催化活性。

实验通过研究自制 TiO_2 晶体对甲基橙水溶液的吸附和光催化降解，研究了 TiO_2 晶体的晶体结构与其光催化活性之间的关系。

(1) 绘制甲基橙的工作曲线。首先测定甲基橙溶液在 200 ~ 800nm 的紫外-可见吸收光谱，确定可见光区的最大吸收波长 490nm。配制一系列 0 ~ 15mg/L 不同浓度的甲基橙标准溶液，测定其吸光度，绘制工作曲线。

(2) 纳米 TiO_2 对甲基橙的吸附实验。分别量取 100mL 15mg/L 的甲基橙溶液于 3 个 100mL 带塞子的锥形瓶中，分别称取三种 TiO_2 纳米晶体各 0.01g，加入锥形瓶中，磁力搅拌 10min，混合均匀。每隔 20min 取上层清液，离心分离后测定其吸光度值，直至吸光度值不再发生变化，达到吸附平衡。TiO_2 的吸附量计算：

$$Q = \Delta c \times V/m$$

式中　Δc——初始浓度与平衡浓度之差；

　　　V——溶液的体积；

　　　m——催化剂的质量。

(3) 纳米 TiO_2 对甲基橙的光催化降解。

分别称取三种 TiO_2 纳米晶体 0.1g，超声分散于 100mL 甲基橙水溶液($c = 15mg/L$)中，反应温度为室温，光源为高压汞灯，功率为100W，垂直照射在反应液上，光源与溶液的垂直距离为20cm。磁力搅拌器保证溶液浓度的均匀性。每隔20min取少量溶液，离心分离后，取清液用紫外可见分光光度计测定其吸收光谱，扫描范围从400~700nm。根据最大吸收峰的吸光度值变化确定甲基橙的浓度变化(测定时间：1h)。

以甲基橙降解率 $\left(\dfrac{A_0 - A}{A_0}\right)$ (A_0 为初始甲基橙的吸光度，A 为 t 时刻甲基橙的吸光度)为纵坐标，时间为横坐标作图，比较三种 TiO_2 纳米晶的光催化活性。

7.3.5　实验结果与讨论

(1) 根据差热分析曲线，确定 TiO_2 的晶相转变温度，并讨论制备条件对 TiO_2 的晶相转变温度的影响。

(2) 根据 TiO_2 悬浮体的透光率对时间的变化曲线，推测三种 TiO_2 晶体的粒径大小。

(3) 根据三种 TiO_2 晶体对 Cu^{2+} 的吸附率随时间的变化曲线，比较三种 TiO_2 晶体的吸附活性差异。

(4) 根据甲基橙的降解动力学曲线，比较三种 TiO_2 晶体的光催化活性差异，并从晶体结构、晶粒大小等方面分析产生光催化活性差异的原因。

7.4　配合物的组成及稳定常数的测定

在研究和探讨配合物的组成及其稳定性的实验方法中，物理化学分析方法仍是一种常用的典型方法。该法是借助物理和几何方法来研究化学平衡体系的性质变化与组成的关系，通过组成-性质的研究了解平衡体系所发生的变化。当有配合物形成时，体系的性质发生突变，因此测量一系列连续改变组分的溶液的某一性质时，就可得到该平衡体系的组分-性质图，通过对图形的分析就可以确定溶液中是否发生配合反应。一般通过测定折射率、电导率、熔沸点，黏度、表面张力等性质的变化，得出组成-性质图，进而讨论配合物的组成和稳定性。

7.4.1　乙二胺四乙酸合铜配离子的制备及折射率法测定组成

7.4.1.1　实验原理

利用折射率测定化合物或溶液的组成是化学实验中常用的一个方法。因为溶液或化合物的折射率与组成有关。由测得的折射率的变化可预知物质组成上的变化。物质的折射率与温度有关。如大多数有机化合物的折射率的温度系数为 -0.0004，因此在测定折射率时，一定要将温度控制在指定值的 ±0.2℃范围内，才能使样品的折射率测准到小数点后4位。本实验应在恒温条件下进行测定。

折射率法测定配离子稳定常数的优点和缺点如下：优点：(1)用法简便快速；(2)准确度高；(3)使用样品量少；(4)可用来测定块状固体的折射率(油浸法，需用偏光显微镜或其他型号折射仪)；(5)可用白光(或黄光)作为光源。缺点：(1)测量范围比较窄；(2)对于易挥发和易潮解的样品不易测出准确结果；(3)如果光源不是白光或黄光，阿贝折射仪便不能使用；(4)在折射棱镜间试样液层中易混入空气等杂质而导致误差。

7.4.1.2　实验用品

A　仪器

恒温槽一套，阿贝折射仪(附钠光灯源)。

B 试剂

硫酸铜(A. R.)，EDTA 二钠盐(A. R.)，乙醚(A. R.)，乙醇(A. R.)，丙酮(A. R.)，硫酸铜溶液(0.1000mol/L)，EDTA 二钠盐溶液(0.1000mol/L)。

7.4.1.3 实验步骤

用 1mL 有刻度的移液管分别吸取一定量的 0.1000mol/L EDTA 二钠盐溶液及 0.1000mol/L 硫酸铜溶液，放入干燥的 2mL 小烧杯中混合。溶液的总体积为 1mL，但所吸的 EDTA 二钠盐溶液和硫酸铜溶液体积比例分别为 9∶1、8∶2、7∶3、6∶4……2∶8、1∶9。吸取一定量的两种溶液后，放入小烧杯内混匀，得到 9 个不同组分的等摩尔溶液。再分别各取一个纯组分的 EDTA 二钠盐溶液和硫酸铜溶液，共得 11 份组分连续递变的等摩尔溶液。在 25℃ 恒温条件下，用阿贝折射仪分别测定各溶液的折射率。以测得的折射率为纵坐标，两种溶液的摩尔比为横坐标绘出性质-组分图，由图形的突变处可求出所生成的配合物的组成。

实验中注意必须迅速配制浓度较大的几个 EDTA 二钠盐等摩尔溶液(8∶2、7∶3、6∶4)，并立即测量其折射率。若放置时间过长，则有铜的 EDTA 配合物沉淀析出，影响测定准确度。

7.4.1.4 习题

(1) 在做完本实验后，你对利用阿贝折射仪测定折射率的优缺点又有什么新的认识？

(2) 利用阿贝折射仪能否测定酸性液体的折射率，为什么？可用什么方法来解决？

(3) 根据体系物理性质发生突变的原理测定配合物组成的方法在实际应用上还有什么其他方法，请举实例讨论之。

(4) 利用折射率测定配合物的组成方法有什么优缺点，采用何法去克服本法的不足之处？

7.4.2 二硫酸合铜配离子的制备及电导法测定组成和稳定常数

7.4.2.1 实验原理

测定水溶液中含有两种物质体系的电导率，进而用来研究配合物的组成和稳定常数。

本实验是研究 $CuSO_4$-H_2SO_4-H_2O 体系。当改变溶液中 $CuSO_4$ 和 H_2SO_4 的浓度比，在测出其比电导率的数值后，求出比电导率测定值与理论计算值的差值。通常由于溶液中自由金属离子的减少和配离子的形成，测得的比电导率值均低于理论上计算的加合值，参考数据见表 7.1。根据差值和混合溶液中组分的浓度比值画出组分和电导率差值图。分析图中曲线的最高点，即可求出该配合物的组成。最高点 $CuSO_4$∶H_2SO_4 的物质的量为 1∶1，即 Cu^{2+} 与 SO_4^{2-} 的物质的量为 1∶2，因此该配离子的组成为 $[Cu(SO_4)_2]^{2-}$。

其电导率的差值服从式(7-3)：

$$\Delta x \times 10^3 = c_K m \lambda_{Cu^{2+}} + 2c_K n \lambda_{SO_4^{2-}} - c_K (2n - m) \cdot \lambda_{[Cu(SO_4)_2]^{2-}} \tag{7-3}$$

式中，c_K 为溶液中配离子的浓度，$\lambda_{Cu^{2+}}$、$\lambda_{SO_4^{2-}}$、$\lambda_{[Cu(SO_4)_2]^{2-}}$ 为各离子相应的当量电导，且 $\lambda_{SO_4^{2-}}$ 与 $\lambda_{[Cu(SO_4)_2]^{2-}}$ 近似。m 和 n 分别为 Cu^{2+} 和 SO_4^{2-} 的电荷数。将 Δx 值带入上式即可求出 c_K 值。

其第二不稳定常数 K_2 值可依式(7-4)计算：

$$K_2 = \frac{[c_{Cu^{2+}} - c_K][c_{SO_4^{2-}} - 2c_K]^2}{c_K} \tag{7-4}$$

求出不稳定常数，其稳定常数 $K_2' = 1/K_2$。

表 7.1 $CuSO_4$ 和 H_2SO_4 的物质的量为 1:1 时，$CuSO_4$-H_2SO_4-H_2O 体系电导率偏差值

体 系	原始溶液浓度 /mol·L^{-1}	$x_{加合} \times 10^4$	$x_{测定} \times 10^4$	$\Delta x \times 10^4$ （最高值时）
$CoSO_4$-H_2SO_4	0.50	1114	936	178
$NiSO_4$-H_2SO_4	0.25	637	517	120
$CuSO_4$-H_2SO_4	0.25	641	527	114
$ZnSO_4$-H_2SO_4	0.25	623	514	109
$ZnSO_4$-$CoSO_4$	0.50	298	266	32

7.4.2.2 实验用品

A 仪器

恒温槽，DDS-11A 型电导率仪，分析天平。

B 试剂

$CuSO_4 \cdot 5H_2O$(G. R.)，H_2SO_4(G. R.)，KI(A. R.)，电导水，$Na_2S_2O_3$(0.1000mol/L)。

7.4.2.3 实验步骤

（1）溶液的配制。准确称量 $CuSO_4 \cdot 5H_2O$，配制 0.2500mol/L 的硫酸铜 500mL（用电导水配）。取准确量 H_2SO_4(G. R.)，准确配制 0.2500mol/L 的溶液 500mL（用电导水配制），然后用上述两种不同溶液配制不同组成的溶液。

取 11 只 50mL 的容量瓶，编号后，依表 7.2 的要求分别加入所需的 H_2SO_4 溶液和 $CuSO_4$ 溶液。各容量瓶中的溶液刚好至刻度处，摇匀，待测电导率用。

（2）装置测电导率的仪器，检查线路是否接得正确。

（3）电导率的测定。实验是测定在溶液组分变化时，相应的比电导率的变化。溶液的电导率是温度的函数，依温度的变化而变化，因此需要在恒温槽（校正在 25℃ ±0.1℃）中进行实验。依次记下各个溶液的电导率，然后以电导率差值（测得的电导率与理论计算得到的电导率加合值的差值）为纵坐标，$CuSO_4$ 和 H_2SO_4 的百分组成为横坐标作图，求出曲线最高点的相应组分，即可求出配合物的组成。

（4）将 Δx 值代入式(7-3)，求出 c_k，即溶液中所含配离子的浓度。

（5）将有关数值代入式(7-4)，可求出该铜配离子的不稳定常数，其倒数即为稳定常数。

表 7.2 实验数据

编 号	加入 H_2SO_4 溶液的毫升数	加入 $CuSO_4$ 溶液的毫升数
1	0	50
2	5	45
3	10	40
4	15	35
5	20	30
6	25	25
7	30	20
8	35	15
9	40	10
10	45	5
11	50	0

7.4.2.4 习题

（1）通过本实验你对应用物理化学分析方法测定配合物的组成和稳定常数的本质有何新理解，该方法有何优缺点，试讨论之。

（2）溶液中如形成多种配合物，电导法还适用否，对非水体系，该方法的适用性又如何？

（3）在无机化学范围内，是否可用电导法研究配合物的其他性质？

7.4.3　二乙二胺合铜配离子的制备及 pH 法测定稳定常数

7.4.3.1　实验原理

pH 法（或称 pH 电位滴定法）是实验室测定配离子稳定常数的常用方法。pH 法是依据金属离子与弱酸或弱碱性配位体生成配离子时，溶液的 pH 值会发生变化，测定溶液的 pH 值和相应未配位的配位体的平衡浓度，就可以推算出配离子的稳定常数。

铜（Ⅱ）和乙二胺反应达到平衡后，各物种的浓度一定符合方程：

$$Cu^{2+} + en \Longrightarrow [Cu(en)]^{2+} \qquad\qquad K_1^{\ominus}$$

$$[Cu(en)]^{2+} + en \Longrightarrow [Cu(en)_2]^{2+} \qquad K_2^{\ominus}$$

乙二胺是一种弱碱，为了求得 $K_1^{\ominus}$、$K_2^{\ominus}$ 的数值必须考虑乙二胺自身的酸碱平衡：

$$en + H^+ \Longrightarrow [enH]^+ \qquad K_1^H = \frac{c([enH]^+)}{c(en)c(H^+)} \qquad (7\text{-}5)$$

$$[enH]^+ + H^+ \Longrightarrow [enH_2]^{2+} \qquad K_2^H = \frac{c([enH_2]^{2+})}{c([enH]^+)c(H^+)} \qquad (7\text{-}6)$$

由此可见，所加入的配体在满足配位平衡的同时还要满足质子化平衡，如果定义乙二胺的质子化生成函数为 $\bar{n}_{en}$：

$$\bar{n}_{en} = \frac{c(H^+)_{en}}{c(en)_u} \qquad (7\text{-}7)$$

式中　$c(H^+)_{en}$——乙二胺质子化的氢离子浓度；

　　　　$c(en)_u$——未生成铜（Ⅱ）乙二胺配离子的乙二胺的浓度。

如果再引入函数 α_{en}，α_{en} 为溶液中生成铜（Ⅱ）乙二胺配离子后剩余的那部分中游离的乙二胺的分数，即：

$$\alpha_{en} = \frac{c(en)}{c(en)_u} = \frac{c(en)}{c(en) + c([enH]^+) + c([enH_2]^{2+})} \qquad (7\text{-}8)$$

下面分析如何通过监测平衡混合物的自由氢离子浓度来求出生成函数 $\bar{n}$ 和游离配位体的浓度 $c(en)$。当向硝酸酸化的铜（Ⅱ）溶液滴加乙二胺时，滴定过程任何时候都可以求知铜的总浓度 $c(Cu)_T$、乙二胺的总浓度 $c(en)_T$、氢离子的总浓度 $c(H^+)_T$ 和游离氢离子的浓度 $c(H^+)$。以上数据均可由它们的起始浓度，加入乙二胺的浓度和平衡体系的 pH 值求出：

$$c(en)_T = c(en)_u + \bar{n}c(Cu)_T \qquad (7\text{-}9)$$

其中：

$$c(en)_u = c(en) + c([enH]^+) + c([enH_2]^{2+}) \qquad (7\text{-}10)$$

根据物料平衡：

$$c(H^+)_T = c(H^+) + c(H^+)_{en} \qquad (7\text{-}11)$$

$c(H^+)_{en}$ 表示与乙二胺质子化的氢离子的浓度，即：

$$c(H^+)_{en} = c([enH]^+) + 2c([enH_2]^{2+}) \qquad (7\text{-}12)$$

从式（7-5）、式（7-6）可以看出游离氢离子浓度 $c(H^+)$ 决定了 $c(en)$，而 $\bar{n}$ 是与铜离子配位的乙二胺分子数的平均数。已知 K_1^H、K_2^H 时，通过式（7-5）和式（7-6）可以算出 $\bar{n}$ 和 $c(en)$。整理式（7-5）、式（7-6）得到：

$$c([\text{enH}]^+) = K_1^{\text{H}}c(\text{en})c(\text{H}^+) \tag{7-13}$$

$$c([\text{enH}_2]^{2+}) = K_1^{\text{H}}K_2^{\text{H}}c(\text{en})c^2(\text{H}^+) \tag{7-14}$$

将式(7-13)和式(7-14)代入式(7-8)后，除以 $c(\text{en})$ 得到：

$$\alpha_{\text{en}} = \frac{1}{1 + K_1^{\text{H}}c(\text{H}^+) + K_1^{\text{H}}K_2^{\text{H}}c^2(\text{H}^+)} \tag{7-15}$$

将式(7-10)、式(7-12)代入式(7-7)得到：

$$\bar{n}_{\text{en}} = \frac{c([\text{enH}]^+) + 2c([\text{enH}_2]^{2+})}{c(\text{en}) + c([\text{enH}]^+) + c([\text{enH}_2]^{2+})} \tag{7-16}$$

再将式(7-13)、式(7-14)代入式(7-16)并除以 $c(\text{en})$ 得到：

$$\bar{n}_{\text{en}} = \frac{K_1^{\text{H}}c(\text{H}^+) + 2K_1^{\text{H}}K_2^{\text{H}}c^2(\text{H}^+)}{1 + K_1^{\text{H}}c(\text{H}^+) + K_1^{\text{H}}K_2^{\text{H}}c^2(\text{H}^+)}$$

$$= (K_1^{\text{H}}c(\text{H}^+) + 2K_1^{\text{H}}K_2^{\text{H}}c^2(\text{H}^+))\alpha_{\text{en}} \tag{7-17}$$

自式(7-9)得到：

$$\bar{n} = \frac{c(\text{en})_{\text{T}} - c(\text{en})_{\text{u}}}{c(\text{Cu})_{\text{T}}} \tag{7-18}$$

又自式(7-7)得到：

$$c(\text{en})_{\text{u}} = \frac{c(\text{H}^+)_{\text{en}}}{\bar{n}_{\text{en}}} \tag{7-19}$$

代入式(7-18)便得到：

$$\bar{n} = \frac{c(\text{en})_{\text{T}} - \dfrac{c(\text{H}^+)_{\text{en}}}{\bar{n}_{\text{en}}}}{c(\text{Cu})_{\text{T}}} \tag{7-20}$$

由于式(7-7)和式(7-8)中 $c(\text{en})_{\text{u}}$ 相等，

$$\frac{c(\text{H}^+)_{\text{en}}}{\bar{n}_{\text{en}}} = \frac{c(\text{en})}{\alpha_{\text{en}}} \tag{7-21}$$

整理并取对数可得到：

$$p[\text{en}] = \lg\left(\frac{\bar{n}_{\text{en}}}{\alpha_{\text{en}}}\right) - \lg c(\text{H}^+)_{\text{en}} \tag{7-22}$$

自上述生成函数 $\bar{n}$，通过实验可以求出 Cu(Ⅱ)-en 体系的稳定常数 $K_1^{\ominus}$ 与 $K_2^{\ominus}$。

7.4.3.2 实验用品

A 仪器

雷磁 pHS-2F 型酸度计，电子天平，电磁搅拌器。

B 试剂

KNO_3(1mol/L)，HNO_3(0.5000mol/L)，NaOH(0.5000mol/L)，$Cu(NO_3)_2$(0.255mol/L)，EDTA(0.255mol/L)，PAN 指示剂([1-(2-吡啶)-2-萘酚]，0.1%)，HOAc-NaOAc 缓冲溶液，乙二胺(5mol/L)。

7.4.3.3 实验步骤

A 溶液浓度的标定

(1)用标准浓度 0.5mol/L NaOH 溶液标定 0.5000mol/L HNO_3 溶液。

(2) 用标准 EDTA 溶液标定 $Cu(NO_3)_2$ 溶液，标定时用 0.1% PAN 作指示剂，并加入 HOAc – NaOAc 缓冲溶液。

(3) 乙二胺溶液的标定。移取 10mL 0.5000mol/L HNO_3，用去离子水稀释到 50mL，用微量滴定管每次加 0.1mL 待标定的乙二胺溶液，搅拌均匀后读取 pH 值。接近等当点时每次加入 0.05mL 乙二胺溶液，记下滴定过程中乙二胺溶液的体积和溶液的 pH 值，绘出滴定曲线，找出等当点，计算乙二胺的准确浓度。

B　校正酸度计，绘制校正曲线

除检查电极外表以及可逆性是否完好以外，还应对电极进行校正。校正时用工作电极测定一系列已知浓度溶液的 pH 值。一般选用已知 pH 值的缓冲溶液，控制其离子强度和待测体系离子浓度一致。

C　铜(Ⅱ)-乙二胺配合物稳定常数的测定

在 150mL 烧杯中移入 0.255mol/L $Cu(NO_3)_2$ 溶液 10mL，1mol/L KNO_3 溶液，0.500mol/L HNO_3 溶液 10mL，5mL 去离子水。将此溶液在室温下(记下准确温度)由微量滴定管滴加乙二胺溶液。每次加入乙二胺 0.1mL，当溶液 pH 值变化较大时，每次加入 0.05mL，一直到滴加完 1.5mL 0.5mol/L 乙二胺为止。滴定过程中不断搅拌，记录每次加入乙二胺的准确体积和体系平衡后的 pH 值。

7.4.3.4　实验结果和数据处理

已知乙二胺的质子化常数：

$$K_1^H = 1.122 \times 10^{10}, K_2^H = 2.042 \times 10^7$$

$\bar{n}$ 的计算如下：

(1) 由起始 $c(Cu^{2+})_T$、$c(en)_T$、$c(H^+)_T$ 计算滴定过程中铜离子、乙二胺和氢离子的浓度。注意，由于游离氢离子的浓度和氢离子的总浓度相比很小，可以近似认为式(7-11)中的 $c(H^+)_T \approx c(H^+)_{en}$。

(2) 自 K_1、K_2 和测量的 pH 值代入式(7-15)和式(7-17)求出 n_{en} 和 α_{en}。

(3) 由式(7-20)和式(7-22)得出 $\bar{n}$ 和 p[en]。

数据列入表 7.3，根据表中数据绘出 $\bar{n}$ 对 p[en]图，用半 $\bar{n}$ 法求出 K_1 和 K_2。

用逐步逼近法将图解所得出的 K_1、K_2 的近似值进行修正。修正计算重复 4 次即可。将修正计算结果填入表 7.4。

表 7.3　Cu(Ⅱ)-乙二胺体系生成函数 $\bar{n}$ 和 $c(en)$ 的测定

$K_1^H = 1.122 \times 10^{10}$　　　　$K_2^H = 2.042 \times 10^7$　　　　$K_1^H \cdot K_2^H =$　　　　$t/℃ =$

V_{en}	$c(Cu^{2+})_T$	$c(H^+)_T$	$c(en)_T$	pH	$c^2(H^+)$	$K_1^H(H^+)$	$K_1^H K_2^H c^2(H^+)$	α_{en}	$\bar{n}_{en}$	$\dfrac{c(H^+)_{en}}{\bar{n}_{en}}$	$\bar{n}$	$c(en)$	$pc(en)$

表 7.4 逐步逼近法对实验求得的 Cu(Ⅱ)-乙二胺体系稳定常数的修正

逼近次数	$c(en)$		K_n	
	$\bar{n} = 0.5$	$\bar{n} = 1.5$	K_1	K_2
起始				
1				
2				
3				
4				

7.4.3.5 习题

（1）总结配离子稳定常数几种主要测定方法的原理。

（2）试推导当 pH 法测定配离子稳定常数时，如果体系的配位体不是弱碱而是弱酸时，其测定方法所依据的公式。

7.4.4 甘氨酸合铜配合物的制备及电动势法测定其稳定常数

7.4.4.1 实验目的

（1）了解离子选择性电极的基本性能和测试方法。

（2）掌握用离子选择性电极测定配合物稳定常数的基本原理和数据处理方法。

7.4.4.2 实验原理

电动势法测定配合物稳定常数是一种经典的、常用的方法。其特点是数据较正确、实验操作和数据处理较为简单，特别是采用离子选择性电极更是如此。电动势法测定配合物稳定常数的基本原理：组成一个金属电极的金属 M 与溶液中相应的金属离子 M^{n+} 处于平衡状态时，这个电极具有一定的电极电势，其大小取决于溶液中 M^{n+} 的浓度。当向该溶液中加入某种配位体 L 后，由于 M^{n+} 与 L 配位后，使 M^{n+} 浓度减小，从而导致这个电极还原电位的改变，其改变的量取决于该配合物的稳定常数。用离子选择性电极测定溶液中金属离子 M^{n+} 的浓度时，是把离子选择性电极（指示电极）与一参比电极（通常是饱和甘汞电极）组成原电池，根据 Nernst 方程测定其电动势：

$$E = E^{\ominus} + \frac{2.303RT}{nF}\lg c \tag{7-23}$$

此时，E 与 $\lg c$ 呈线性关系。

根据国际纯粹与应用化学联合会（IUPAC）分析化学组的命名建议，离子选择性电极是一种电化学敏感器，其电势值与溶液中给定离子活度的对数值之间有线性函数关系。这种电极对其他技术难以测定的离子如：Na^+、K^+、Ca^{2+}、F^-、SO_4^{2-}、NO_3^-、ClO_4^- 等具有特别功效。目前商品离子选择性电极已有几十种。离子选择性电极分析法具有仪器设备简单、操作简便、快速、灵敏和响应范围宽等特点。某些离子选择性电极可测稀溶液并可实现微型化，还可制成特殊规格而用于不便采样和难分析的场合，如体内、血样等。

本实验使用的是全固态铜离子选择电极，其 pH 值范围为 2.5 ~ 6.5。利用离子选择电极测定待测离子的浓度一般都是在控制溶液离子强度条件下，用精密酸度计或离子计测定其电动势。然后以工作曲线或标准加入法等方法求出待测离子的浓度。

A 工作曲线法

配制一系列标准溶液，其离子强度完全一样，测定其相应的电极电势。以测定的电极电势

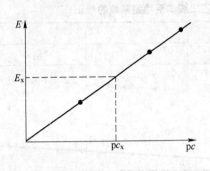

图 7.3　工作曲线

为纵坐标，相应的标准溶液浓度的负对数为横坐标，作 E-pc 图，得一工作曲线。如图 7.3 所示。然后在相同条件下，测出待测液的 E 值，即可在工作曲线上求得待测离子的浓度。原则上只要不与待测离子形成配合物而又对电极无干扰的化合物皆可作离子强度的调节剂如：$NaClO_4$、KNO_3。本实验是用 KNO_3 调节离子强度。

B　标准加入法

工作曲线虽然简单方便，但是如果未知液的体系复杂，且本来离子强度又很大，要使系列标准溶液的体系与未知液一致显然很困难，这时可以采用标准加入法。标准加入法是先测出未知溶液的电位 E_1，然后在未知溶液中加入已知浓度的标准溶液 V_s 毫升，约为未知液体积的 1/100，混合均匀后，再测量其电极电位 E_2：

$$E_1 = E^{\ominus} + \frac{2.303RT}{nF}\lg c_x$$

$$E_2 = E^{\ominus} + \frac{2.303RT}{nF}\lg\left(\frac{c_x V_x + c_s V_s}{V_x + V_s}\right)$$

式中，c_x、V_x 分别为未知溶液的浓度和体积；c_s、V_s 分别为加入的标准溶液的浓度和体积。

$$\Delta E = E_2 - E_1$$

$$\Delta E = \frac{2.303RT}{nF}\lg\left(\frac{c_x V_x + c_s V_s}{(V_x + V_s)c_x}\right)$$

$$\lg\left(\frac{c_x V_x + c_s V_s}{(V_x + V_s)c_x}\right) = \frac{\Delta E nF}{2.303RT}$$

$$\frac{c_x V_x + c_s V_s}{(V_x + V_s)c_x} = 10^{\frac{nF\Delta E}{2.303RT}}$$

$$c_x = \frac{c_s V_s}{(V_x + V_s)10^{\frac{nF\Delta E}{2.303RT}} - V_x}$$

因为 $V_x \gg V_s$，上式可以简化为：

$$c_x = \frac{c_s V_s}{(10^{\frac{nF\Delta E}{2.303RT}} - 1)V_x}$$

只要测得 ΔE，在已知 c_s、V_s、V_x 的条件下即可求得待测离子的浓度 c_x。

本实验是选用铜离子选择性电极测定甘氨酸合铜配合物的稳定常数。甘氨酸（H_2NCH_2COOH）是最简单的氨基酸，是两性离子，在溶液中存在下列平衡：

$$H_3^+NCH_2COOH \overset{K_1}{\rightleftharpoons} H_3^+NCH_2COO^- + H^+ \tag{7-24}$$

$$(H_2L^+) \qquad\qquad (HL)$$

$$H_3^+NCH_2COO^- \overset{K_2}{\rightleftharpoons} H_2NCH_2COO^- + H^+ \tag{7-25}$$

$$(HL) \qquad\qquad (L^-)$$

在含有 Cu^{2+} 的溶液中加入甘氨酸时，由于 $H_2NCH_2COO^-（L^-）$能与 Cu^{2+} 形成配合物，存在下列平衡：

$$Cu^{2+} + L^- \xrightleftharpoons{\beta_1} CuL^+$$

$$Cu^{2+} + 2L^- \xrightleftharpoons{\beta_2} CuL_2 \tag{7-26}$$

进行配合反应时，Cu^{2+}离子溶液的 pH 值将会降低。也就是说，在含有一定浓度 Cu^{2+}离子和甘氨酸的溶液中，L^-、HL^-与 H^+的缔合和 Cu^{2+}与 L^-的螯合是一个竞争反应。究竟谁占优势，这将取决于溶液的酸度、甘氨酸的电离常数以及 Cu^{2+}与甘氨酸根(L^-)的生成常数。为确保配合反应的进行，必须不断中和溶液中的 H^+离子，以控制溶液的酸度。由于甘氨酸的电离常数与 Cu^{2+}和甘氨酸的生成常数相差不大，所以在实验条件下，铜(II)与甘氨酸仅生成 1:1 的配合物。省略电荷，式(7-26)的配合物生成常数可表达为：

$$K_{CuL} = \frac{c([CuL]^+)}{c(Cu^{2+})c(L^-)} \tag{7-27}$$

两边取对数得：

$$\lg K_{CuL} = \lg c([CuL]^+) - \lg c(Cu^{2+}) - \lg c(L^-) - \lg c(Cu^{2+})$$

$$= \lg K_{CuL} + \lg \frac{c(L^-)}{c([CuL]^+)} pc(Cu^{2+})$$

$$= \lg K_{CuL} + \lg \frac{c(L^-)}{c([CuL]^+)} \tag{7-28}$$

其中，$pc(Cu^{2+})$可用铜离子选择电极测量。为了计算 K_{CuL}，引入反应系数 α 的概念，令：

$$\alpha_{L(H)} = \frac{c(L^{-\prime})}{c(L^-)} \tag{7-29}$$

则

$$c(L) = \frac{c(L^{-\prime})}{\alpha_{L(H)}}$$

$c(L^{-\prime})$为除了主反应外，所有甘氨酸浓度的总和，代入式(7-28)，得：

$$\lg K_{CuL} = pc(Cu^{2+}) - \lg \frac{c(L^-)}{c([CuL]^+)}$$

$$= pc(Cu^{2+}) - \lg \frac{c(L^{-\prime})/\alpha_{L(H)}}{c([CuL]^+)}$$

$$= pc(Cu^{2+}) + \lg \alpha_{L(H)} - \lg \frac{c(L^{-\prime})}{c([CuL]^+)} \tag{7-30}$$

因为

$$c(L^{-\prime}) = c_L^0 - c([CuL]^+)$$

$$c(CuL) = c_{Cu}^0 - c(Cu^{2+})$$

所以

$$c(L^{-\prime}) = c_L^0 - (c_{Cu}^0 - c(Cu^{2+}))$$

$$c(L^{-\prime}) = c_L^0 - c_{Cu}^0 + c(Cu^{2+}) \tag{7-31}$$

以式(7-31)代入式(7-30)得：

$$\lg K_{CuL} = pc(Cu^{2+}) + \lg \alpha_{L(H)} - \lg \frac{c_L^0 - c_{Cu}^0 + c(Cu^{2+})}{c_{Cu}^0 - c(Cu^{2+})}$$

$$\lg K_{CuL} = pc(Cu^{2+}) + \lg \alpha_{L(H)} - \lg \frac{c_L^0 - c_{Cu}^0 + 10^{-pc(Cu^{2+})}}{c_{Cu}^0 - 10^{-pc(Cu^{2+})}} \tag{7-32}$$

其中，c_L^0、c_{Cu}^0 代表各物质的起始浓度，则：

$$\alpha_{L(H)} = \frac{c(L^{-\prime})}{c(L^-)} = \frac{c(L^-) + c(HL) + c([H_2L]^+)}{c(L^-)}$$

在实验中，甘氨酸是直接溶于水，而未外加酸，所以仅有：

$$H_3^+NCH_2COO^- \underset{}{\overset{K_2}{\rightleftharpoons}} H_2NCH_2COO^- + H^+$$

故：

$$\alpha_{L(H)} = \frac{c(L^-) + c(HL)}{c(L^-)} = 1 + \frac{c(HL)}{c(L^-)} = 1 + \frac{c(H^+)}{K_2} \tag{7-33}$$

25℃时，$K_2 = 1.66 \times 10^{-10}$，根据式(7-32)和式(7-33)，只要测定溶液的 pH 值和相应的 p[Cu]，即可算出 $\lg K_{CuL}$。

7.4.4.3　实验用品

A　仪器

pHS-2F 型酸度计，电磁搅拌器。

B　试剂

标准锌液(0.0500mol/L)，EDTA 溶液(0.05mol/L)，硝酸铜(A.R.)，甘氨酸(生化试剂)，KOH(0.01mol/L)，KNO_3 溶液(1mol/L)，铬黑 T 指示剂，紫脲酸铵指示剂，酚酞指示剂，pH 值为 8 和 pH 值为 10 的氨性缓冲溶液(A.R.)。

7.4.4.4　实验步骤

A　溶液的配制和标定

(1) 配制和标定 0.1mol/L $Cu(NO_3)_2$ 溶液 100mL。

(2) 准确配制 0.1000mol/L 甘氨酸溶液 100mL。

B　绘制工作曲线

(1) 离子强度 $I = 0.1$，各种不同浓度铜离子标准溶液的配制。

于 4 个 100mL 容量瓶中，用标准硝酸铜溶液配制成离子强度 $I = 0.1$ 的下列浓度铜标准溶液：10^{-2}mol/L、10^{-3}mol/L、10^{-4}mol/L、10^{-5}mol/L。

(2) 用精密恒温槽控制滴定池恒定温度在 25℃ ± 0.1℃，用铜离子选择电极和甘汞电极测定各个铜标准溶液的电势(从稀到浓)，数值可以从 pHS-2F 精密酸度计面板显示数字直接读出，画出 E-p$c(Cu^{2+})$ 图。

C　甘氨酸合铜配合物稳定常数的测定

(1) 准确配制离子强度 $I = 0.1$，甘氨酸浓度为 10^{-3}mol/L 溶液 100mL。

(2) 准确配制离子强度 $I = 0.1$，铜离子浓度为 10^{-3}mol/L 溶液 100mL。

(3) 分别准确移取 10^{-3}mol/L 甘氨酸溶液 20mL 和 10^{-3}mol/L 铜离子溶液 10mL 于恒温滴定池中，恒温至 25℃ ± 0.1℃，然后用 0.01mol/L KOH 溶液通过微量注射器调节溶液 pH 值。测定不同 pH 值时的电位值。

7.4.4.5　数据处理

(1) 工作曲线的绘制，以 E 为纵坐标，p$c(Cu^{2+})$ 为横坐标，作一工作曲线。

(2) 根据 pH 值和相应电位值，按式(7-32)和式(7-33)求出下列各项：$\lg\alpha_{L(H)}$、$\lg[c(L')/c([CuL])]$、p$c(Cu^{2+})$列于表 7.5。

表 7.5　实验数据处理

加入 KOH 体积 /mL	pH 值	E	c^0/L	$c^0(Cu^{2+})$	$\lg\alpha_{L(H)}$	$pc(Cu^{2+})$	$\lg\dfrac{c(L^{-\prime})}{c([CuL]^+)}$	$\lg K_{CuL}$

7.4.4.6　习题

（1）为什么铜离子标准溶液与待测溶液应保持相同的离子强度？

（2）在什么情况下应采用标准加入法测定待测离子浓度？

参 考 文 献

［1］　复旦大学等校. 物理化学实验(上册)［M］. 北京：人民教育出版社，1979.

［2］　严志弦. 络合物化学［M］. 北京：人民教育出版社. 1960.

［3］　张启运. 高等无机化学实验［M］. 北京：北京大学出版社，1987.

［4］　钟山，朱绮琴. 高等无机化学实验［M］. 上海：华东师范大学出版社，1994.

附　录

附表1　常用元素相对原子质量

元素名称	元素符号	相对原子质量	元素名称	元素符号	相对原子质量
氢	H	1.0079	钴	Co	58.9332
锂	Li	6.941	镍	Ni	58.70
铍	Be	9.01218	铜	Cu	63.546
硼	B	10.81	锌	Zn	65.38
碳	C	12.011	砷	As	74.9216
氮	N	14.0067	硒	Se	78.96
氧	O	15.9994	溴	Br	79.904
氟	F	18.995403	锶	Sr	87.62
钠	Na	22.98977	钼	Mo	95.94
镁	Mg	24.305	银	Ag	107.868
铝	Al	26.98154	镉	Cd	112.41
硅	Si	28.0855	锡	Sn	118.69
磷	P	30.97376	锑	Sb	121.75
硫	S	32.06	碘	I	126.9045
氯	Cl	35.453	钡	Ba	137.33
钾	K	39.0983	钨	W	183.85
钙	Ca	40.08	铂	Pt	195.09
钛	Ti	47.90	金	Au	196.9665
钒	V	50.9414	汞	Hg	200.59
铬	Cr	51.996	铅	Pb	207.2
锰	Mn	54.9380	铋	Bi	208.9804
铁	Fe	55.847			

附表2　不同温度下水的饱和蒸气压

温度/℃	压力/kPa	温度/℃	压力/kPa	温度/℃	压力/kPa
0	0.6105	21	2.487	42	8.200
1	0.6568	22	2.644	43	8.640
2	0.7058	23	2.809	44	9.101
3	0.7580	24	2.985	45	9.584
4	0.8134	25	3.167	46	10.09
5	0.8724	26	3.361	47	10.61
6	0.9350	27	3.565	48	11.16
7	1.002	28	3.780	49	11.74
8	1.073	29	4.006	50	12.33
9	1.148	30	4.243	51	12.96
10	1.228	31	4.493	52	13.61
11	1.312	32	4.755	53	14.29
12	1.402	33	5.030	54	15.00
13	1.497	34	5.320	55	15.74
14	1.598	35	5.623	56	16.51
15	1.705	36	5.942	57	17.31
16	1.818	37	6.275	58	18.14
17	1.937	38	6.625	59	19.01
18	2.064	39	6.992	60	19.92
19	2.197	40	7.376	61	20.86
20	2.338	41	7.778	62	21.84

附表3　实验室常用酸、碱的浓度

试剂名称	密度/g·mL⁻¹	质量分数/%	物质的量浓度/mol·L⁻¹
浓硫酸	1.84	98	18
稀硫酸	1.06	9	1
浓盐酸	1.19	38	12
稀盐酸	1.03	7	2
浓硝酸	1.40	67	15
稀硝酸	1.07	12	2
浓磷酸	1.70	85	15
稀磷酸	1.05	9	1
浓高氯酸	1.67	70	11.6
稀高氯酸	1.12	19	2
浓氢氟酸	1.13	40	23
氢溴酸	1.38	40	7
氢碘酸	1.70	57	7.5
冰醋酸	1.05	99~100	17.5
稀醋酸	1.04	30	5
稀醋酸	1.02	12	2
浓氢氧化钠	1.44	40	14.4
稀氢氧化钠	1.09	8	2
浓氨水	0.91	28	14.8
稀氨水	0.96	11	6
稀氨水	0.98	3.5	2

附表4　酸 碱 指 示 剂

指示剂名称	变色范围 pH 值	颜色变化	溶液配制方法
茜素黄 R	1.9 ~ 3.3	红 - 黄	0.1% 水溶液
甲基橙	3.1 ~ 4.4	红 - 橙黄	0.1% 水溶液
溴酚蓝	3.0 ~ 4.6	黄 - 蓝	0.1g 指示剂溶于 100mL20% 乙醇中
刚果红	3.0 ~ 5.2	蓝 - 红	0.1% 水溶液
茜素红 S	3.7 ~ 5.2	黄 - 紫	0.1% 水溶液
溴甲酚绿	3.8 ~ 5.4	黄 - 蓝	0.1g 指示剂溶于 100mL20% 乙醇中
甲基红	4.4 ~ 6.2	红 - 黄	0.1g 指示剂溶于 100mL60% 乙醇中
溴百里酚蓝	6.0 ~ 7.6	黄 - 蓝	0.1g 指示剂溶于 100mL20% 乙醇中
酚 红	6.8 ~ 8.0	黄 - 红	0.1g 指示剂溶于 100mL20% 乙醇中
甲酚红	7.2 ~ 8.8	亮黄 - 紫红	0.1g 指示剂溶于 100mL50% 乙醇中
百里酚蓝 (麝香草酚蓝)	第一次变色 1.2 ~ 2.8	红 - 黄	0.1g 指示剂溶于 100mL20% 乙醇中
	第二次变色 8.0 ~ 9.6	黄蓝	
酚 酞	8.2 ~ 10.0	无 - 红	0.1g 指示剂溶于 100mL60% 乙醇中
麝香草酚酞	9.4 ~ 10.6	无 - 蓝	0.1g 指示剂溶于 100mL90% 乙醇中

附表5　弱酸、弱碱在水中的电离常数(298K)

物　质	分子式	$K_i^{\ominus}$	$pK_i^{\ominus}$
砷 酸	H_3AsO_4	$K_{a(1)}^{\ominus} = 6.3 \times 10^{-3}$	2.20
		$K_{a(2)}^{\ominus} = 1.0 \times 10^{-7}$	7.00
		$K_{a(3)}^{\ominus} = 3.2 \times 10^{-12}$	11.50
亚砷酸	$HAsO_2$	6.0×10^{-10}	9.22
硼 酸	H_3BO_3	5.8×10^{-10}	9.24
碳 酸	H_2CO_3	$K_{a(1)}^{\ominus} = 4.2 \times 10^{-7}$	6.38
		$K_{a(2)}^{\ominus} = 5.6 \times 10^{-11}$	10.25
次氯酸	$HClO$	2.9×10^{-8}	7.534
次溴酸	$HBrO$	2.8×10^{-9}	8.55
次碘酸	HIO	3.2×10^{-11}	10.5
碘 酸	HIO_3	0.16	0.79
钼 酸	H_2MoO_4	$K_{a(1)}^{\ominus} = 2.9 \times 10^{-3}$	2.54
		$K_{a(2)}^{\ominus} = 1.4 \times 10^{-4}$	3.86
锰 酸	H_2MnO_4	$K_{a(1)}^{\ominus} = 0.1$	1
		$K_{a(2)}^{\ominus} = 7.1 \times 10^{-11}$	10.15

物　质	分子式	$K_i^{\ominus}$	$pK_i^{\ominus}$
亚硝酸	HNO_2	5.1×10^{-4}	3.29
磷　酸	H_3PO_4	$K_{a(1)}^{\ominus} = 7.6 \times 10^{-3}$	2.12
		$K_{a(2)}^{\ominus} = 6.3 \times 10^{-8}$	7.20
		$K_{a(3)}^{\ominus} = 4.4 \times 10^{-13}$	12.36
焦磷酸	$H_4P_2O_7$	$K_{a(1)}^{\ominus} = 3.0 \times 10^{-2}$	1.52
		$K_{a(2)}^{\ominus} = 4.4 \times 10^{-3}$	2.36
		$K_{a(3)}^{\ominus} = 2.5 \times 10^{-7}$	6.60
		$K_{a(4)}^{\ominus} = 5.6 \times 10^{-10}$	9.25
亚磷酸	H_3PO_3	$K_{a(1)}^{\ominus} = 5.0 \times 10^{-2}$	1.30
		$K_{a(2)}^{\ominus} = 2.5 \times 10^{-7}$	6.60
氢硫酸	H_2S	$K_{a(1)}^{\ominus} = 1.3 \times 10^{-7}$	6.88
		$K_{a(2)}^{\ominus} = 7.1 \times 10^{-15}$	14.15
硫　酸	H_2SO_4	$K_{a(2)}^{\ominus} = 1.0 \times 10^{-2}$	1.99
亚硫酸	H_2SO_3	$K_{a(1)}^{\ominus} = 1.3 \times 10^{-2}$	1.90
		$K_{a(2)}^{\ominus} = 6.3 \times 10^{-8}$	7.20
硫代硫酸	$H_2S_2O_3$	$K_{a(1)}^{\ominus} = 0.25$	0.60
		$K_{a(2)}^{\ominus} = 0.02$	1.72
硫氰酸	HSCN	0.14	0.85
偏硅酸	H_2SiO_3	$K_{a(1)}^{\ominus} = 1.7 \times 10^{-10}$	9.77
		$K_{a(2)}^{\ominus} = 1.6 \times 10^{-12}$	11.8
钒　酸	H_3VO_4	$K_{a(2)}^{\ominus} = 1.1 \times 10^{-9}$	8.95
		$K_{a(3)}^{\ominus} = 4.0 \times 10^{-15}$	14.4
钨　酸	H_2WO_4	$K_{a(2)}^{\ominus} = 6.3 \times 10^{-5}$	4.2
甲　酸	HCOOH	1.8×10^{-4}	3.74
乙　酸	CH_3COOH	1.8×10^{-5}	4.74
乙二酸(草酸)	$H_2C_2O_4$	$K_{a(1)}^{\ominus} = 0.06$	1.25
		$K_{a(2)}^{\ominus} = 5.4 \times 10^{-5}$	4.27
乙二胺四乙酸 (EDTA)	$H_6—EDTA^{2+}$	0.1	0.9
	$H_5—EDTA^+$	3×10^{-2}	1.6
	$H_4—EDTA$	1×10^{-2}	1.99
	$H_3—EDTA^-$	2.1×10^{-3}	2.67
	$H_2—EDTA^{2-}$	6.9×10^{-7}	6.16
	$H—EDTA^{3-}$	5.5×10^{-11}	10.26
苯甲酸	C_5H_5COOH	6.2×10^{-5}	4.21
过氧水	H_2O_2	$K_{a(1)}^{\ominus} = 2.3 \times 10^{-12}$	11.64
氨　水	NH_3	1.8×10^{-5}	4.74

物　质	分子式	$K_i^\ominus$	$pK_i^\ominus$
甲　胺	CH_3NH_2	4.2×10^{-4}	3.38
乙二胺	$H_2NCH_2CH_2NH_2$	$K_{b(1)}^\ominus = 8.5 \times 10^{-5}$	4.07
		$K_{b(2)}^\ominus = 7.1 \times 10^{-8}$	7.15

附表6　常见配离子的稳定常数

配离子	$K_稳^\ominus$	$\lg K_稳^\ominus$	配离子	$K_稳^\ominus$	$\lg K_稳^\ominus$
$[Ag(CN)_2]^-$	1.0×10^{21}	21.0	$[Cu(NH_3)_2]^+$	1×10^{11}	11
$[Ag(NH_3)_2]^+$	1.7×10^{7}	7.2	$[Cu(NH_3)_4]^{2+}$	1.4×10^{13}	13.1
$[Ag(S_2O_3)_2]^{3-}$	1.0×10^{13}	13.0	$[Cu(CS(NH_2)_2)_2]^+$	2.51×10^{15}	15.4
$[AlF_6]^{3-}$	6×10^{19}	19.8	$[Fe(SCN)]^{2+}$	1.4×10^{2}	2.1
$[Al(OH)_4]^-$	1.07×10^{33}	33.03	$[Fe(SCN)_2]^+$	16	1.2
$[CaY]^{2-}$	3.7×10^{10}	10.56	$[Hg(CN)_4]^{2-}$	2.5×10^{41}	41.4
$[Cd(CN)_4]^{2-}$	7.1×10^{16}	16.9	$[HgCl_4]^{2-}$	1.7×10^{16}	16.2
$[CdI_4]^{2-}$	2×10^{6}	6.3	$[HgI_4]^{2-}$	2.0×10^{30}	30.3
$[Cd(NH_3)_4]^{2+}$	4.0×10^{6}	6.6	I_3^-	7.1×10^{2}	2.9
$[Co(NH_3)_6]^{2+}$	7.7×10^{4}	4.9	$[Ni(CN)_4]^{2-}$	1.995×10^{31}	31.3
$[Co(SCN)_4]^{2-}$	7.94×10^{29}	29.9	$[Ni(NH_3)_6]^{2+}$	4.8×10^{7}	7.7
$[Co(NH_3)_6]^{3+}$	4.5×10^{33}	33.7	$[Pb(OH)_3]^-$	50	1.7
$[Cr(OH)_4]^-$	1×10^{-2}	−2	$[Sn(OH)_6]^{2-}$	5×10^{3}	3.7
$[Cu(en)_2]^{2+}$	1×10^{20}	20	$[Zn(CN)_4]^{2-}$	5×10^{16}	16.7
$[Cu(CN)_4]^{3-}$	2.0×10^{27}	27.3	$[Zn(NH_3)_4]^{2+}$	3.8×10^{9}	9.6
$[Cu(OH)_4]^{2-}$	3.16×10^{18}	18.5	$[Zn(OH)_4]^{2-}$	3.98×10^{17}	17.6

附表7　溶度积常数

难溶电解质	$K_{sp}^\ominus$	难溶电解质	$K_{sp}^\ominus$
$AgCl$	1.77×10^{-10}	$Ag_2Cr_2O_7$	2.0×10^{-7}
$AgBr$	5.35×10^{-13}	Ag_3PO_4	8.89×10^{-17}
AgI	8.52×10^{-17}	$Al(OH)_3$	1.3×10^{-33}
$AgOH$	2.0×10^{-8}	$Ba(OH)_2 \cdot 8H_2O$	2.55×10^{-4}
Ag_2SO_4	1.2×10^{-5}	$BaSO_4$	1.08×10^{-10}
Ag_2SO_3	1.5×10^{-14}	$BaSO_3$	5.0×10^{-10}
Ag_2S	6.3×10^{-50}	$BaCO_3$	2.58×10^{-9}
Ag_2CO_3	8.46×10^{-12}	BaC_2O_4	1.6×10^{-7}
$Ag_2C_2O_4$	5.40×10^{-12}	$BaCrO_4$	1.17×10^{-10}
Ag_2CrO_4	1.12×10^{-12}	$Bi(OH)_3$	6.0×10^{-31}

难溶电解质	$K_{sp}^{\ominus}$	难溶电解质	$K_{sp}^{\ominus}$
BiOCl	1.8×10^{-31}	HgS(黑)	1.6×10^{-52}
BiO(NO$_3$)	2.82×10^{-3}	K$_2$[PtCl$_6$]	7.4×10^{-6}
CaSO$_4$	4.93×10^{-5}	Mg(OH)$_2$	5.61×10^{-12}
CaCO$_3$	2.8×10^{-9}	MgCO$_3$	6.82×10^{-6}
Ca(OH)$_2$	5.5×10^{-6}	Mn(OH)$_2$	1.9×10^{-13}
CaF$_2$	5.2×10^{-9}	MnS(无定形)	2.5×10^{-10}
CaC$_2$O$_4 \cdot$ H$_2$O	2.32×10^{-9}	MnS(结晶)	2.5×10^{-13}
Cd(OH)$_2$	7.2×10^{-15}	MnCO$_3$	2.34×10^{-11}
CdS	8.0×10^{-27}	Ni(OH)$_2$	5.5×10^{-16}
Cr(OH)$_3$	6.3×10^{-31}	NiCO$_3$	1.42×10^{-7}
Co(OH)$_2$	5.92×10^{-15}	α - NiS	3.2×10^{-19}
Co(OH)$_3$	1.6×10^{-44}	Pb(OH)$_2$	1.43×10^{-15}
CoCO$_3$	1.4×10^{-13}	Pb(OH)$_4$	3.2×10^{-66}
Cu(OH)$_2$	2.2×10^{-20}	PbF$_2$	3.3×10^{-8}
CuCl	1.72×10^{-7}	PbCl$_2$	1.70×10^{-5}
CuBr	6.27×10^{-9}	PbBr$_2$	6.60×10^{-6}
CuI	1.27×10^{-12}	PbI$_2$	9.8×10^{-9}
Cu$_2$S	2.5×10^{-48}	PbSO$_4$	2.53×10^{-8}
CuS	6.3×10^{-36}	PbCO$_3$	7.4×10^{-14}
CuCO$_3$	1.4×10^{-10}	PbCrO$_4$	2.8×10^{-13}
Fe(OH)$_2$	4.87×10^{-17}	PbS	8.0×10^{-28}
Fe(OH)$_3$	2.79×10^{-39}	Sn(OH)$_2$	5.45×10^{-28}
FeCO$_3$	3.13×10^{-11}	Sn(OH)$_4$	1.0×10^{-56}
FeS	6.3×10^{-18}	SnS	1.0×10^{-25}
Hg(OH)$_2$	3.0×10^{-26}	SrCO$_3$	5.60×10^{-10}
Hg$_2$Cl$_2$	1.43×10^{-18}	SrCrO$_4$	2.2×10^{-5}
Hg$_2$Br$_2$	6.4×10^{-23}	Zn(OH)$_2$	3.0×10^{-17}
Hg$_2$I$_2$	5.2×10^{-29}	ZnCO$_3$	1.46×10^{-10}
Hg$_2$CO$_3$	3.6×10^{-17}	α - ZnS	1.6×10^{-24}
HgI$_2$	2.8×10^{-29}	La(OH)$_3$	2.0×10^{-19}
HgS(红)	4×10^{-53}	LiF	1.84×10^{-3}

附表 8　标准电极电势(298.15K)

1. 在酸性溶液中

电　对	电极反应	$E^{\ominus}/V$
Li^+/Li	$Li^+ + e \Longrightarrow Li$	-3.040
K^+/K	$K^+ + e \Longrightarrow K$	-2.924
Na^+/Na	$Na^+ + e \Longrightarrow Na$	-2.714
Mg^{2+}/Mg	$Mg^{2+} + 2e \Longrightarrow Mg$	-2.356
Al^{3+}/Al	$Al^{3+} + 3e \Longrightarrow Al$	-1.676
Zn^{2+}/Zn	$Zn^{2+} + 2e \Longrightarrow Zn$	-0.7626
Fe^{2+}/Fe	$Fe^{2+} + 2e \Longrightarrow Fe$	-0.44
$PbSO_4/Pb$	$PbSO_4 + 2e \Longrightarrow Pb + SO_4^{2-}$	-0.356
Co^{2+}/Co	$Co^{2+} + 2e \Longrightarrow Co$	-0.277
Ni^{2+}/Ni	$Ni^{2+} + 2e \Longrightarrow Ni$	-0.257
AgI/Ag	$AgI + e \Longrightarrow Ag + I^-$	-0.1522
Sn^{2+}/Sn	$Sn^{2+} + 2e \Longrightarrow Sn$	-0.136
Pb^{2+}/Pb	$Pb^{2+} + 2e \Longrightarrow Pb$	-0.126
H^+/H_2	$2H^+ + 2e \Longrightarrow H_2$	0.0
$AgBr/Ag$	$AgBr + e \Longrightarrow Ag + Br^-$	0.0711
S/H_2S	$S + 2H + 2e \Longrightarrow H_2S$	0.144
Sn^{4+}/Sn^{2+}	$Sn^{4+} + 2e \Longrightarrow Sn^{2+}$	0.154
SO_4^{2-}/H_2SO_3	$SO_4^{2-} + 4H^+ + 2e \Longrightarrow H_2SO_3 + H_2O$	0.158
Cu^{2+}/Cu^+	$Cu^{2+} + e \Longrightarrow Cu^+$	0.159
$AgCl/Ag$	$AgCl + e \Longrightarrow Ag + Cl^-$	0.2223
Hg_2Cl_2/Hg	$Hg_2Cl_2 + 2e \Longrightarrow 2Hg + 2Cl^-$	0.2682
Cu^{2+}/Cu	$Cu^{2+} + 2e \Longrightarrow Cu$	0.340
$[Fe(CN)_6]^{3-}/[Fe(CN)_6]^{4-}$	$[Fe(CN)_6]^{3-} + e \Longrightarrow [Fe(CN)_6]^{4-}$	0.361
Cu^+/Cu	$Cu^+ + e \Longrightarrow Cu$	0.52
I_2/I^-	$I_2 + 2e \Longrightarrow 2I^-$	0.5355
$Cu^{2+}/CuCl$	$Cu^{2+} + Cl^- + e \Longrightarrow CuCl$	0.559
$H_3AsO_4/HAsO_2$	$H_3AsO_4 + 2H^+ + 2e \Longrightarrow HAsO_2 + 2H_2O$	0.560
$HgCl_2/Hg_2Cl_2$	$HgCl_2 + 2e \Longrightarrow Hg_2Cl_2 + 2Cl^-$	0.63
O_2/H_2O_2	$O_2 + 2H^+ + 2e \Longrightarrow H_2O_2$	0.695
Fe^{3+}/Fe^{2+}	$Fe^{3+} + e \Longrightarrow Fe^{2+}$	0.771
Hg_2^{2+}/Hg	$Hg_2^{2+} + 2e \Longrightarrow 2Hg$	0.7960
Ag^+/Ag	$Ag^+ + e \Longrightarrow Ag$	0.7991
Hg^{2+}/Hg	$Hg^{2+} + 2e \Longrightarrow Hg$	0.8335
Cu^{2+}/CuI	$Cu^{2+} + I^- + e \Longrightarrow CuI$	0.86

续附表 8

电　对	电极反应	$E^{\ominus}/V$
Hg^{2+}/Hg_2^{2+}	$2Hg^{2+} + 2e \rightleftharpoons Hg_2^{2+}$	0.911
NO_3^-/HNO_2	$NO_3^- + 3H^+ + 2e \rightleftharpoons HNO_2 + H_2O$	0.94
HIO/I^-	$HIO + H^+ + 2e \rightleftharpoons I^- + H_2O$	0.985
$Br_2(l)/Br^-$	$Br_2 + 2e \rightleftharpoons 2Br^-$	1.065
IO_3^-/HIO	$IO_3^- + 5H^+ + 4e \rightleftharpoons HIO + 2H_2O$	1.14
IO_3^-/I_2	$IO_3^- + 12H^+ + 10e \rightleftharpoons I_2 + 3H_2O$	1.195
ClO_4^-/ClO_3^-	$ClO_4^- + 2H^+ + 2e \rightleftharpoons ClO_3^- + H_2O$	1.201
ClO_4^-/Cl_2	$2ClO_4^- + 16H^+ + 14e \rightleftharpoons Cl_2 + 8H_2O$	1.392
ClO_3^-/Cl^-	$ClO_3^- + 6H^+ + 6e \rightleftharpoons Cl^- + 3H_2O$	1.45
PbO_2/Pb^{2+}	$PbO_2 + 4H^+ + 2e \rightleftharpoons Pb^{2+} + 2H_2O$	1.46
ClO_3^-/Cl_2	$2ClO_3^- + 12H^+ + 10e \rightleftharpoons Cl_2 + 6H_2O$	1.468
BrO_3^-/Br^-	$BrO_3^- + 6H^+ + 6e \rightleftharpoons Br^- + 3H_2O$	1.478
MnO_4^{2-}/Mn^{2+}	$MnO_4^{2-} + 8H^+ + 5e \rightleftharpoons Mn^{2+} + 4H_2O$	1.51
H_2O_2/H_2O	$H_2O_2 + 2H^+ + 2e \rightleftharpoons 2H_2O$	1.763
$S_2O_8^{2-}/SO_4^{2-}$	$S_2O_8^{2-} + 2e \rightleftharpoons 2SO_4^{2-}$	1.96
$F_2(g)/F^-$	$F_2(g) + 2e \rightleftharpoons 2F^-$	2.87
$F_2(g)/HF(aq)$	$F_2(g) + 2H^+ + 2e \rightleftharpoons 2HF(aq)$	3.053
$XeF/Xe(g)$	$XeF + e \rightleftharpoons Xe(g) + F^-$	3.4

2. 在碱性溶液中

电　对	电极反应	$E^{\ominus}/V$
$Ca(OH)_2/Ca$	$Ca(OH)_2 + 2e \rightleftharpoons Ca + 2OH^-$	-3.02
$Mg(OH)_2/Mg$	$Mg(OH)_2 + 2e \rightleftharpoons Mg + 2OH^-$	-2.687
$[Al(OH)_4]^-/Al$	$[Al(OH)_4]^- + 3e \rightleftharpoons Al + 4OH^-$	-2.310
$[Zn(OH)_4]^{2-}/Zn$	$[Zn(OH)_4]^{2-} + 2e \rightleftharpoons Zn + 4OH^-$	-1.285
H_2O/H_2	$2H_2O + 2e \rightleftharpoons H_2 + 2OH^-$	-0.828
$Ni(OH)_2/Ni$	$Ni(OH)_2 + 2e \rightleftharpoons Ni + 2OH^-$	-0.72
SO_3^{2-}/S	$SO_3^{2-} + 3H_2O + 4e \rightleftharpoons S + 6OH^-$	-0.59
$SO_3^{2-}/S_2O_3^{2-}$	$2SO_3^{2-} + 3H_2O + 4e \rightleftharpoons S_2O_3^{2-} + 6OH^-$	-0.576
S/S^{2-}	$S + 2e \rightleftharpoons S^{2-}$	-0.407
$CrO_4^{2-}/[Cr(OH)_4]^-$	$CrO_4^{2-} + 4H_2O + 3e \rightleftharpoons [Cr(OH)_4]^- + 4OH^-$	-0.13
$Co(OH)_3/Co(OH)_2$	$Co(OH)_3 + e \rightleftharpoons Co(OH)_2 + OH^-$	0.17
O_2/OH^-	$O_2 + 2H_2O + 4e \rightleftharpoons 4OH^-$	0.401
ClO^-/Cl_2	$2ClO^- + 2H_2O + 2e \rightleftharpoons Cl_2 + 4OH^-$	0.421
MnO_4^-/MnO_4^{2-}	$MnO_4^- + e \rightleftharpoons MnO_4^{2-}$	0.56
MnO_4^-/MnO_2	$MnO_4^- + 2H_2O + 3e \rightleftharpoons MnO_2 + 4OH^-$	0.60
ClO^-/Cl^-	$ClO^- + H_2O + 2e \rightleftharpoons Cl^- + 2OH^-$	0.890
O_3/OH^-	$O_3 + H_2O + 2e \rightleftharpoons O_2 + 2OH^-$	1.246

附表9　常见阳离子的鉴定方法

离子	鉴 定 方 法	备 注
Ag^+	取2滴试液，加2滴 2mol/L HCl，若产生沉淀，离心分离，向沉淀中加入 6mol/L $NH_3 \cdot H_2O$ 使沉淀溶解，再加 6mol/L HNO_3 酸化，白色沉淀重又出现，说明 Ag^+ 的存在 $$Ag^+ + Cl^- \longrightarrow AgCl \downarrow$$ $$AgCl + 2NH_3 \cdot H_2O \longrightarrow [Ag(NH_3)_2]^+ + Cl^- + 2H_2O$$ $$[Ag(NH_3)_2]^+ + 2H^+ + Cl^- \longrightarrow AgCl \downarrow + 2NH_4^+ + Cl^-$$	
Al^{3+}	取2滴试液，加入2滴铝试剂，微热，有红色沉淀，示有 Al^{3+}。红色沉淀组成为：	反应在微碱性下进行
Ba^{2+}	在试液中加入 0.2mol/L K_2CrO_4 溶液，生成黄色的 $BaCrO_4$ 沉淀，示有 Ba^{2+}	Pb^{2+} 与 K_2CrO_4 生成黄色的 $PbCrO_4$ 沉淀 Sr^{2+} 对 Ba^{2+} 的鉴定有干扰，但 $SrCrO_4$ 溶于乙酸
Bi^{3+}	$BiCl_3$ 溶液稀释，可生成白色 BiOCl 沉淀，示有 Bi^{3+}。 取2滴试液，加入2滴 0.2mol/L $SnCl_2$ 溶液和数滴 2mol/L NaOH 溶液，使溶液显碱性。观察有无黑色金属 Bi 沉淀出现： $$2Bi(OH)_3 + 3SnO_2^{2-} \longrightarrow 2Bi \downarrow + 3SnO_3^{2-} + 3H_2O$$	
Ca^{2+}	试液中加入饱和 $(NH_4)_2C_2O_4$ 溶液，如有白色 CaC_2O_4 沉淀生成，示有 Ca^{2+}	中性或微碱性条件下 Sr^{2+}，Ba^{2+} 也有同样现象
Cd^{2+}	取2滴试液加入 Na_2S 溶液，产生黄色 CdS 沉淀，示有 Cd^{2+}	
Co^{2+}	取5滴试液，加入 0.5mL 丙酮，再加入 1mol/L NH_4SCN，溶液显蓝色，示有 Co^{2+}	Fe^{3+} 干扰，可先加入 F^- 生成无色 $[FeF_6]^{3-}$
Cr^{3+}	(1) 取2滴试液，加入4滴 2mol/L NaOH 溶液和2滴 3% H_2O_2 溶液，加热，溶液颜色由绿变黄，示有 Cr^{3+}。继续加热，至过量的 H_2O_2 完全分解，冷却，用 6mol/L HOAc 酸化，再加2滴 0.1mol/L $Pb(NO_3)_2$ 溶液，生成黄色 $PbCrO_4$ 沉淀。 (2) 得到 CrO_4^{2-} 后赶去过量 H_2O_2，HNO_3 酸化，加入数滴乙醚和 3% H_2O_2，乙醚层显蓝色： $$Cr_2O_7^{2-} + 4H_2O_2 + 2H^+ \longrightarrow 2CrO_5(蓝色) + 5H_2O$$	

离子	鉴 定 方 法	备 注
Cu^{2+}	（1）取 1 滴试液放在点滴板上，加 1 滴 $K_4[Fe(CN)_6]$ 溶液，有红棕色沉淀出现，示有 Cu^{2+} （2）取 5 滴试液，加入过量的 $NH_3 \cdot H_2O$，溶液变为深蓝色，示有 Cu^{2+}	沉淀不溶于稀酸，但溶于碱： $Cu_2[Fe(CN)_6]+$ $4OH^- \rightarrow 2Cu(OH)_2 \downarrow +$ $[Fe(CN)_6]^{4-}$
Fe^{3+}	（1）取 2 滴试液加入 2 滴 NH_4SCN 溶液，生成血红色 $[Fe(SCN)_x]^{3-x}$，示有 Fe^{3+} （2）取 1 滴试液放在点滴板上，加 1 滴 $K_4[Fe(CN)_6]$ 溶液，有蓝色沉淀出现，示有 Fe^{3+}	
Hg^{2+}	取 2 滴试液，加入过量的 $SnCl_2$ 溶液，首先生成白色 Hg_2Cl_2 沉淀，过量的 $SnCl_2$ 将 Hg_2Cl_2 进一步还原成黑色金属汞 $$2HgCl_2 + Sn^{2+} \longrightarrow Sn^{4+} + Hg_2Cl_2 \downarrow + 2Cl^-$$ $$Hg_2Cl_2 + Sn^2 \longrightarrow Sn^{4+} + 2Hg \downarrow + 2Cl^-$$	
K^+	钴亚硝酸钠 $Na_3[Co(NO_2)_6]$ 与钾盐生成黄色 $K_2Na[Co(NO_2)_6]$ 沉淀，反应可在点滴板上进行	强碱可将试剂分解生成 $Co(OH)_3$ 沉淀，强酸促进沉淀溶解
Mg^{2+}	取 5 滴试液，加 2 滴镁试剂，再加入 NaOH 使溶液呈碱性，溶液颜色由红紫色变为蓝色或产生蓝色沉淀，示有 Mg^{2+}	镍、钴、镉的氢氧化物与镁试剂作用，干扰镁的鉴定
Mn^{2+}	（1）取 1 滴试液，加入数滴 6mol/L HNO_3 溶液，再加入 $NaBiO_3$ 固体，若有 Mn^{2+} 存在，溶液应为紫红色 （2）取 5 滴试液，加入 0.1mol/L $[Ag(NH_3)_2]^+$，出现暗色沉淀，示有 Mn^{2+}	
Na^+	取 1 滴试液加 8 滴醋酸铀酰锌，用玻璃棒摩擦试管壁，淡黄色结晶状醋酸铀酰锌钠（$NaCH_3COO \cdot Zn(CH_3COO)_2 \cdot 3UO_2(CH_3COO)_2 \cdot 9H_2O$）沉淀出现，示有 Na^+	反应在中性或乙酸溶液中进行 大量 K^+ 存在，干扰测定，可将试液稀释 2～3 倍
NH_4^+	（1）在表面皿上加 5 滴试液，再加 5 滴 6mol/L NaOH，立刻把另一凹面贴有湿润红色石蕊试纸或 pH 试纸的表面皿盖上，水浴加热，试纸显碱性，示有 NH_4^+ （2）取 1 滴试液放在点滴板上，加 2 滴奈斯特试剂（$K_2[HgI_4]$ 与 KOH 的混合物），若生成红棕色沉淀，示有 NH_4^+	NH_4^+ 含量少时，得到黄色溶液
Ni^{2+}	取 2 滴试液加入 2 滴丁二肟和 1 滴稀氨水，生成红色沉淀证明 Ni^{2+} 的存在	溶液的 pH 值需在 5～10 之间
Pb^{2+}	取 2 滴试液，加入 2 滴 0.1mol/L K_2CrO_4，有黄色 $PbCrO_4$ 生成，示有 Pb^{2+}	沉淀易溶于强碱，不溶于 HOAc 和氨水

离子	鉴定方法	备注
Sb^{3+}	取数滴试液，加入 Sn 片一块，若 Sn 片上出现黑色斑点又经水冲洗后在新配制的 NaBrO 溶液中不褪色，示有 Sb^{3+}	
Sn^{4+} Sn^{2+}	(1) 在试液中加入铝丝或铁粉，稍加热，反应 2min，试液中若有 Sn^{4+}，则被还原为 Sn^{2+}，再加 2 滴 6mol/L HCl，鉴定按(2)进行 (2) 取 2 滴 Sn^{2+} 试液，加 1 滴 0.1mol/L $HgCl_2$ 溶液，首先生成白色 Hg_2Cl_2 沉淀，继而生成黑色 Hg 沉淀，证明 Sn^{2+} 的存在	
Zn^{2+}	(1) 取 1 滴试液，加入 1 滴二苯硫代卡巴腙(双硫腙)的四氯化碳溶液，振荡，溶液由绿色变为紫红色，示有 Zn^{2+} (2) 取 3 滴试液，加 2mol/L HAc 酸化，再加入等体积$(NH_4)_2[Hg(SCN)_4]$ 溶液，摩擦试管壁，有白色沉淀生成，示有 Zn^{2+}： $Zn^{2+} + [Hg(SCN)_4]^{2-} \longrightarrow ZnHg(SCN)_4 \downarrow$	Ni^{2+} 和 Fe^{2+} 与试剂生成淡绿色沉淀；Fe^{3+} 与试剂产生紫色沉淀；Cu^{2+} 形成黄绿色沉淀，少量 Cu^{2+} 存在时，形成铜锌紫色混晶

附表 10　常见阴离子的鉴定方法

离子	鉴定方法	备注
Br^-	取 2 滴试液，加入数滴 CCl_4 溶液，滴加氯水，振荡，有机层显红棕色，示有 Br^-	加氯水过量，生成 BrCl，使有机层显淡黄色
Cl^-	取 2 滴试液，加入 1 滴 2mol/L HNO_3 和 2 滴 0.1mol/L $AgNO_3$ 溶液，生成白色沉淀。沉淀溶于 6mol/L $NH_3 \cdot H_2O$，再用 6mol/L HNO_3 酸化，白色沉淀又出现	
I^-	取 2 滴试液，加入数滴 CCl_4 溶液，滴加氯水，振荡，有机层显紫色，示有 I^-	过量氯水将 I_2 氧化为 IO_3^-，有机层紫色褪去
S^{2-}	取 1 滴试液放在点滴板上，加 1 滴 $Na_2[Fe(CN)_5NO]$，由于生成 $Na_4[Fe(CN)_5NOS]$ 而显红紫色	在酸性溶液中，$S^{2-} \to HS^-$，而不产生红紫色，应加碱液降低酸度
$S_2O_3^{2-}$	取 5 滴试液，加入 1mol/L HCl，微热，生成白色或淡黄色沉淀，示有 $S_2O_3^{2-}$	
SO_4^{2-}	取 3 滴试液，加 6mol/L HCl 酸化，再加入 0.1mol/L $BaCl_2$ 溶液，有白色 $BaSO_4$ 沉淀析出，示有 SO_4^{2-}	
SO_3^{2-}	(1) 3 滴试液，加入数滴 2mol/L HCl 和 0.1mol/L $BaCl_2$，再滴加 3% H_2O_2，生成白色沉淀，示有 SO_3^{2-} (2) 在点滴板上放 1 滴品红溶液，加 1 滴中性试液，SO_3^{2-} 可使溶液褪色。若试液为酸性，需先用 $NaHCO_3$ 中和，碱性试液可通入 CO_2	S^{2-} 也能使品红溶液褪色
NO_3^-	取 1 滴试液放在点滴板上，加 $FeSO_4$ 固体和浓硫酸，在 $FeSO_4$ 晶体周围出现棕色环，示有 NO_3^-	
NO_2^-	取 1 滴试液加几滴 6mol/L HOAc，再加 1 滴对氨基苯磺酸和 1 滴 α-萘胺，若溶液呈粉红色，示有 NO_2^-	
PO_4^{3-}	取 2 滴试液，加 5 滴浓硝酸，10 滴饱和钼酸铵，有黄色沉淀产生，示有 PO_4^{3-}	
$C_2O_4^{2-}$	取少量试液，若碱性条件下，加入 0.1mol/L $CaCl_2$，出现白色沉淀，示有 $C_2O_4^{2-}$	

附表 11　特殊试剂的配制

试剂名称	浓度	配制方法
三氯化铋（$BiCl_3$）	0.1mol/L	溶解 31.6g $BiCl_3$ 于 330mL 6mol/L HCl 中，加水稀释到 1L
三氯化锑（$SbCl_3$）	0.1mol/L	溶解 22.8g $SbCl_3$ 于 330mL 6mol/L HCl 中，加水稀释到 1L
三氯化铁（$FeCl_3$）	1mol/L	溶解 90g $FeCl_3 \cdot 6H_2O$ 于 80mL 6mol/L HCl 中，加水稀释到 1L
三氯化铬（$CrCl_3$）	0.5mol/L	溶解 44.5g $CrCl_3 \cdot 6H_2O$ 于 40mL 6mol/L HCl 中，加水稀释到 1L
氯化亚锡（$SnCl_2$）	0.1mol/L	溶解 22.6g $SnCl_2 \cdot 2H_2O$ 于 330mL 6mol/L HCl 中，加水稀释到 1L，加入数粒纯锡
氯化氧钒（VO_2Cl）		将 1g 偏钒酸铵固体加入到 20mL 6mol/L HCl 和 10mL 水中
硝酸汞 [$Hg(NO_3)_2$]	0.1mol/L	溶解 33.4g $Hg(NO_3)_2 \cdot 1/2H_2O$ 于 1mL 0.6mol/L HNO_3 中，用水稀释至 1L
硝酸亚汞 [$Hg_2(NO_3)_2$]	0.1mol/L	溶解 56.2g $Hg_2(NO_3)_2 \cdot 2H_2O$ 于 1mL 0.6mol/L HNO_3 中，并加入少许金属汞，用水稀释至 1L
硫化钠（Na_2S）	2mol/L	溶解 240g $Na_2S \cdot 9H_2O$ 及 40g NaOH 于一定量水中，稀释至 1L
硫化铵 [$(NH_4)_2S$]	3mol/L	在 200mL 浓氨水中通入 H_2S，直至不再吸收为止。然后加入 200mL 浓氨水，稀释至 1L
硫酸氧钛（$TiSO_4$）	0.1mol/L	溶解 19g 液态 $TiCl_4$ 于 220mL 9mol/L H_2SO_4 中，在用水稀释至 1L（注意液态 $TiCl_4$ 在空气中强烈发烟，必须在通风橱内进行）
钼酸铵 [$(NH_4)_6Mo_7O_{24}$]	0.1mol/L	溶解 124g $(NH_4)_6Mo_7O_{24} \cdot 4H_2O$ 于 1L 水中。将所得溶液倒入 1mL 6mol/L HNO_3 中，放置 24h，取其澄清溶液
氯　水		在水中通入氯气直至饱和
溴　水		在水中通入液溴至饱和
碘　水	0.01mol/L	溶解 2.5g 碘和 3g KI 于尽可能少量的水中，加水稀释至 1L
亚硝酰铁氰化钠 $Na_2[Fe(CN)_5NO]$	1%	溶解 1g 亚硝酰铁氰化钠于 100mL 水中（只能保存数天，如溶液变蓝，即需重新配制）
银氨溶液 [$Ag(NH_3)_2$]NO_3		溶解 1.7g $AgNO_3$ 于水中，加 17mL 浓氨水稀释至 1L
镁试剂		溶解 0.01g 对 - 硝基苯偶氮 - 间苯二酚于 1L 1mol/L NaOH 溶液中
淀粉溶液	1%	将 1g 淀粉和少量冷水调成糊状，倒入 100mL 沸水中，煮沸后，冷却
奈斯勒试剂		溶解 115g HgI_2 和 80g KI 于水中稀释至 500mL，加入 500mL 6mol/L NaOH 溶液，静置后，取其清液，保存在棕色瓶中
二苯硫腙		溶解 0.1g 二苯硫腙于 1mL CCl_4 或 $CHCl_3$ 水中
铬黑 T		将铬黑 T 和烘干的 NaCl 按 1∶100 的比例研细，均匀混合，储于棕色瓶中

试剂名称	浓　度	配　制　方　法
钙指示剂		将钙指示剂和烘干的 NaCl 按 1:50 比例研细,均匀混合,储于棕色瓶中
紫脲酸铵指示剂		1g 紫脲酸铵加 100g 氯化钠,研匀
甲基橙	0.1%	溶解 1g 甲基橙于 1L 热水中
石　蕊	0.5% ~0.1%	5~10g 石蕊溶于 1L 水中
酚　酞	0.1%	溶解 1g 酚酞于 900mL 乙醇与 100mL 水的混合液中
淀粉-碘化钾		0.5% 淀粉溶液中含 0.1mol/L 碘化钾
二乙酰二肟		取 1g 二乙酰二肟溶于 100mL95% 乙醇中
甲　醛		1 份 40% 甲醛与 7 份水混合

冶金工业出版社部分图书推荐

书　　名	定价（元）
有色冶金分析手册	149.00
水处理工程实验技术（高等学校实验实训规划教材）	39.00
高等分析化学（高等学校教学用书）	22.00
冶金原理习题解	40.00
化验师技术问答	79.00
现代金银分析	118.00
现代色谱分析法的应用	28.00
大学化学实验（高等学校实验实训规划教材）	12.00
大学化学（高等学校教学用书）	20.00
冶金化学分析	49.00
冶金仪器分析	42.00
分析化学实验教程	20.00
化学工程与工艺综合设计实验教程	12.00
水分析化学	14.80
水分析化学（第2版）	17.00
有机化学	20.00
现代实验室管理	19.00
轻金属冶金分析	22.00
重金属冶金分析	39.80
贵金属分析	19.00
钢材质量检验	35.00
铁矿石与钢材的质量检验	68.00
铁矿石取制样及物理检验	59.00
物理化学（第2版）	35.00
冶金物理化学	39.00
环境生化检验	14.80
分析化学简明教程	12.00
燃料电池（第2版）	29.00
燃料电池及其应用	28.00
煤焦油化工学	25.00
大学化学实验教程（高等学校实验实训规划教材）	即将出版
处理光谱分析数据用统计学规则（YB/T 4142—2006）	40.00
建立和控制光谱化学分析工作曲线规则（YB/T 4144—2006）	25.00
碳硫分析专用坩埚（YB/T 4145—2006）	15.00